应用型本科高校系列教材 · 电气信息类

电气控制技术与PLC应用实验

黄恭伟　汪先兵　倪受春　胡　波　编

中国科学技术大学出版社

内 容 简 介

本书是应用型本科院校“电气控制技术与 PLC 应用”“PLC 应用”等相关课程的实验教材。实验项目结合滁州学院、宿州学院等院校的实际仪器设备，侧重于对学生实践操作能力和综合设计能力的培养，具有较强的可操作性和通用性。

本书的第一部分是电气控制技术实验，内容包括基本电气控制线路和典型设备电气控制线路；第二部分是可编程控制器实验，内容包括常用指令实验和模拟实际控制实验；附录介绍了为本书实验配套的实验仪器设备。本书的实验内容和难易程度覆盖了不同层次的教学要求，每个实验项目都有实验原理和思考题，可供教师和学生灵活选用。

本书可作为电气类、自动化类等相关专业“电气控制技术与 PLC 应用”“PLC 应用”课程的实验教材，也可作为其他行业及高等院校相关专业的实验课程教材和教学参考书。

图书在版编目(CIP)数据

电气控制技术与 PLC 应用实验/黄恭伟等编. —合肥：中国科学技术大学出版社，2015.9(2022.1 重印)

ISBN 978-7-312-03839-6

Ⅰ. 电… Ⅱ. 黄… Ⅲ. ①电气控制—高等学校—教材 ② PLC 技术—高等学校—教材 Ⅳ. ①TM571.2 ②TM571.6

中国版本图书馆(CIP)数据核字(2015)第 193062 号

出版 中国科学技术大学出版社
安徽省合肥市金寨路 96 号，230026
http://press.ustc.edu.cn

印刷 合肥市宏基印刷有限公司

发行 中国科学技术大学出版社

经销 全国新华书店

开本 710 mm×960 mm 1/16

印张 13

字数 262 千

版次 2015 年 9 月第 1 版

印次 2022 年 1 月第 3 次印刷

定价 26.00 元

前　言

本书是与“电气控制技术与 PLC 应用”“PLC 应用”等课程相配套的实验教材，按照安徽省教育厅制定的教学大纲要求编写。书中许多内容一直用于滁州学院机械和电气类专业“电气控制技术与 PLC 应用”“PLC 应用”及相近课程的实验教学。经过多届学生的使用，反复修改、充实与更新，得到广大师生的认可和赞誉。

电气控制技术与 PLC 应用是一门工程特点和实践性很强的课程，实验是电气控制技术与 PLC 应用课程教学中不可缺少的实践性环节。实验对于学生学习基本理论、掌握基本技能，工程技术人员素质和能力的培养都具有十分重要的作用。

本书实验分为基础性实验、综合性实验和设计性实验。基础性实验按照基本理论体系编写。对于理论教材中的基本电气控制线路和 PLC 常用指令都编写了基础性实验。其中可编程控制器部分，增加了正/负跳变沿指令、SHRB 指令、SCR 指令、传送指令、比较指令、数学运算指令、逻辑运算指令、子程序调用和中断指令等一般实验教材没有的实验项目，对于学生理解和掌握这些指令提供了很好的例程。

为了适应应用型本科实践教学，本书强化了综合性、设计性实验的内容。电气控制技术部分选取了多种常用典型设备的电气控制线路作为实验项目；可编程控制器部分设计了多个与实际相关的模拟控制实验项目。这些实验项目的设置对提高学生分析解决实际问题的能力有很大的帮助。

本书的第一部分是 11 个电气控制技术实验，包括 7 个基本电气控制线路实验和 4 个典型设备电气控制线路实验；第二部分是 21 个可编程控制器实验，包括 3 个涵盖 12 种常用指令的实验和 18 个模拟实际控制的实验；附录介绍了为本书实验配套的实验仪器设备。各高校可根据本校的教学条件、教学要求和学时多少灵活选用。

本书由滁州学院黄恭伟、汪先兵、倪受春和宿州学院胡波老师编写。全书共 32 个实验，其中电气控制技术部分由汪先兵编写和验证，可编程控制器部分由黄恭伟、倪受春、胡波编写和验证。滁州学院王祥傲老师、叶玺臣老师对全部书稿进行了审阅，在此一并表示感谢。

由于编者水平有限，加之时间比较仓促，书中难免有错误和不妥之处，敬请读者批评指正。

编　者

2015 年 3 月

目　录

第一部分　电气控制技术

实验一　三相异步电动机的点动和自锁控制线路

一、实验目的

1. 通过对三相异步电动机的点动控制线路和自锁控制线路的实际安装接线，掌握由电气原理图变换成安装接线图的知识。

2. 通过实验进一步加深理解点动控制和自锁控制的特点以及它们在电气控制中的应用。

二、实验设备

见表1.1.1。

表1.1.1

序　号	型　号	名　称	数量
1	DJ24	三相鼠笼异步电动机	1件
2	D61-2	继电接触控制(一)	1件
3	D62-2	继电接触控制(二)	1件

三、实验原理

点动和自锁是最基本的电气控制线路。

图1.1.1为点动控制线路。按下按钮SB1,线圈KM1通电,主触头KM1闭合,电动机M通电运转。松开按钮SB1,线圈KM1失电,主触头KM1断开,电动机M停止运转。

图1.1.2为自锁控制线路。按下按钮SB2,线圈KM1通电,主触头KM1和常开辅助触点KM1闭合。电动机M通电运转。松开按钮SB2,由于常开辅助触点KM1闭合而保持通电状态,因此电动机M仍保持通电运转。按下按钮SB1,线圈KM1断电,主触头KM1断开,电动机M停止运转。

图1.1.3为既可点动又可自锁控制线路。按下按钮SB2,线圈KM1通电,主触头KM1闭合,电动机M通电运转。松开按钮SB2,由于常开辅助触点KM1闭合,线圈KM1保持通电,所以电动机M仍保持运转。按下按钮SB1,线圈KM1断电,电动机M停止运转。

按下按钮SB3,线圈KM1通电,主触头KM1和常开辅助触点KM1闭合。电动机M通电运转。松开按钮SB3,由于SB3常开触点由闭合变为断开,常闭触点

SB3 由断开没变为闭合状态，线圈 KM1 断电，形成不了自锁，电动机 M 停止运转。

四、实验内容及方法

实验前要先检查实验台控制屏三相交流电源输出端 U、V、W 的线电压是否是 380 V。首先，旋动控制屏“电源总开关”钥匙至“开”位置，实验台接入电源。然后，将钮子开关拨至“三相调压输出”位置，并按下绿色“启动”按钮，三相电压表显示此时电压。旋转实验台左侧端面上的调压器旋钮，将三相交流电源输出端 U、V、W 的线电压调到 380V。最后，按下红色“停止”按钮，旋动“电源总开关”钥匙至“关”位置，切断三相交流电源。以后每次在实验接线之前都应如此检查。实验接线均应从三相交流电源输出端 U、V、W 和 N 插孔开始。接线完成后，经指导教师检查无误后，方可旋开“电源总开关”，按下绿色“启动”按钮，然后根据实验具体内容进行操作。实验结束后，先按下控制屏上红色“停止”按钮，再关闭“电源总开关”，拆除接线，结束实验操作。

1. 三相异步电动机点动控制线路

参考图 1.1.1 接线。使用本书配套实验台时，图中 SB1、KM1 选用 D61-2 挂件，Q1、FU1、FU2 、FU3 、FU4 选用 D62-2 挂件，电机选用 DJ24。如果使用其他厂家的实验台，可根据实际情况选用元器件。

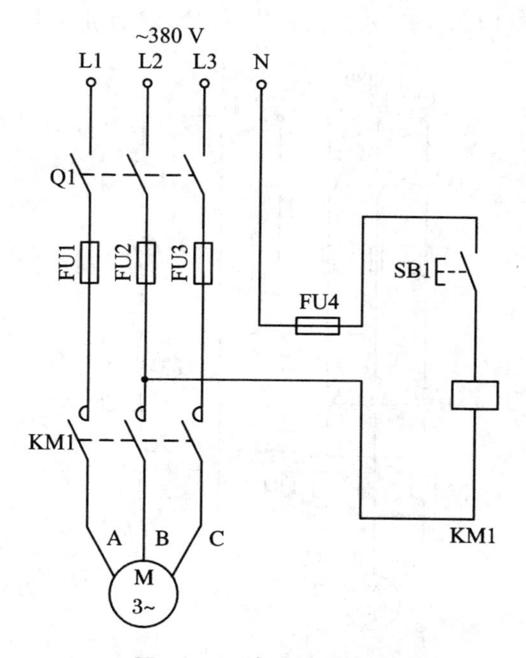

图 1.1.1　点动控制线路

接线前，先将控制屏"电源总开关"钥匙旋至"关"位置，按下控制屏上的红色"停止"按钮以切断三相交流电源。

接线时，先接主电路，它是从三相交流电源输出端 U、V、W 插孔开始(对应于控制线路中 L1、L2、L3)，经刀开关 Q1，熔断器 FU1、FU2、FU3，接触器 KM1 主触点，到电动机 M 的三个线端 A、B、C 的电路，用导线按顺序串联起来，有三路。

主电路经检查无误后，再接控制电路。根据实验台控制回路实际所需电压进行连接。当需要 220 V 交流电时，可从三相交流电源输出端 N 端和三相中任一相形成控制回路。当需要 380 V 交流电时，可从三相中任取两相，形成控制回路。如果是其他电压，根据所用实验台的实际情况进行连接。

接线经指导老师检查无误后，将控制屏"电源总开关"钥匙旋至"开"位置，按下控制屏上绿色"启动"按钮，按下列步骤进行实验：

(1) 闭合 Q1，接通三相交流 380 V 电源；

(2) 按下启动按钮 SB1，对电动机 M 进行点动操作，比较按下 SB1 和松开 SB1 时电动机 M 的运转情况。

2. 三相异步电动机自锁控制线路

将控制屏"电源总开关"钥匙旋至"关"位置，按下控制屏上的红色"停止"按钮以切断三相交流电源。参考图 1. 1. 2 接线，图中 SB1、SB2、KM1、FR1 选用 D61-2 挂件，Q1、FU1、FU2、FU3、FU4 选用 D62-2 挂件，电动机选用 DJ24。

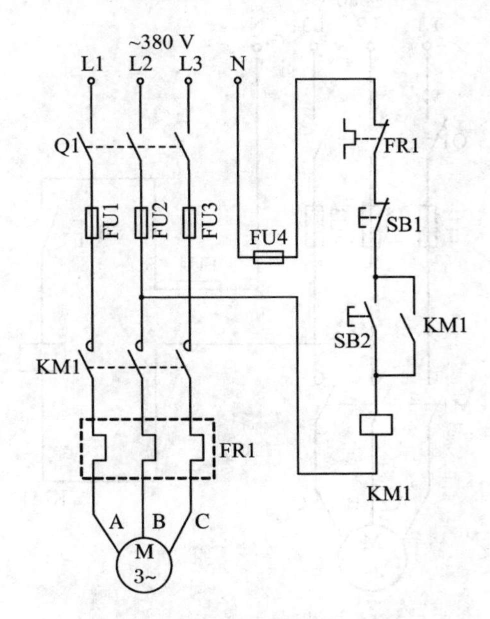

图 1. 1. 2　自锁控制线路

接线经指导老师检查无误后，将控制屏"电源总开关"钥匙旋至"开"位置，按下控制屏上绿色"启动"按钮，按下列步骤进行实验：

(1) 合上开关 Q1，接通三相交流 380 V 电源；

(2) 按下启动按钮 SB2，松手后观察电动机 M 运转情况；

(3) 按下停止按钮 SB1，松手后观察电动机 M 运转情况。

3. 三相异步电动机既可点动又可自锁控制线路

将控制屏"电源总开关"钥匙旋至"关"位置，按下控制屏上的红色"停止"按钮以切断三相交流电源。参考图 1.1.3 接线，图中 SB1、SB2、SB3、KM1、FR1 选用 D61-2 挂件，Q1、FU1、FU2、FU3、FU4 选用 D62-2 挂件，电动机选用 DJ24，经指导老师检查无误后，通电，并按下列步骤进行实验：

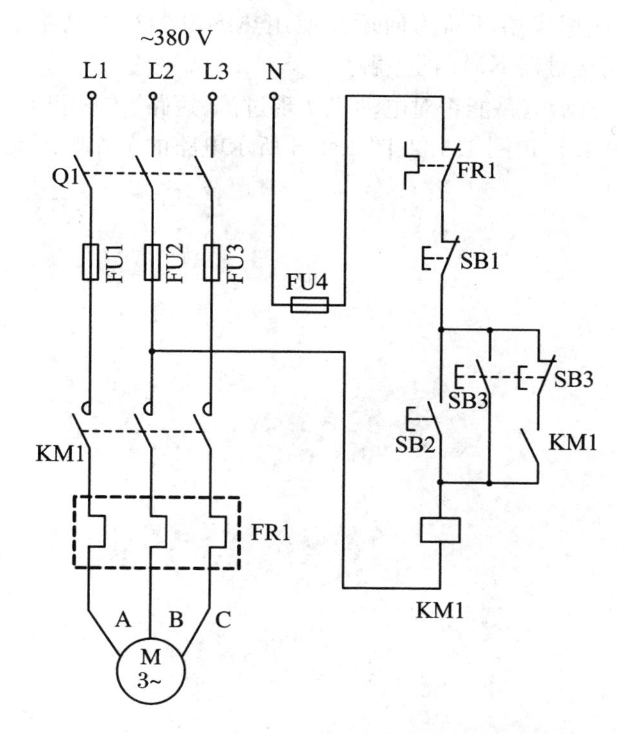

图 1.1.3　既可点动又可自锁控制线路

(1) 合上 Q1 接通三相交流 380 V 电源；

(2) 按下启动按钮 SB2，松手后观察电动机 M 是否继续运转；

(3) 运转半分钟后按下 SB3，然后松开，电动机 M 是否停转，连续按下和松开 SB3，观察此时属于什么控制状态；

(4) 按下停止按钮 SB1，松手后观察 M 是否停转。

五、实验报告要求

1. 规范准确地绘制实验的电气控制线路，并说明工作原理。
2. 按照实验内容要求的步骤进行各项实验，记录实验现象。
3. 对比工作原理和实验现象，分析总结此次实验。

六、讨论题

1. 试分析什么叫点动，什么叫自锁，并比较图 1.1.1 和图 1.1.2 所示的控制线路在结构和功能上有什么区别。

2. 图中各个电器如 Q1、FU1、FU2、FU3、FU4、KM1、FR、SB1、SB2、SB3 各起什么作用？已经使用了熔断器为何还要使用热继电器？主电路中已经有了开关 Q1 为何还要使用接触器 KM1 的主触头？

3. 图 1.1.2 所示电路能否对电动机实现过流、短路、欠压和失压保护？

4. 画出如图 1.1.1、图 1.1.2、图 1.1.3 所示电路的工作原理流程图。

实验二　三相异步电动机的正反转控制线路

一、实验目的

1. 通过对三相异步电动机正反转控制线路的接线，掌握由电路原理图接成实际操作电路的方法。

2. 掌握三相异步电动机正反转的原理和方法。

3. 掌握手动正反转控制、接触器联锁正反转、按钮联锁正反转控制及按钮和接触器双重联锁正反转控制线路的不同接法，并熟悉在操作过程中有哪些不同之处。

二、实验设备

见表 1.2.1。

表 1.2.1

序　号	型　号	名　称	数　量
1	DJ24	三相鼠笼异步电动机	1 件
2	D61-2	继电接触控制(一)	1 件
3	D62-2	继电接触控制(二)	1 件

三、实验原理

各种生产机械常要求具有上、下、左、右、前、后等相反方向的运动，这就要求电动机能够正反向运转。改变电动机三相电源中的任意两相，就能实现正反转，如图1.2.1所示。

在实际生产机械中，对于三相异步交流电动机可借助正反向接触器改变定子绕组相序来实现，如图 1.2.2 所示。按下按钮 SB1，线圈 KM1 得电并自锁，电动机 M 通电正向运转。按下按钮 SB3，电动机 M 停止运转。按下 SB2，线圈 KM2 得电并自锁，电动机 M 通电反向运转。电动机正向或反向运转时，KM1 或 KM2 的常闭辅助触点串接在对方线圈线路中，使得 KM1 和 KM2 线圈不能同时得电，称为电气互锁或接触器联锁。

将正反启动按钮的常闭触点串接在对方接触器线圈线路中，使得按下按钮接通本方线路时，对方线路断开，保证了正反转线圈不同时得电，称为按钮互锁或按钮联锁，如图 1.2.3 所示。

上述联锁放在一个正反转控制线路中，实现按钮和接触器双重联锁正反转控制线路，如图 1.2.4 所示。

四、实验内容及方法

1. 倒顺开关正反转控制线路

将控制屏“电源总开关”钥匙旋至“关”位置，按下控制屏上的红色“停止”按钮以切断三相交流电源。经指导老师检查无误后，接通电源，按以下步骤操作：

(1) 按图 1.2.1 接线。图中 Q1(用以模拟倒顺开关)、FU1、FU2、FU3 选用 D62-2 挂件，电机选用 DJ24；

(2) 接通电源后，把开关 Q1 合向“左合”位置，观察电动机转向；

(3) 运转半分钟后，把开关 Q1 合向“断开”位置后，再扳向“右合”位置，观察电动机转向。

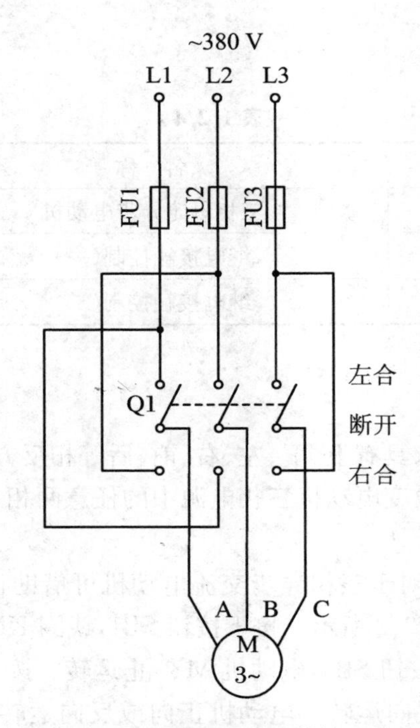

图 1.2.1　倒顺开关正反转控制线路

2. 接触器联锁正反转控制线路

将控制屏“电源总开关”钥匙旋至“关”位置，按下控制屏上的红色“停止”按钮以切断三相交流电源。参考图 1.2.2 接线。图中 SB1、SB2、SB3、KM1、KM2、FR1 选用 D61-2 件，Q1、FU1、FU2 、FU3、FU4 选用 D62-2 挂件，电机选用 DJ24。经指导老师检查无误后，接通电源，按以下步骤操作：

(1) 合上电源开关 Q1，接通 380 V 三相交流电源；

(2) 按下 SB1，观察并记录电动机 M 的转向、接触器自锁和联锁触点的吸断情况；

(3) 按下 SB3，观察并记录电动机 M 运转状态、接触器各触点的吸断情况；

(4) 再按下 SB2，观察并记录电动机 M 的转向、接触器自锁和联锁触点的吸断情况。

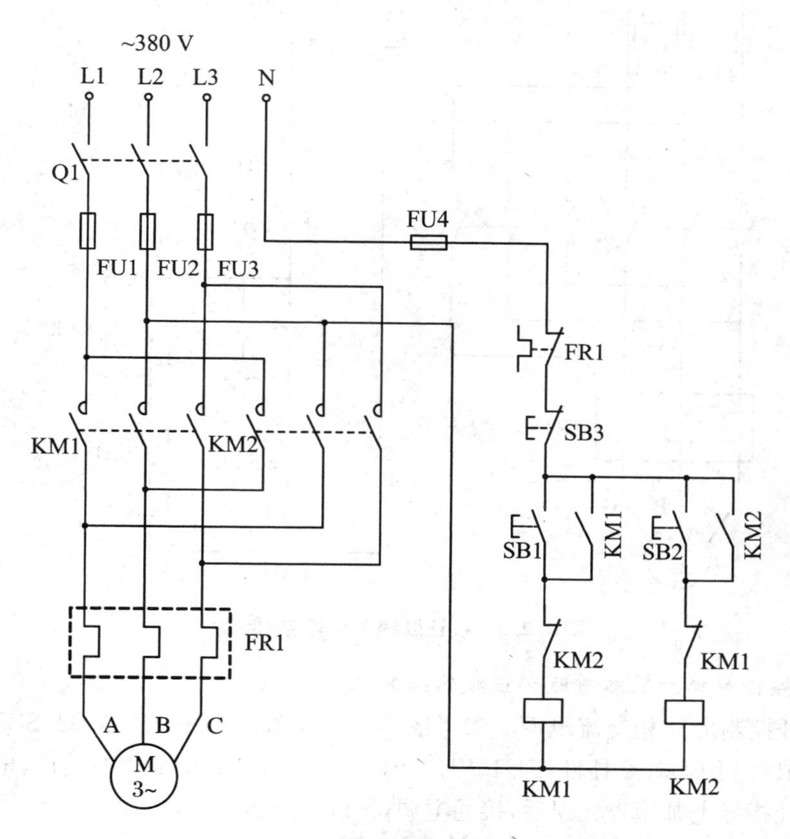

图 1.2.2　接触器联锁正反转控制线路

3. 按钮联锁正反转控制线路

断开控制屏三相交流电源。参考图 1.2.3 接线。图中 SB1、SB2、SB3、KM1、KM2、FR1 选用 D61-2 挂件，Q1、FU1、FU2 、FU3、FU4 选用 D62-2 挂件，电机选用 DJ24。经指导老师检查无误后，接通电源，按以下步骤操作：

(1) 合上电源开关 Q1，接通 380 V 三相交流电源；

(2) 按下 SB1，观察并记录电动机 M 的转向、各触点的吸断情况；

(3) 按下 SB3,观察并记录电动机 M 的转向、各触点的吸断情况;

(4) 按下 SB2,观察并记录电动机 M 的转向、各触点的吸断情况。

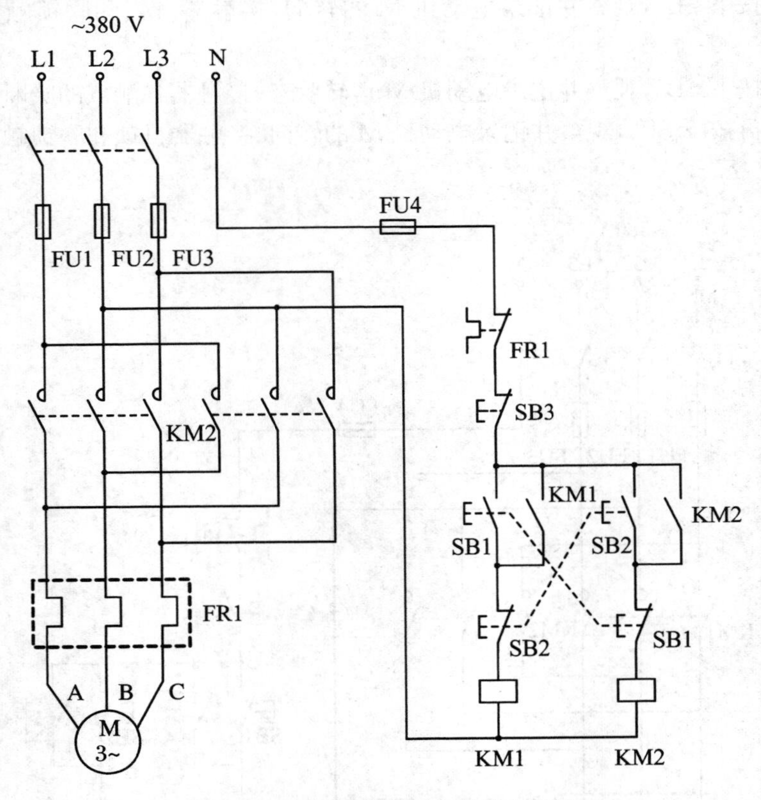

图 1.2.3 按钮联锁正反转控制线路

4. 按钮和接触器双重联锁正反转控制线路

断开控制屏三相交流电源。参考图 1.2.4 接线。图中 SB1、SB2、SB3、KM1、KM2、FR1 选用 D61-2 挂件,FU1、FU2、FU3、FU4、Q1 选用 D62-2 挂件,电机选用 DJ24。经指导老师检查无误后,接通电源,按以下步骤操作:

(1) 合上电源开关 Q1,接通 380 V 三相交流电源;

(2) 按下 SB1,观察并记录电动机 M 的转向、各触点的吸断情况;

(3) 按下 SB2,观察并记录电动机 M 的转向、各触点的吸断情况;

(4) 按下 SB3,观察并记录电动机 M 的转向、各触点的吸断情况。

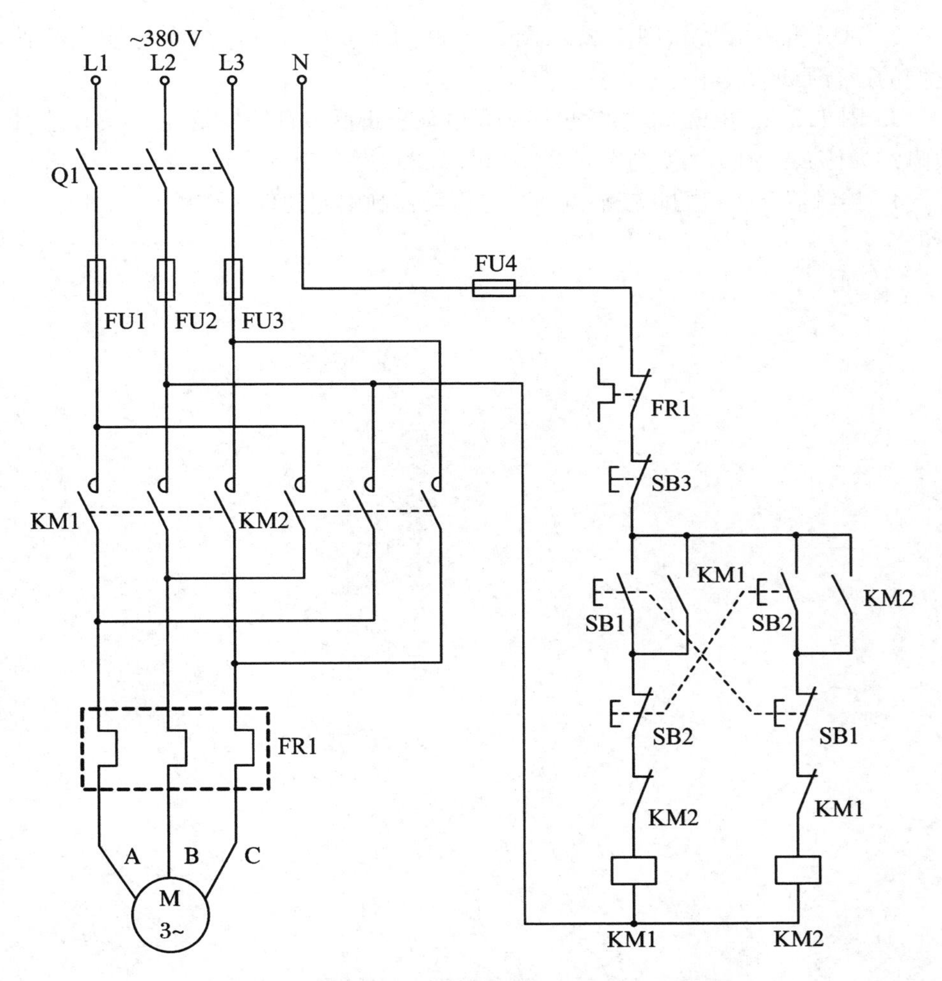

图 1.2.4　按钮和接触器双重联锁正反转控制线路

五、实验报告要求

1. 规范准确地绘制实验的电气控制线路,并说明工作原理。
2. 按照实验内容要求的步骤进行各项实验,记录实验现象。
3. 对比工作原理和实验现象,分析总结此次实验。

六、讨论题

1. 在图 1.2.1 中,欲使电动机 M 反转,为什么要把手柄扳到“停止”使电动机 M 停转后,才能扳向“反转”使之反转?若直接扳至“反转”会造成什么后果?

2. 试分析图 1.2.1、图 1.2.2、图 1.2.3、图 1.2.4 各有什么特点，并分别画出它们的运行原理流程图。

3. 图 1.2.2、图 1.2.3 虽然也能实现电动机正反转直接控制，但容易产生什么故障？为什么？图 1.2.4 与图 1.2.2 和图 1.2.3 相比有什么优点？

4. 接触器和按钮的联锁触点在继电接触控制中起到什么作用？

实验三　工作台自动往返循环控制线路

一、实验目的

1. 通过对工作台自动往返循环控制线路的实际安装接线，掌握由电气原理图变换成安装接线图的方法，掌握行程控制中行程开关的作用，以及在机床电路中的应用。

2. 通过实验，进一步加深自动往返循环控制在机床电路中的应用场合。

二、实验设备

见表1.3.1。

表1.3.1

序　号	型　号	名　称	数　量
1	DJ24	三相鼠笼异步电动机	1件
2	D61-2	继电接触控制(一)	1件
3	D62-2	继电接触控制(二)	1件

三、实验原理

在生产中，某些机床的工作台需要进行自动往复运行，实际是要求在工作台达到指定位置时电机能自动实现正反转。通常利用行程开关来实现自动往复运动，控制线路如图1.3.1所示。

图1.3.1(a)为控制线路图，1.3.1(b)为示意图。当工作台的挡块停在行程开关ST1和ST2之间任何位置时，可以按下任一启动按钮SB1或SB2使之运行。例如按下SB1，电动机正转带动工作台左进，当工作台到达终点时挡铁1压下终点行程开关ST1，使其常闭触点ST1-1断开，接触器KM1因线圈断电而释放，电机停转；同时行程开关ST1的常开触点ST1-2闭合，使接触器KM2通电吸合且自锁，电动机反转，拖动工作台向右移动；同时ST1复位，为下次正转作准备，当电机反转拖动工作台向右移动到一定位置时，挡铁2碰到行程开关ST2，使ST2-1断开，KM2断电释放，电动机停电释放，电动机停转；同时常开触点ST2-2闭合，使KM1通电并自锁，电动机又开始正转，如此反复循环，使工作台在预定行程内自动反复运动。

ST3和ST4分别是左极限开关和右极限开关。当工作台左行或右行至ST1

和 ST2 行程开关处，由于某些原因，开关常闭触点没有断开，导致工作台继续移动，移动到 ST3 和 ST4 处，ST3 和 ST4 断开，电机停止运转，工作台停止移动。

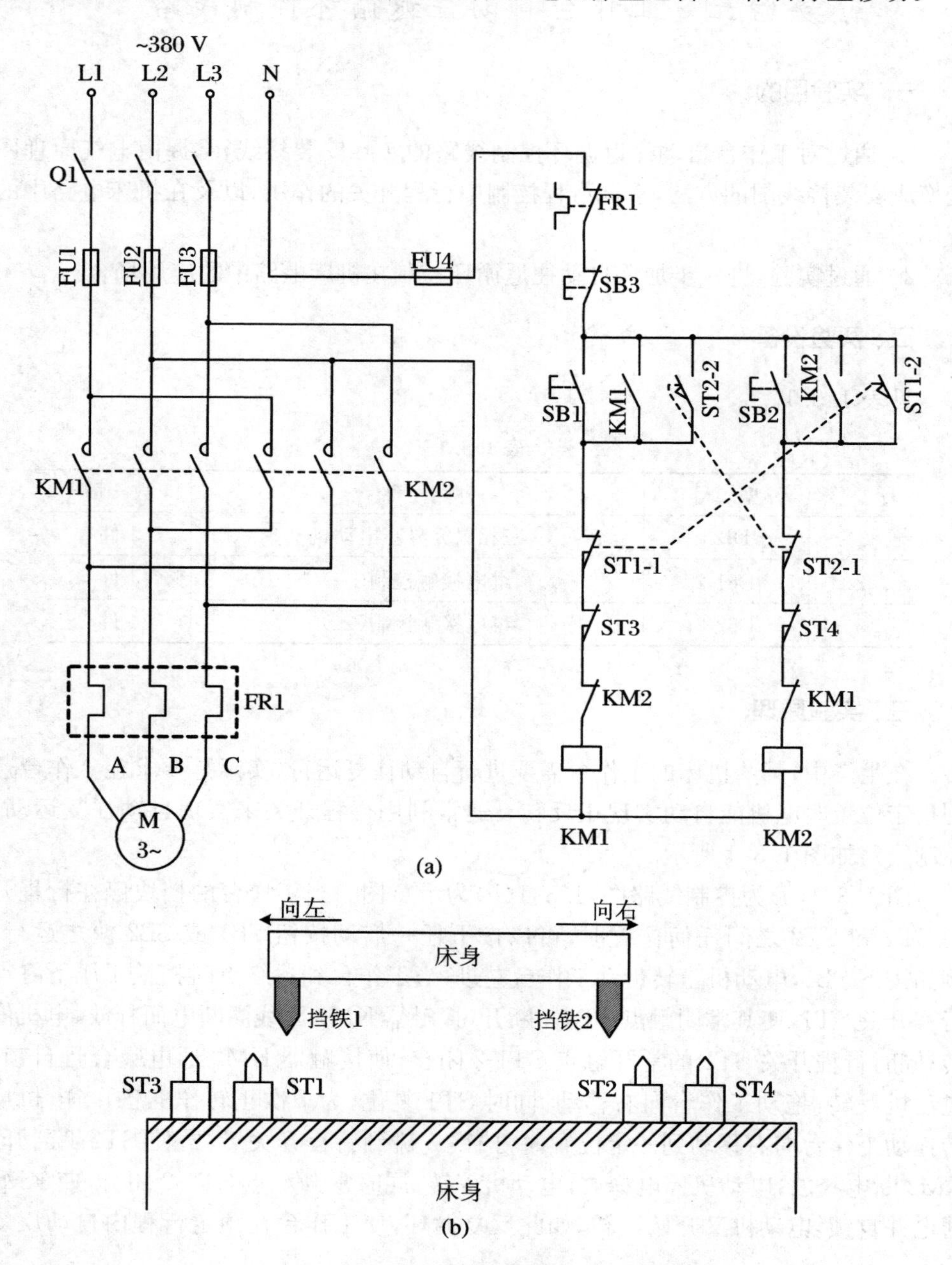

图 1.3.1　工作台自动往返循环控制线路

四、实验内容及方法

断开电源，参考图 1. 3. 1(a)接线。图中 SB1、SB2、SB3、FR1、KM1、KM2 选用 D61k-2 挂件，FU1、FU2、FU3、FU4、Q1、ST1、ST2、ST3、ST4 选用 D62-2 挂件，电机选用 DJ24。经指导老师检查无误后通电并按以下步骤操作：

(1) 合上开关 Q1，接通 380 V 三相交流电源；

(2) 按 SB1 按钮，使电动机正转约 10 秒钟；

(3) 用手按 ST1(模拟工作台左进到终点，挡铁 1 压下行程开关 ST1)，观察电动机应停止正转并变为反转；

(4) 反转约半分钟，用手压 ST2(模拟工作台右进到终点，挡铁 2 压下行程开关 ST2)，观察电动机应停止反转并变为正转；

(5) 正转 10 秒钟后按下 ST3，反转 10 秒钟后按下 ST4，观察电机运转情况；

(6) 重复上述步骤，线路应能正常工作。

五、实验报告要求

1. 规范准确地绘制实验的电气控制线路，并说明工作原理。
2. 按照实验内容要求的步骤进行实验，记录实验现象。
3. 对比工作原理和实验现象，分析总结此次实验。

六、讨论题

1. 行程开关主要用于什么场合？它是运用什么来达到行程控制的？行程开关一般安装在什么地方？
2. 图 1. 3. 1 中 ST3、ST4 在行程控制中起什么作用？
3. 列举几种限位保护的机床控制实例。

实验四 三相异步电动机的顺序控制线路

一、实验目的

1. 通过各种不同顺序控制的接线,加深对一些特殊要求电气控制线路的了解。

2. 进一步加深学生的动手能力和理解能力,使理论知识和实际经验进行有效的结合。

二、实验设备

见表 1.4.1。

表 1.4.1

序 号	型 号	名 称	数 量
1	DJ24	三相鼠笼异步电动机	2 件
2	D61-2	继电接触控制(一)	1 件
3	D62-2	继电接触控制(二)	1 件

三、实验原理

在生产实际中,有些设备要求多台电动机按一定顺序实现其启动和停止。顺序控制有顺序启动、同时停止和顺序启动、顺序停止等控制线路。

顺序启动、同时停止控制线路如图 1.4.1 所示。按下按钮 SB1,线圈 KM1 得电,KM1 主触头和常开辅助触点闭合。电动机 M1 通电运转并保持。此时按下按钮 SB2,电动机 M2 通电运转并保持。如果电动机 M1 未运转,则由于 KM1 常开辅助触点未闭合,线圈 KM2 无法得电,即无法启动电动机 M2。因此该线路实现了 M1 先启动 M2 才能启动的顺序启动控制。按下按钮 SB3,线圈 KM1、KM2 同时失电,电动机 M1、M2 停止运转。因此是同时停止。

顺序启动、顺序停止控制线路如图 1.4.2 所示。按下按钮 SB2,线圈 KM1 得电并自锁,电动机 M1 运转。串接在线圈 KM2 回路中的 KM1 常开辅助触点由于线圈 KM1 通电而闭合。因此,此时按下按钮 SB4 线圈 KM2 通电自锁,电动机 M2 运转。如果电动机 M1 未启动,即 KM1 常开辅助触点不闭合,则线圈 KM2 无法通电,电动机 M2 也不能启动。因此,该线路实现 M1 先启动 M2 才能启动的顺序启动控制。按下按钮 SB1 线圈 KM1 失电,同时,线圈 KM2 也失电。电动机 M1、M2 同时停止运转。如果电动机 M1 在运转时按下按钮 SB3,则线圈 KM2 失电,而

KM1 不受影响，即电动机 M1 运转时，电动机 M2 可单独停止运行。

如图 1.4.3 所示控制线路为分别启动、顺序停止控制线路。按下按钮 SB2，线圈 KM1 得电并自锁，电动机 M1 通电运转。按下按钮 SB4，线圈 KM2 得电自锁，电动机 M2 通电运转。电动机 M1、M2 启动不受对方影响，即可单独启动。

在电动机 M2 运转时按下按钮 SB1，由于 KM2 常开辅助触点闭合，线圈 KM1 无法失电，即无法实现电动机 M1 停止运转。按下按钮 SB3，线圈 KM2 失电，电动机 M2 停止运转。此时按下按钮 SB1，由于 KM2 辅助常开触点恢复断开，线圈 KM1 失电，电动机 M1 停止运转，因此该线路实现了电动机 M2 先停然后电动机 M1 再停的顺序停止控制。

四、实验内容及方法

1. 三相异步电动机启动顺序控制(一)

断开电源，参考图 1.4.1 接线。图中 SB1、SB2、SB3、KM1、KM2、FR1 选用 D61-2 挂件，FU1、FU2、FU3、FU4、Q1、FR2 选用 D62-2 挂件，电机 M1 和 M2 选用 DJ24。经指导老师检查无误后，通电并按以下步骤操作：

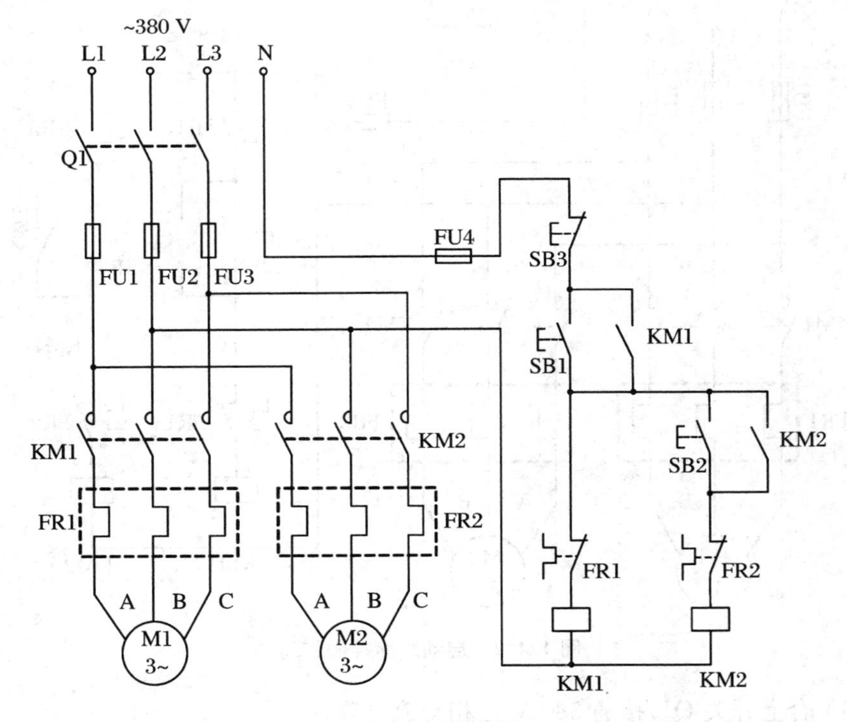

图 1.4.1　启动顺序控制(一)

(1) 合上开关 Q1,接通 380 V 三相交流电源;

(2) 按下按钮 SB1,观察电动机运行情况及接触器吸合情况;

(3) 保持电动机 M1 运转时按下按钮 SB2,观察电动机运转及接触器吸合情况。

思考:(1) 在电动机 M1 和 M2 都运转时,能不能单独停止电动机 M2?

(2) 按下按钮 SB3 使电动机停转后,按下按钮 SB2,分析电动机 M2 不能启动的原因。

2. 三相异步电动机启动顺序控制(二)

断开电源,参考图 1.4.2 接线。图中 SB1、SB2、SB3、FR1、KM1、KM2 选用 D61-2 挂件,Q1、FU1、FU2、FU3、FU4、SB4、FR2 选用 D62-2 挂件,M1 和 M2 选用 DJ24。经指导老师检查接线无误后,通电并按以下步骤操作:

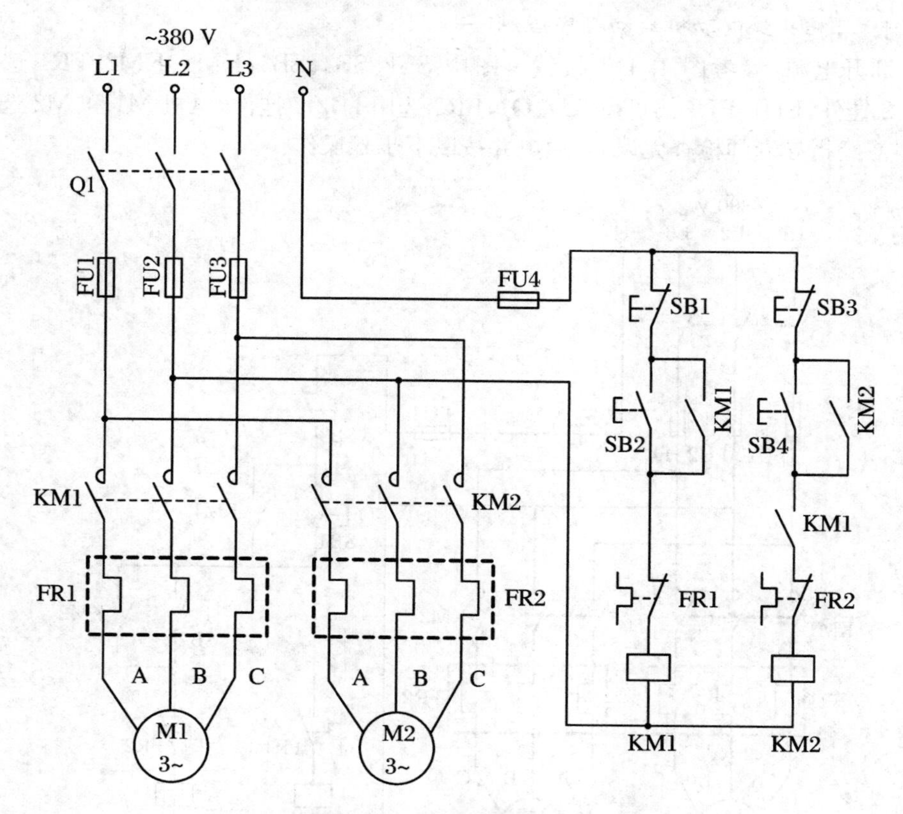

图 1.4.2 启动顺序控制(二)

(1) 合上开关 Q1,接通 380 V 三相交流电源;

(2) 按下按钮 SB2,观察并记录电机及各接触器运行状态;

(3) 再按下按钮 SB4，观察并记录电机及各接触器运行状态；

(4) 单独按下按钮 SB3，观察并记录电机及各接触器运行状态；

(5) 在电动机 M1 与 M2 都运行时，按下按钮 SB1，观察电机及各接触器运行状态。

3. 三相异步电动机停止顺序控制

断开电源，参考图 1.4.3 接线。图中 SB1、SB2、SB3、FR1、KM1、KM2 选用 D61-2 挂件，Q1、FU1、FU2、FU3、FU4、SB4、FR2 选用 D62-2 挂件，电机 M1 和 M2 用 DJ24。经指导老师检查接线无误后，通电并按以下步骤操作：

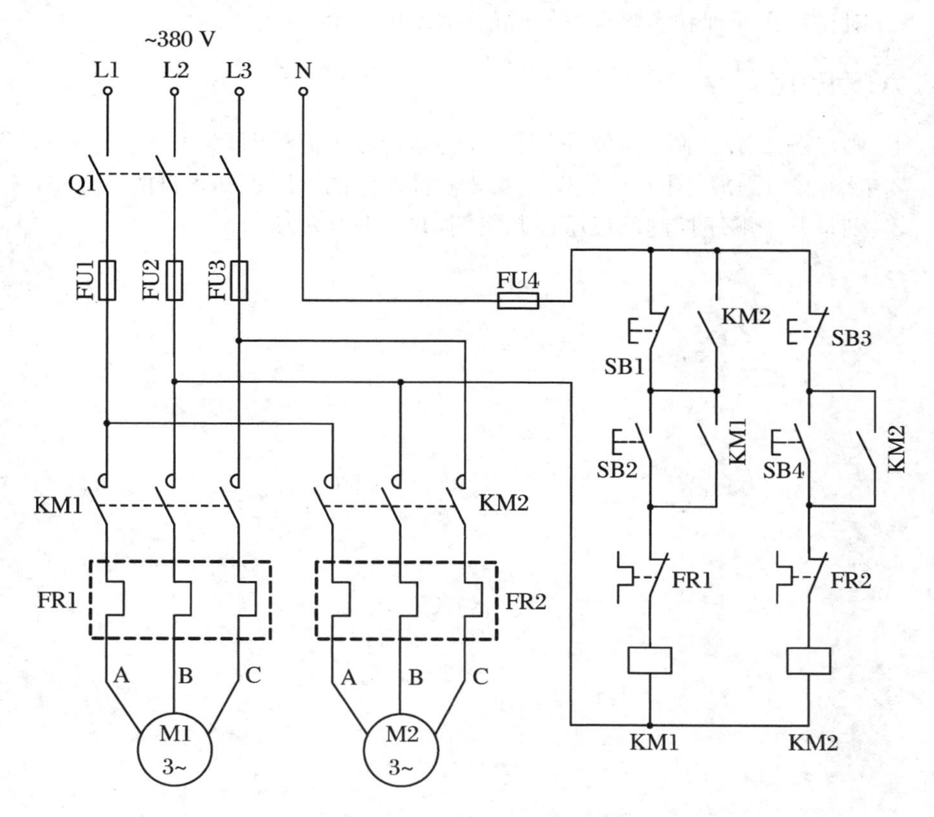

图 1.4.3　停止顺序控制

(1) 合上开关 Q1，接通 380 V 三相交流电源；

(2) 按下按钮 SB2，观察并记录电动机及接触器运行状态；

(3) 同时按下按钮 SB4，观察并记录电动机及接触器运行状态；

(4) 在电动机 M1 与 M2 都运行时，单独按下按钮 SB1，观察并记录电动机及接触器运行状态；

(5) 在电动机M1与M2都运行时,单独按下按钮SB3,观察并记录电动机及接触器运行状态;

(6) 按下按钮SB3使电动机M2停止后再按SB1,观察并记录电机及接触器运行状态。

五、实验报告要求

1. 规范准确地绘制实验的电气控制线路,并说明工作原理。
2. 按照实验内容要求的步骤进行各项实验,记录实验现象。
3. 对比工作原理和实验现象,分析总结此次实验。

六、讨论题

1. 画出图1.4.1、图1.4.2、图1.4.3的运行原理流程图。
2. 比较图1.4.1、图1.4.2、图1.4.3三种线路的不同点和各自的特点。
3. 列举几个顺序控制的机床控制实例,并说明其用途。

实验五　三相异步电动机的两地控制线路

一、实验目的

1. 掌握两地控制的特点，使学生对电气控制中两地控制有感性的认识。
2. 通过对此实验的接线，掌握两地控制在电气控制中的应用场合。

二、实验设备

见表1.5.1。

表1.5.1

序　号	型　号	名　称	数量
1	DJ24	三相鼠笼异步电动机	1件
2	D61-2	继电接触控制(一)	1件
3	D62-2	继电接触控制(二)	1件

三、实验原理

在一些大型设备上，要求操作人员能在不同方位进行操作与控制，即实现多地点控制，如图1.5.1所示。图中按钮SB2、SB3在实际生产机械中设置在甲地，按钮SB1、SB4在实际生产机械中设置在乙地。按下按钮SB2或SB4均能使电动机M通电运转并保持，按下按钮SB1或SB3均能使电动机M停止运转。

四、实验内容及方法

1. 三相异步电动机两地控制

断开电源，参考图1.5.1接线。图中SB1、SB2、SB3、FR1、KM1、FR1选用编号为D61-2的挂件，Q1、FU1、FU2、FU3、FU4、SB4选用编号为D62-2的挂件，电机选用DJ24。经指导老师检查接线无误后，通电并按以下步骤操作：

(1) 合上开关Q1，接通380 V三相交流电源；

(2) 按下按钮SB2，观察电动机及接触器运行状况；

(3) 按下按钮SB1，观察电动机及接触器运行状况；

(4) 按下按钮SB4，观察电动机及接触器运行状况；

(5) 按下按钮SB3，观察电动机及接触器运行状况。

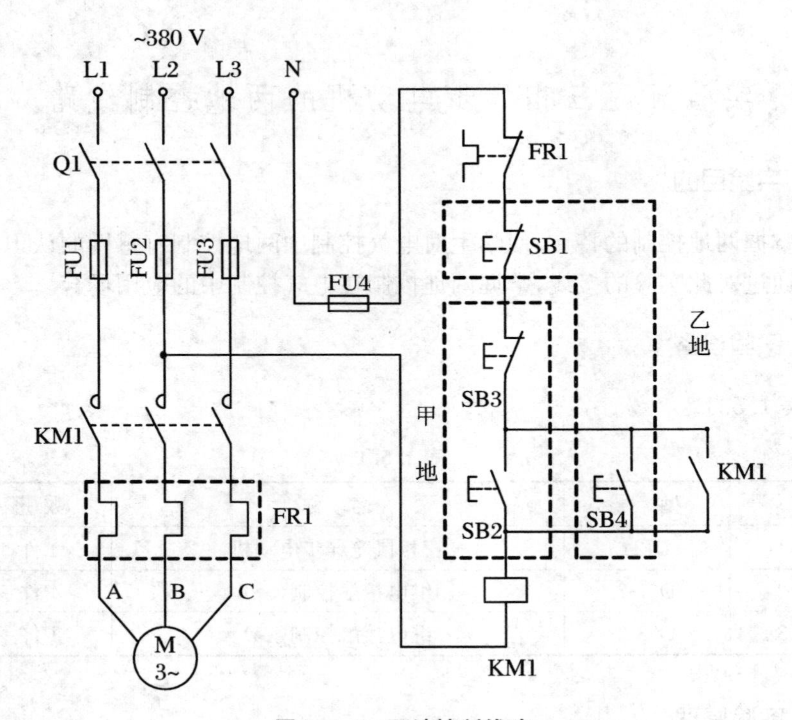

图 1.5.1 两地控制线路

五、实验报告要求

1. 规范准确地绘制实验的电气控制线路,并说明工作原理。
2. 按照实验内容要求的步骤进行各项实验,记录实验现象。
3. 对比工作原理和实验现象,分析总结此次实验。

六、讨论题

1. 什么叫两地控制?两地控制有何特点?
2. 两地控制的接线原则是什么?

实验六　三相异步电动机的 Y-△降压启动控制线路

一、实验目的

1. 了解时间继电器的结构、使用方法、延时时间的调整及在控制系统中的应用。

2. 熟悉异步电动机 Y-△降压启动控制的运行情况和操作方法。

二、实验设备

见表 1.6.1。

表 1.6.1

序　号	型　号	名　称	数　量
1	DJ24	三相鼠笼异步电动机	1 件
2	D61-2	继电接触控制(一)	1 件
3	D62-2	继电接触控制(二)	1 件

三、实验原理

三相笼型电动机直接启动电流是额定电流的 4～7 倍,过大的启动电流会造成电网电压显著下降,直接影响同网下工作的其他用电设备,所以采用降压启动,以减小启动电流。

定子绕组三角形接法的笼型异步电动机,可采用 Y-△降压启动方法限制启动电流。电动机以 Y 接法启动,然后通过控制电路改变为△接法运行。图 1.6.1 是手动实现 Y-△降压启动的控制线路。按下按钮 SB1,线圈 KM1 通电,使线圈 KM2 通电,KM1、KM2 主触头闭合,电动机 M 以星形连接启动运转并保持。按下复合按钮 SB2,线圈 KM2 失电,线圈 KM3 通电并自锁,KM2 主触头断开,KM3 主触头闭合,电动机 M 由星形连接转化为三角形连接运转,按下按钮 SB3,电动机 M 停止运转。

图 1.6.2 是实际生产机械中采用的时间继电器控制的 Y-△降压启动控制线路。按下按钮 SB1,线圈 KM1 通电自锁,线圈 KM2 通电,电动机 M 以星形连接方式启动运转,同时 KT1 通电延时时间继电器开始工作。一段时间后 KT1 常闭触点断开,线圈 KM2 失电,主触头恢复断开,KT1 常开触点闭合,线圈 KM3 通电闭锁,电动机 M 以三角连接方式运转。KM3 辅助常闭触点断开,线圈 KT 断电,时

间继电器恢复初始状态。按下按钮 SB2，电动机 M 停止运转。

四、实验内容及方法

1. 接触器控制 Y-△降压启动控制线路

断开电源后，参考图 1.6.1 接线。图中 SB1、SB2、SB3、KM1、KM2、KM3、FR1 选用 D61-2 挂件，FU1、FU2、FU3、FU4、Q1 选用 D62-2 挂件，电机选用 DJ24。经指导老师检查接线无误后，通电并按以下步骤操作：

(1) 合上 Q1，接通 380 V 三相交流电源；

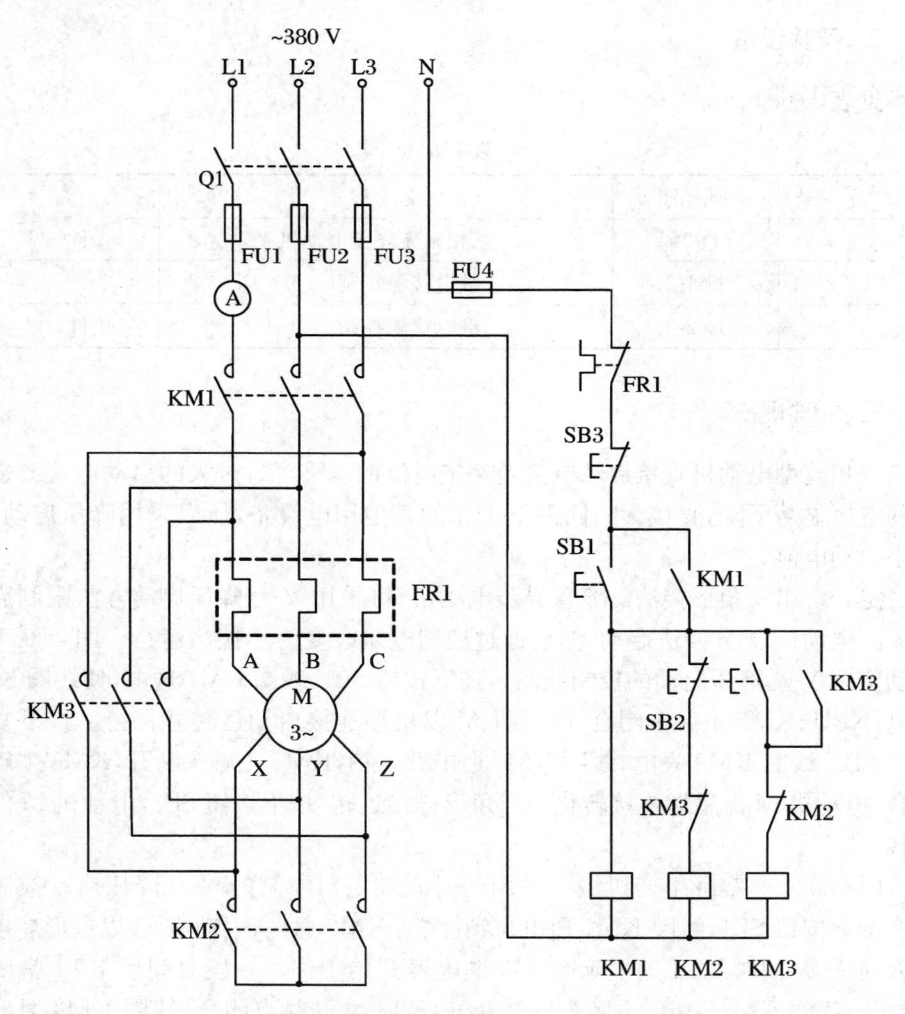

图 1.6.1 接触器控制 Y-△降压启动控制线路

(2) 按下按钮 SB1,电动机作 Y 接法启动,注意观察启动时,电流表最大读数 $I_{Y启动}=$________ A;

(3) 按下按钮 SB2,使电机为△接法正常运行,注意观察△运行时,电流表电流读数 $I_{\triangle运行}=$________ A;

(4) 按下按钮 SB3 停止后,先按下按钮 SB2,再同时按下启动按钮 SB1,观察电动机在△接法直接启动时电流表最大读数 $I_{\triangle启动}=$________ A;

(5) 计算 $I_{Y启动}/I_{\triangle启动}=$________,结果说明什么问题?

2. 时间继电器控制 Y-△降压启动控制线路

断开电源后,参考图 1.6.2 接线。图中 SB1、SB2、KM1、KM2、KM3、KT1、FR1 选用 D61-2 挂件,FU1、FU2、FU3、FU4、Q1 选用 D62-2 挂件,电动机用 DJ24。经指导老师检查接线无误后,通电并按以下步骤操作:

(1) 合上 Q1,接通 380 V 三相交流电源;

(2) 按下按钮 SB1,电动机作 Y 接法启动,观察并记录电动机运行情况和交流电流表读数;

(3) 经过一定时间延时,电动机按△接法正常运行后,观察并记录电动机运行情况和交流电流表读数;

(4) 按下按钮 SB2,电动机 M 停止运转。

五、实验报告要求

1. 规范准确地绘制实验的电气控制线路,并说明工作原理。

2. 按照实验内容要求的步骤进行各项实验,记录不同状态下的电流值和实验现象,并计算 $I_{Y启动}/I_{\triangle启动}$。

3. 对比工作原理、实验现象及 $I_{Y启动}/I_{\triangle启动}$ 计算值,分析总结此次实验。

六、讨论题

1. 画出图 1.6.1、图 1.6.2 的工作原理流程图。
2. 时间继电器在图 1.6.2 中的作用是什么?
3. 采用 Y-△降压启动的方法时对电动机有何要求?
4. 降压启动的最终目的是控制什么物理量?
5. 降压启动的自动控制与手动控制线路相比较,有哪些优点?

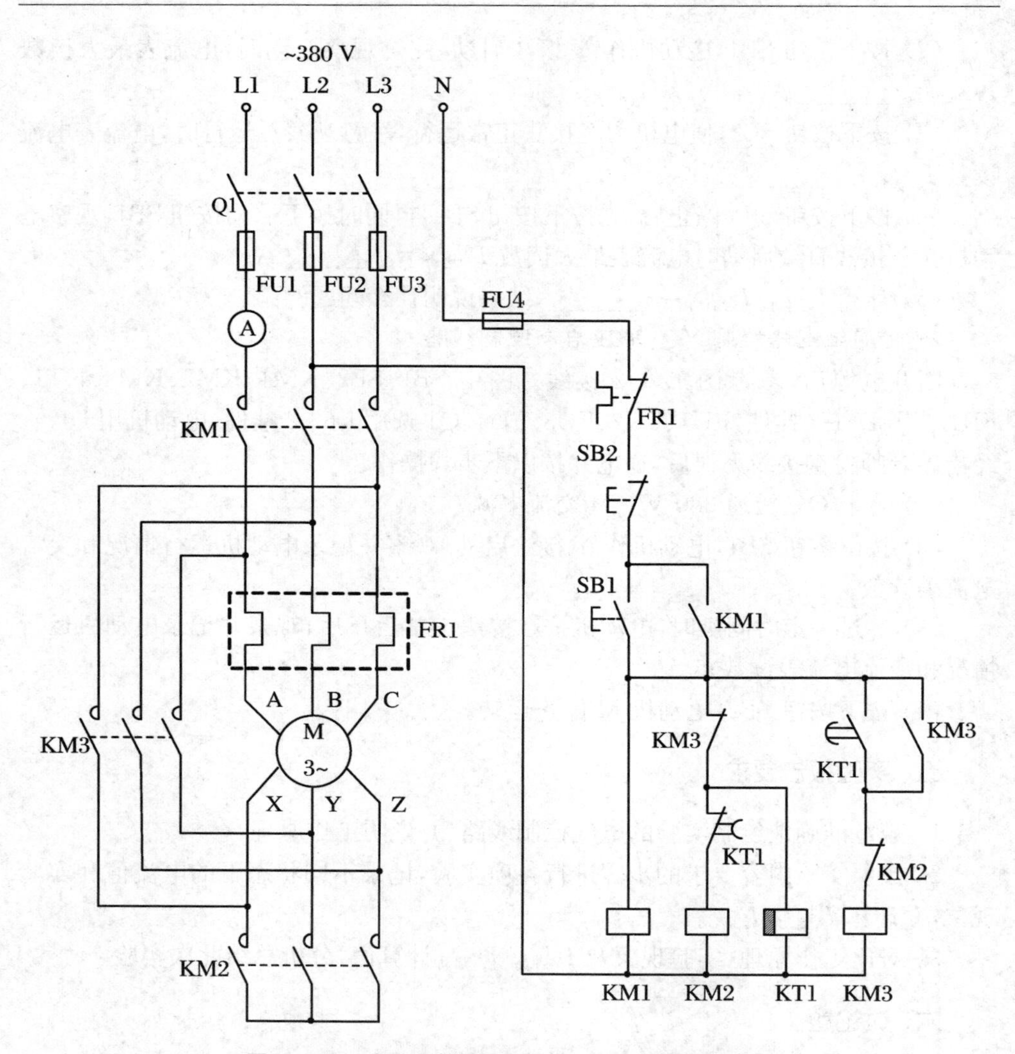

图 1.6.2 时间继电器控制 Y-△降压启动控制线路

实验七　三相异步电动机的能耗制动控制线路

一、实验目的

1. 通过实验进一步理解三相鼠笼式异步电动机能耗制动原理。
2. 增强实际连接控制电路的能力和操作能力。

二、实验设备

见表 1.7.1。

表 1.7.1

序　号	型　号	名　称	数　量
1	DJ24	三相鼠笼异步电动机	1 件
2	D61-2	继电接触控制(一)	1 件
3	D62-2	继电接触控制(二)	1 件

三、实验原理

三相异步电动机断电后，由于惯性的作用，停车时间较长。许多生产机械都要求能迅速停车或准确定位，这就要求对电动机进行强迫停车，即制动。

能耗制动是指电动机脱离电源后，向定子绕组通入直流电源，从而在空间产生静止的磁场，此时电动机转子由于惯性而继续转动，切割磁力线，产生感应电动势和转子电流，转子电流与静止磁场相互作用，产生制动转矩，使电动机迅速减速停车。

图 1.7.1 为时间继电器控制的能耗控制线路。按下按钮 SB1，线圈 KM1 通电自锁，电动机 M 通电运转。按下复合按钮 SB2，线圈 KM1 失电，电动机 M 断电，线圈 KM2 通电，26 V 交流整流为直流电后接入两相，同时线圈 KT1 通电，时间继电器开始延时，直流电的接入使电动机 M 转速迅速下降并停止。当延时时间到后，KT1 触点断开，KM2 线圈失电，直流电断开接入。

四、实验内容及方法

1. 异步电动机能耗制动控制线路

断开电源，参考图 1.7.1 接线。图中 SB1、SB2、KM1、KM2、KT1、FR1、T、B、R 选用 D61-2 挂件，FU1、FU2、FU3、FU4、Q1 选用 D62-2 挂件，安培表用 D31 上 5 A挡，电机用 DJ24。经指导老师检查接线无误后，通电并按以下步骤操作：

(1) 合上开关 Q1,接通 380 V 三相交流电源;

(2) 调节时间继电器,使延时时间为 5 秒;

(3) 按下 SB1,使电动机 M 启动运转;

(4) 待电动机运转稳定后,按下 SB2,观察并记录电动机 M 从按下 SB1 起至电动机停止旋转的能耗制动时间。

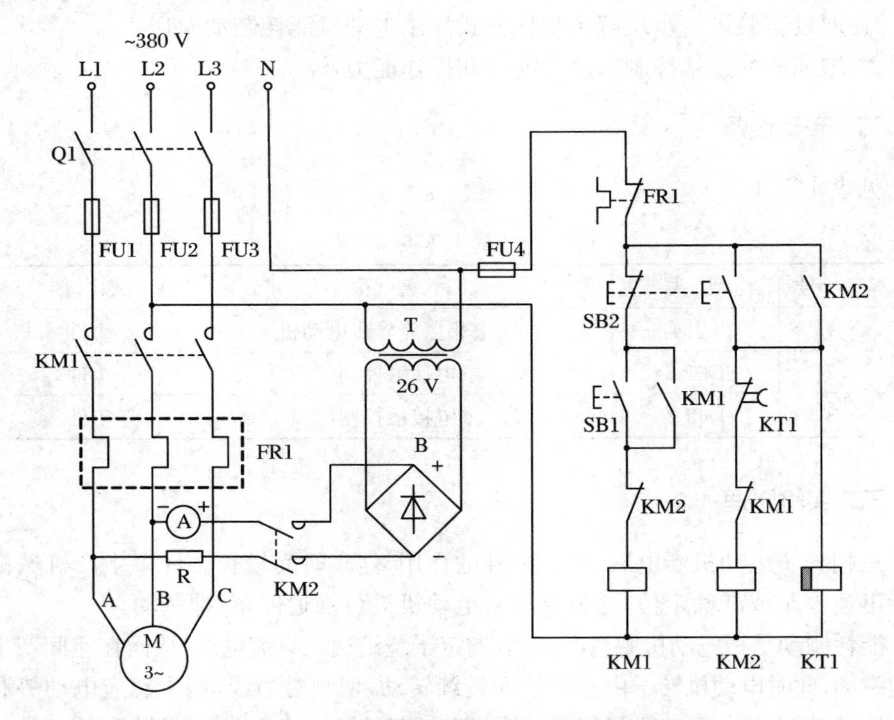

图 1.7.1 三相异步电动机能耗制动控制线路

五、实验报告要求

1. 规范准确地绘制实验的电气控制线路,并说明工作原理。
2. 按照实验内容要求的步骤进行实验,记录实验现象。
3. 对比工作原理和实验现象,分析总结此次实验。

六、讨论题

1. 为什么交流电源和直流电源不允许同时接入电机定子绕组?
2. 电机制动停车需在两相定子绕组通入直流电,若通入单相交流电,能否启动制动作用? 为什么?

实验八　C620车床的电气控制线路

一、实验目的

1. 通过对C620车床电气控制线路的接线，使学生真正掌握机床控制的原理。
2. 使学生真正从书本走向实际，接触实际的机床控制。

二、实验设备

见表1.8.1。

表1.8.1

序　号	型　号	名　称	数　量
1	DJ24	三相鼠笼异步电动机	2件
2	D61-2	继电接触控制(一)	1件
3	D62-2	继电接触控制(二)	1件

三、实验原理

车床是常用的普通机床之一。C620车床有主轴电动机和冷却泵电动机，主轴电动机通过启动和停止按钮实现主轴连续运转和停止。冷却泵电动机在主轴电动机通电后通过开关方可运转。控制线路如图1.8.1所示。

合上开关Q1，接通380 V三相交流电源。合上开关Q3，机床工作灯EL灯亮。按下按钮SB1按钮，线圈KM1通电吸合，主轴电动机M1启动运转。运行指示灯HL1亮，停止指示灯HL2灭。合上开关Q2，冷却泵电动机M2启动运转。按下SB2按钮，KM1线圈断电，主轴电动机M1断电停止运转，同时冷却泵电动机M2也停止运转。停止指示灯HL2亮，运行指示灯HL1灭。

四、实验内容及方法

断开电源，按图1.8.1接线。图中FR1、SB1、SB2、KM1、T、HL1、HL2选用D61-2挂件，Q1、Q2、Q3、FR2、FU1、FU2、FU3、FU4、EL选用D62-2挂件，电机M1和M2用DJ24。经指导老师检查接线无误后，通电并按以下步骤操作：

(1) 合上开关Q1，接通380 V三相交流电源；

(2) 按下SB1按钮，KM1通电吸合，主轴电动机M1启动运转；

(3) 合上开关Q2，冷却泵电动机M2启动运转；

（4）按下 SB2 按钮，KM1 线圈断电，主轴电动机 M1 断电停止运转，同时冷却泵电动机 M2 也停止运转；

（5）图中 EL 为机床工作灯，由开关 Q3 控制。

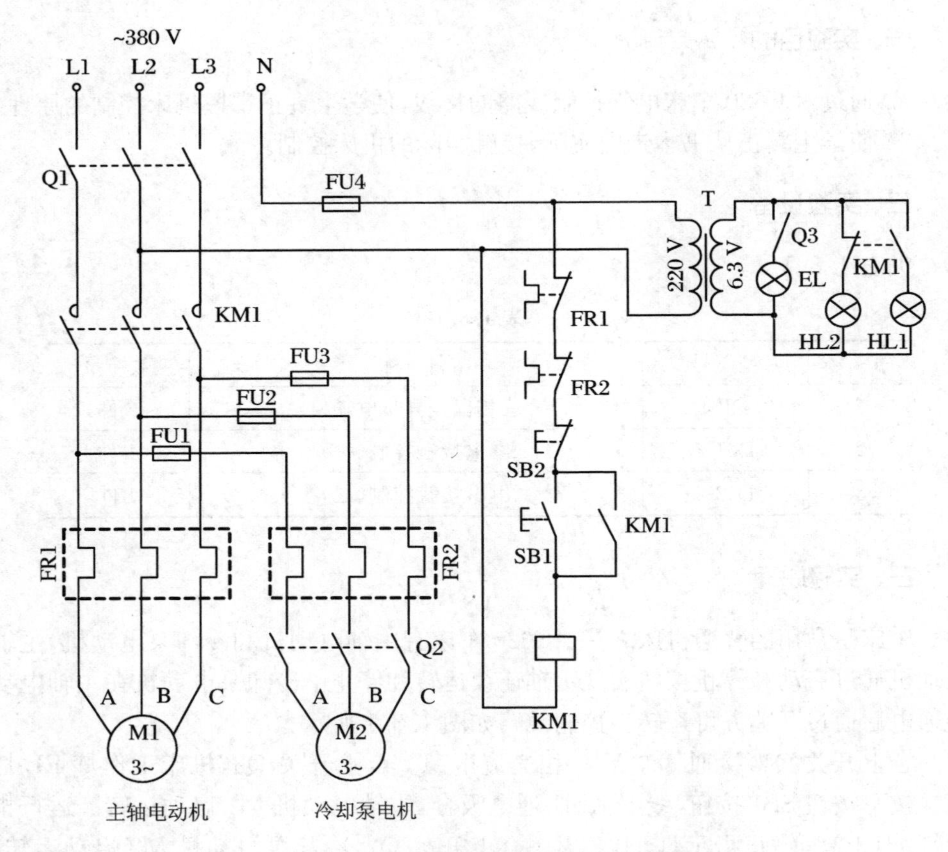

图 1.8.1　C620 车床的电气控制线路

五、实验报告要求

1. 规范准确地绘制实验的电气控制线路，并说明工作原理。
2. 按照实验内容要求的步骤进行实验，记录实验现象。
3. 对比工作原理和实验现象，分析总结此次实验。

六、讨论题

1. 试分析冷却泵电动机主电路接在 KM1 下面的目的。
2. C620 车床控制线路具有什么保护？

实验九　M7130 平面磨床的电气控制线路

一、实验目的

1. 通过对 M7130 平面磨床的电气控制线路的实际接线和操作，初步掌握另一种工厂机床磨床的基本工作原理。

2. 熟悉掌握平面磨床一些独特的控制线路。

二、实验设备

见表 1.9.1。

表 1.9.1

序　号	型　号	名　称	数　量
1	DJ24	三相鼠笼异步电动机	3 件
2	D61-2	继电接触控制(一)	1 件
3	D62-2	继电接触控制(二)	1 件
4	D63-2	继电接触控制(三)	1 件

三、实验原理

平面磨床工作时，砂轮高速旋转，电磁吸盘通电产生磁力吸住工件，工作台在油缸和行程开关的作用下自动往复移动，冷却泵工作对加工位置进行冷却。M7130 平面磨床模拟控制线路如图 1.9.1 所示。

闭合开关 Q1，接入三相电源。将开关 Q3 拨至吸合位置，中间继电器 KA1 吸合。模拟欠电流继电器吸合，并模拟电磁吸盘吸合。

按下按钮 SB1、KM1 通电吸合，M1 砂轮电动机启动运行，合上开关 Q2，冷却泵电动机 M2 启动运行。

按下按钮 SB3，线圈 KM2 通电自锁，电动机 M3 转动(假定为正方向)，工作台向左移动。当达到行程开关 ST1，常闭触点 ST1-1 断开，线圈 KM2 断开，常开触点 ST1-2 闭合，线圈 KM3 通电自锁，电动机 M3 反向转动，工作台向右移动。当右行到行程开关 ST2 时，常闭触点 ST2-1 断开，线圈 KM3 断开，常开触点 ST2-2 闭合，电动机 M3 又变为正向转动，工作台向左移动。

按下 SB5，线圈 KM3 通电自锁，电动机 M3 反向转动，工作台向右移动。当右行到行程开关 ST2 时，常闭触点 ST2-1 断开，线圈 KM3 断开，常开触点 ST2-2 闭合,电动机 M3 变为正向转动,工作台向左移动。当达到行程开关 ST1 时,常闭触点 ST1-1 断开,线圈 KM2 断开,常开触点 ST1-2 闭合,线圈 KM3 通电自锁,电动机 M3 又变为反向转动,工作台向右移动。

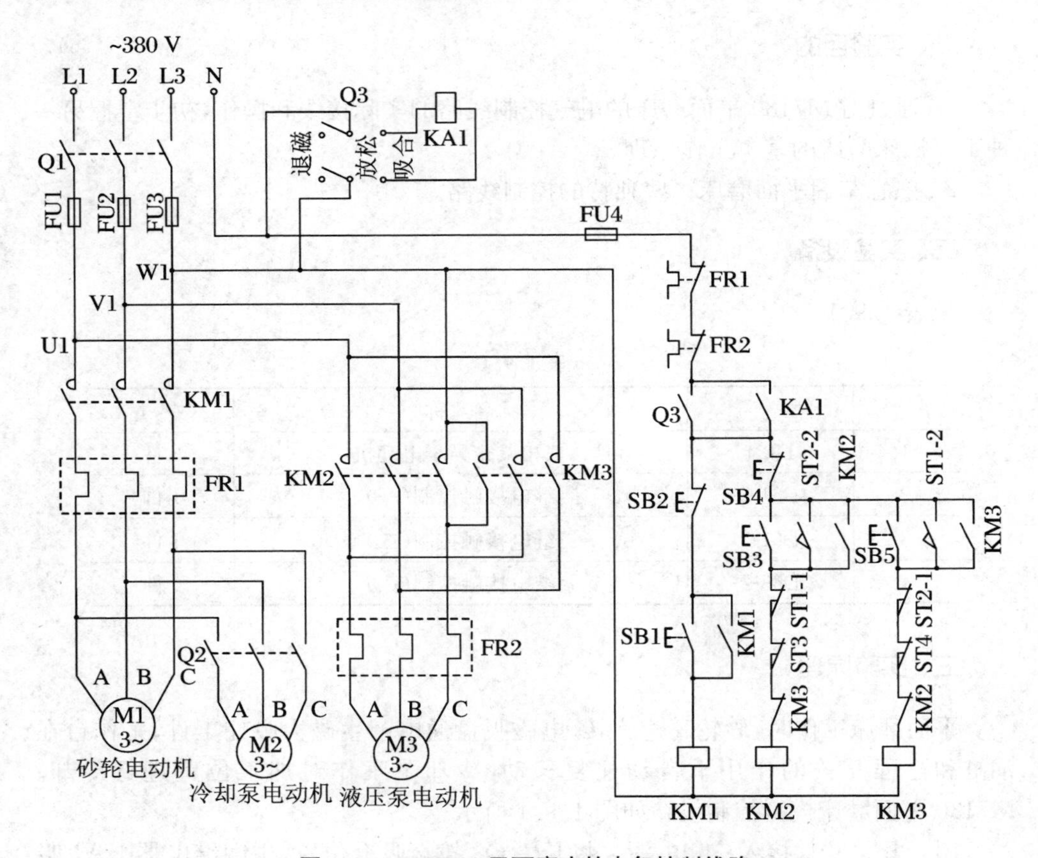

图 1.9.1 M7130 平面磨床的电气控制线路

当工作台左移或右移至行程开关 ST1 或 ST2 处时,若行程开关损坏而未产生相应动作,则工作台会继续移动。工作台继续左移到左极限位置行程开关 ST3 或继续右移到右极限位置行程开关 ST4 时,ST3 或 ST4 常闭触点断开,线圈 KM2 或 KM3 失电,电动机 M3 停止转动,工作台停止移动,防止事故发生。

按下按钮 SB4,液压泵电动机停止运行,再按下按钮 SB2,砂轮电动机 M1 和冷却泵电动机停止运转。

四、实验内容及方法

断开电源,按图 1. 9. 1 接线。图中 FR1、SB1、SB2、SB3、KM1、KM2、KM2 选

用 D61-2 挂件，FR2、KA1、Q1、Q2、SB4、ST1、ST2、ST3、ST4 选用 D62-2 挂件，SB5 选用 D63-2 挂件，Q3 选用 D62-2 挂件，电机 M1、M2 和 M3 选用 DJ24。接线完毕经指导老师检查无误后，按以下步骤操作：

（1）合上 Q1，接通三相交流电源。

（2）转换开关 Q3 打在吸合位置，中间继电器 KA1 吸合（用 KA1 模拟欠电流继电器吸合，并模拟电磁吸盘吸合）。

（3）按下按钮 SB1，KM1 通电吸合，M1 砂轮电动机启动运行，合上开关 Q2，冷却泵电动机 M2 启动运行。

（4）按下按钮 SB3，KM2 通电吸合，液压泵电动机 M3 启动运转，观察 M3 转向。运转 5 秒后，用手按下 ST1（模拟工作台左行到一定位置压下行程开关 ST1），观察电动机 M3 转向；再运转 5 秒后，用手按下 ST2（模拟工作台右行到一定位置压下行程开关 ST2），观察电动机 M3 转向；运转 5 秒，再用手按下 ST3（模拟工作台左行到极限位置，行程开关 ST1 损坏不起作用时压下 ST3），电动机 M3 应停止运行。

（5）按下按钮 SB5，KM3 通电吸合，液压泵电动机 M3 启动运转，观察 M3 转向。运转 5 秒后，用手按下 ST2（模拟工作台右行到一定位置压下行程开关 ST2），观察电动机 M3 转向；再运转 5 秒后，用手按下 ST1（模拟工作台左行到一定位置压下行程开关 ST1），观察电动机 M3 转向；运转 5 秒，再用手按下 ST4（模拟工作台右行到极限位置，行程开关 ST2 损坏不起作用时压下 ST4），电动机 M3 应停止运行。

按步骤（4）再操作一遍。

（6）按下按钮 SB4，液压泵电动机停止运行，再按下按钮 SB2，砂轮电动机 M1 和冷却泵电动机停止运转。

五、实验报告要求

1. 规范准确地绘制实验的电气控制线路，并说明工作原理。
2. 按照实验内容要求的步骤进行实验，记录实验现象。
3. 对比工作原理和实验现象，分析总结此次实验。

六、讨论题

1. 图 1.9.1 中液压泵控制回路属于什么控制线路？
2. 在实际工厂机床中，电磁吸盘通的应是什么电源？为什么？
3. 图 1.9.1 所示的电路有哪些具体保护？

实验十 电动葫芦的电气控制线路

一、实验目的

1. 学习并掌握电动葫芦的提升和移行机构电气控制的方法。
2. 学习用限位开关对三相异步电动机进行能耗制动并观察其制动效果。

二、实验设备

见表 1.10.1。

表 1.10.1

序 号	型 号	名 称	数 量
1	D61-2	继电接触控制(一)	1 件
2	D62-2	继电接触控制(二)	1 件
3	D63-2	继电接触控制(三)	1 件
4	DJ24	三相鼠笼异步电动机	2 件

三、实验原理

电动葫芦是工厂运送重物的主要设备之一。本实验电动葫芦控制线路有两个电动机,分别实现葫芦的前后移行和挂钩升降。升降电动机控制线路还应能实现停机制动控制,使重物能悬挂在空中。前后移动和挂钩升降均应点动控制。电动葫芦模拟控制线路如图 1.10.1 所示。

闭合开关 Q1,接通三相电源,按下按钮 SB1,线圈 KM2 通电,电动机 M1 转动(假定为正向),电动葫芦挂钩提升;松开按钮 SB1,线圈 KM2 失电,电动机 M1 停止转动,电动葫芦挂钩停止提升。按下按钮 SB2,线圈 KM1 通电,电动机 M1 反向转动,电动葫芦挂钩下降;松开按钮 SB2,线圈 KM1 失电,点动机 M1 停止反向转动,电动葫芦挂钩停止下降。按下按钮 SB3,线圈 KA2 通电,电动机 M2 转动(假定为正向),电动葫芦向前移动;松开按钮 SB3,线圈 KA2 失电,电动机 M2 停止转动,电动葫芦停止向前移动。按下按钮 SB4,线圈 KA1 通电,电动机 M1 反转,电动葫芦向后移动;松开按钮 SB4,线圈 KA1 失电,电动葫芦停止向后移动。

图中开关 ST1 是为模拟实际中的悬挂重物抱闸制动和达到最高限位制动快停。电动机 M1 停止时,按下 ST1,线圈 KM3 通电,KM3 常开触点闭合,直流电通接入三相电机，实现抱闸制动。电动机 M1 正向转动、电动葫芦挂钩提升时，按下 ST1，模拟达到最高限位，线圈 KM3 通电，线圈 KM2 失电，电动机 M1 断电惯性转动，同时直流电接入三相电机，电动机 M1 快速减速并制动停止。

四、实验内容及方法

1. 断开电源，按图 1. 10. 1 接线。图中 SB1、SB2、SB3、KM1、KM2、KM2、FR1、T、B、R 选用 D61-2 挂件，Q1、FU1、FU2、FU3、FU4、KA1、KA2、SB4、ST1 选用 D62-2 挂件。M1 和 M2 选用 DJ24 电机。先对热继电器的整定电流进行调整，调整在三相鼠笼式异步电动机 M1 的额定电流 0. 5 A 位置。

2. 异步电动机 M1 装在导轨上，鼠笼电动机 M2 放在实验桌的台面上，分别模拟升降、移行电动机。

3. 线路连接完成，经指导教师检查无误后，方可按以下步骤进行通电实验。假定电动机 M1 提升为顺时针转向，电动机 M2 向前移行为顺时针转向，则按下按钮 SB1 及 SB3 应符合转向要求，若不符合要求，应调整相序使电动机转向符合顺时针的假定要求。

4. 按下按钮 SB2 及 SB4，电动机 M1 及 M2 的转向应符合逆时针转向要求，在电动机 M1 运转的状态下，按下 ST1 即对电动机能耗制动，观察电动机应很快停转，使用模拟实际电葫芦的升降电动机停机时，必须有制动电磁铁（即抱闸）将其轴卡住，能使重物悬挂在空中。

5. 再次操作各按钮，先按下按钮 SB2，电动机 M1 逆时针转向（下降），再按下按钮 SB3，电动机 M2 顺时针转向（向前），改为按下按钮 SB4，电动机 M2 逆时针转向（向后），松开各按钮，电动机应停止运转；按下按钮 SB1，电动机 M1 顺时针运转（提升），按 10 秒钟（模拟电机已提升到最高位），此时按 ST1（模拟提升到最高位碰撞限位开关 ST1），电动机应很快停止运转。

为了在实际操作中保证安全，要求每次只按下一个按钮，以使重物升降时不做移行运行，或在移行运行时不使重物做升降运动。也可设想在电路中加联锁，使操作更安全。

五、实验报告要求

1. 规范准确地绘制实验的电气控制线路，并说明工作原理。
2. 按照实验内容要求的步骤进行各项实验，记录实验现象。
3. 对比工作原理和实验现象，分析总结此次实验。

六、讨论题

1. 为什么在电动葫芦电气控制线路中，按钮要采用点动控制？
2. 在图中，行程开关 ST1 起到什么作用？

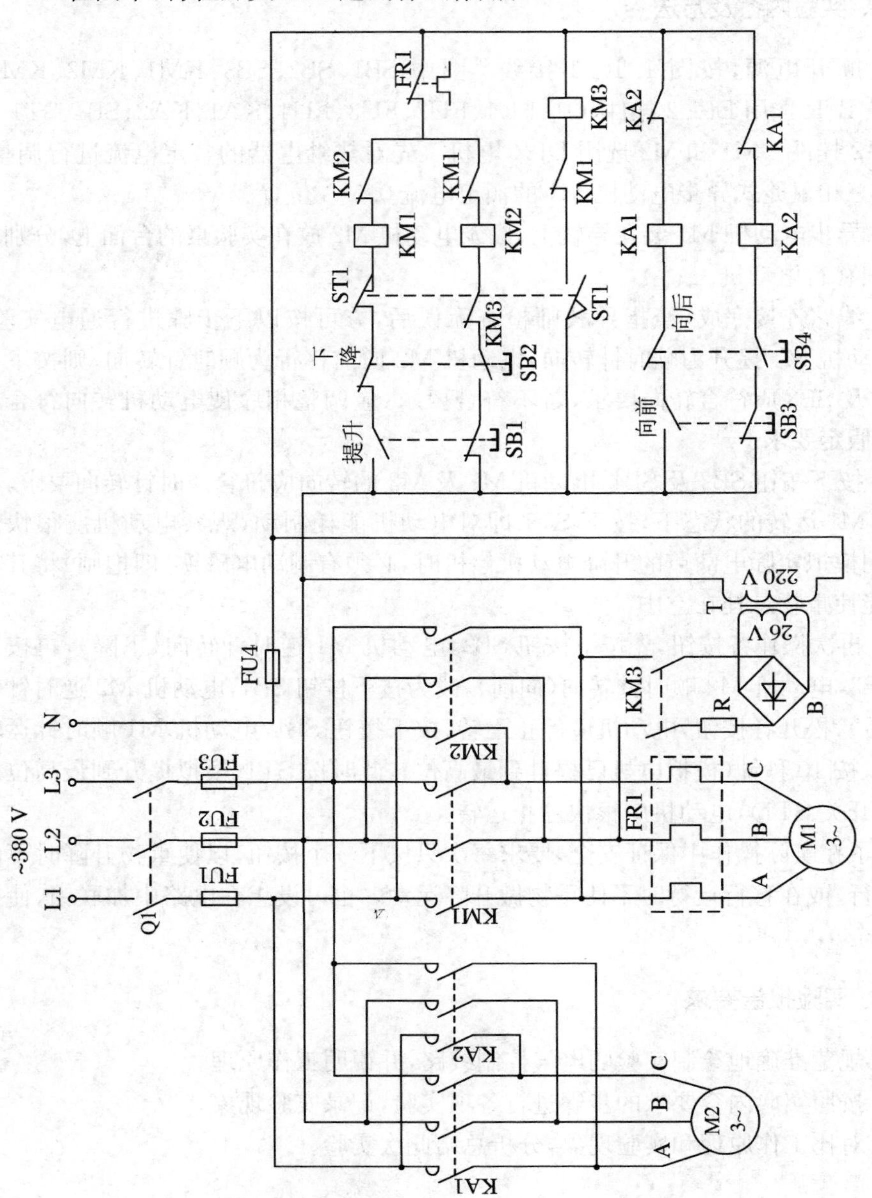

图1.10.1 电动葫芦的电气控制线路

实验十一　X62W 铣床模拟控制线路的调试分析

一、实验目的

1. 熟悉 X62W 万能铣床模拟控制线路及其操作。
2. 通过实验掌握铣床电气设备的调试、故障分析及排除故障的方法。

二、实验设备

见表 1.11.1。

表 1.11.1

序　号	型　号	名　称	数　量
1	D61-2	继电接触控制(一)	1 件
2	D62-2	继电接触控制(二)	1 件
3	D63-2	继电接触控制(三)	1 件
4	DJ24	三相鼠笼异步电动机	2 件

三、实验原理

铣床是常用的普通机床之一。铣床包含三个电动机：主轴电动机、工作台电动机和冷却泵电动机(实验线路未画出)。主轴电动机的控制线路能实现正反转控制、制动控制和主轴变速冲动控制。工作台电动机的控制线路能实现圆工作台转动、矩形工作台纵向进给、矩形工作台横向和升降进给以及工作台快速移动控制。X62W 铣床模拟控制线路如图 1.11.1 所示。

1. 主轴电动机控制

(1) 操作 Q1 开关，选择主轴正、反转。按下按钮 SB3，主轴电动机 M1 转动并自锁。按下按钮 SB1 或 SB2，电动机停止运转。

(2) 在停机情况下，快速按下和松开按钮 SB4，模拟实现主轴电动机的变速冲动。

2. 进给电动机控制

(1) 圆工作台工作：Q2 开关置于圆工作台接通位置(Q2-1、Q2-3 断开，Q2-2 闭合)，主轴电动机启动情况下，进给电动机 M2 正转，圆工作台转动；Q2 开关置于圆工作台断开位置时(Q2-2 断开，Q2-1、Q2-3 闭合)，进给电动机停止运转，圆工作台停止转动。

(2) 矩形工作台纵向进给:Q2 开关置于圆工作台断开位置(Q2-1、Q2-3 闭合,Q2-2 断开),操作 ST1 或 ST2(使 ST1-1 闭合或 ST2-1 闭合),进给电机 M2 正转或反转运行,工作台向左或向右进给。

(3) 矩形工作台横向及垂直进给:Q2 开关置于圆工作台断开位置(Q2-2 断开,Q2-1、Q2-3 闭合),操作 ST3 或 ST4(使 ST3-1 闭合或 ST4-1 闭合)进给电动机 M2 正转或反转运行,实现工作台横向或垂直进给。

(4) 工作台快速移动:在主轴电动机正常运转,工作台有进给运动的情况下,若合上开关 Q3,则 KA2 吸合(模拟电磁铁动作),工作台快速移动。

四、实验内容及方法

断开电源,按图 1.11.1 接线,其中 M1 和 M2 选用 DJ24 三相鼠笼电动机,KM1、KM2、KM3、FR1、SB1、SB2、SB3、T、B、R 选用 D61-2 组件,Q1、Q2、Q3、SB4、FU1、FU2、FU3、FU4、ST1、ST2、ST3、ST4、KA1、KA2、S1、S2 选用 D62-2 组件,KA3 选用 D63-2 组件。

1. 接好线后,仔细检查有无错接、漏接,各开关位置是否符合要求,检查无误后先对主轴电动机及进给电动机进行操作控制。

(1) 主轴电动机控制

① 按交流电源接通按钮 SB3,操作 Q1 开关,对主轴的正转(假定为逆时针)反转(假定为顺时针)进行预选,按下按钮 SB1 或 SB2,电动机停止运转。

② 按下启动按钮 SB3,观察主轴电动机应启动运转,并符合假定的正、反转要求。

③ 变速冲动:在停机情况下,按下按钮 SB4 实现主轴电动机的冲动,便于齿轮的啮合。

(2) 进给电动机控制

① 圆工作台工作:Q2 开关置于圆工作台接通位置(Q2-1、Q2-3 断开,Q2-2 闭合),主轴电动机启动情况下,进给电动机正转;Q2 开关置于圆工作台断开位置时(Q2-2 断开,Q2-1、Q2-3 闭合),进给电动机停止运转。

② 工作台纵向进给:Q2 开关置于圆工作台断开位置(Q2-1、Q2-3 闭合,Q2-2 断开),操作 ST1 或 ST2(使 ST1-1 闭合或 ST2-1 闭合),进给电动机应正转或反转运行。

③ 工作台横向及垂直进给:Q2 开关置于圆工作台断开位置(Q2-2 断开,Q2-1、Q2-3 闭合),操作 ST3 或 ST4(使 ST3-1 闭合或 ST4-1 闭合),进给电动机应正转或反转运行,实现工作台横向或垂直进给。

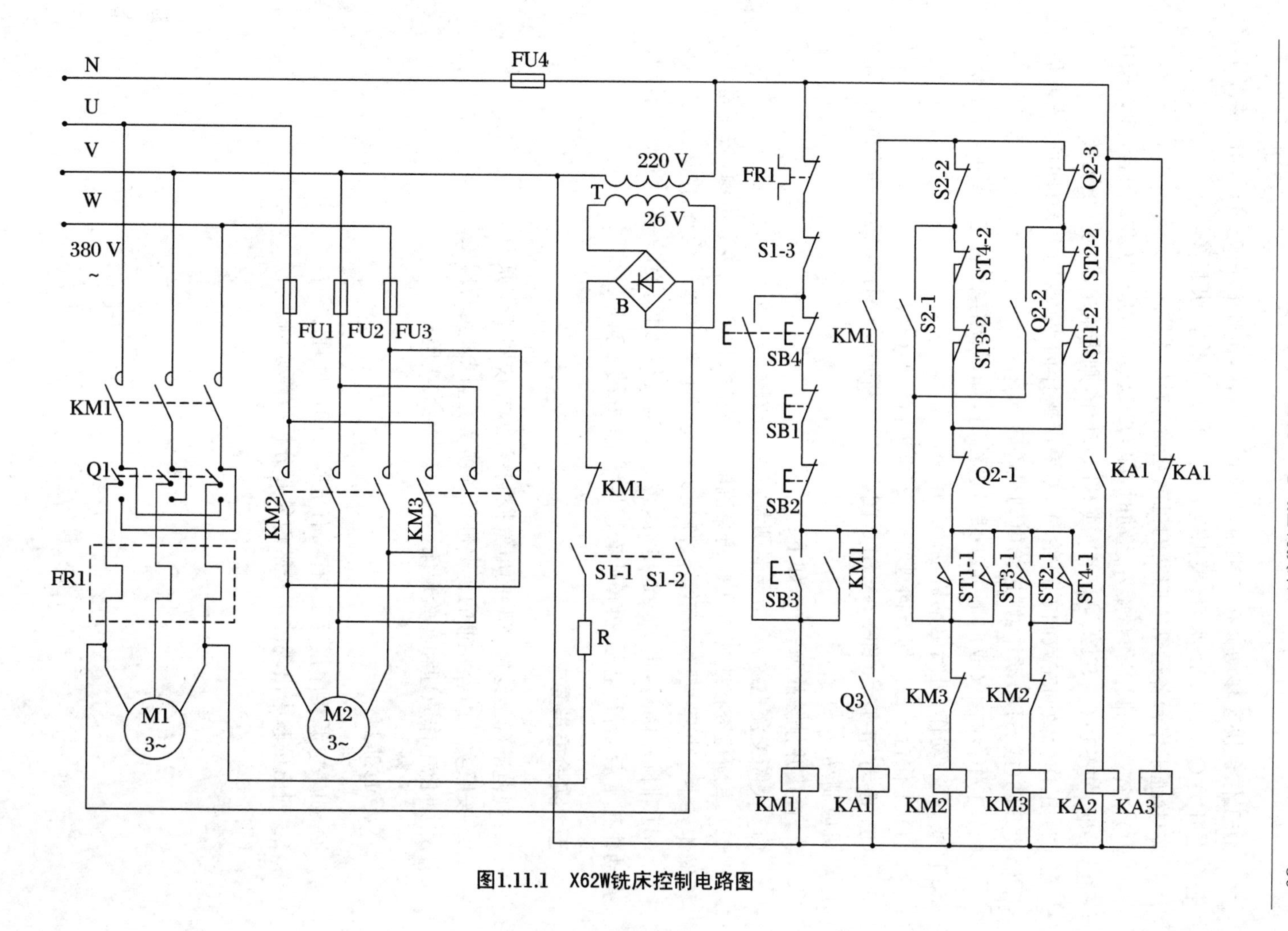

图1.11.1　X62W铣床控制电路图

④ 工作台快速移动。在主轴电动机正常运转，工作台在进给运动的情况下，若合上开关 Q3，则 KA2 吸合（模拟电磁铁动作），工作台快速移动。

2. 验证工作台各运动方向间的机电互锁，方法如下：

(1) 当铣床的圆工作台旋转运动时，即 Q2-1、Q2-3 断开，Q2-2 闭合，如误操作进给手柄，使 ST1（或 ST2、或 ST3、或 ST4）动作，则进给电动机停止运转。

(2) 工作台做向左或向右进给时，如果误操作向下（或向上、或向前、或向后）手柄使 ST3（或 ST4）动作，则进给电动机停转。

(3) 工作台向上（或向下、或向后）进给时，如果误操作向左（或向右）手柄使 ST1（或 ST2）动作，进给电动机也停止运转。

(4) 工作台不做任何方向进给时，方可进行变速冲动。

(5) 拨动 S1 开关（即 S1-1、S1-2 闭合，S1-3 断开），KM1 主触头马上断开，主轴电动机应制动。

3. 查找并排除故障，方法如下：

(1) 关断交流电源，由指导老师制造人为故障 1～2 处。

(2) 重新检查接线能否在接通交流电源前排除故障，或接通电源，按正常状态下操作各主令电器，观察不正常故障现象并记录下来，再进行检查、排除。

(3) 排除故障后，再次接通电源，按正常运行要求再操作一遍，经指导教师检查动作正常后，断开电源，拆掉所有连接线，做好结束整理工作。

五、实验报告要求

1. 规范准确地绘制实验的电气控制线路，并说明工作原理。
2. 按照实验内容要求的步骤进行各项实验，记录实验现象。
3. 对比工作原理和实验现象，分析总结此次实验。

六、讨论题

1. 如果电源相序接反了，有没有危险？如何处理？
2. 列出试验中出现的不正常现象并分析故障原因。

第二部分　可编程控制器

实验一　基本逻辑指令、定时器指令、计数器指令和正/负跳变沿指令实验

在可编程控制器实验台的基本指令编程练习单元完成本实验。

一、实验目的

1. 熟悉 PLC 实验装置、S7-200 系列编程控制器的外部接线方法。

2. 了解编程软件 STEP7 的编程环境，掌握软件的使用方法，学会对程序运行进行监控。

3. 掌握常用基本逻辑指令、正/负跳变沿指令、定时器指令和计数器的功能和用法。

二、实验说明

基本逻辑指令是 PLC 最常用的指令，包括标准触点指令、输出指令和置位复位指令。其中标准触点指令包括“装载”“与”和“或”操作指令；标准触点分为常开和常闭触点。

SIMATIC 定时器可分为接通延时定时器（TON），有记忆的接通延时定时器（TONR）和断开延时定时器（TOF），是 PLC 程序设计中常用指令之一。

SIMATIC 计数器可分为递增计数器（CTU）、递减计数器（CTD）和递增/递减计数器（CTUD）。

正/负跳变沿指令能让电流通过一个扫描周期的时间，产生一个宽度为一个扫描周期的脉冲。

在运行程序之前，首先应该分析梯形图，判断输出结果，然后在拨动输入开关后，观察输出指示灯或当前值是否符合程序的正确结果。

在本装置中输入公共端 1M、2M 要求接主机模块电源的“L＋”，此时输入端是低电平有效；输出公共端 1L、2L 和 3L 要求接主机模块电源的“M”，此时输出端输出的是低电平。

三、实验设备

THSMS-A 型可编程控制器、电脑（安装 STEP7-Micro/Win 软件）。

四、实验内容

1. 实验面板

图 2.1.1 中的接线孔通过防转座插锁紧线与 PLC 的主机相输入输出插孔相接。I 为输入点，Q 为输出点。

上图中下面两排 I0.0～I1.5 为输入按键和开关，模拟开关量的输入。上边一排 Q0.0～Q1.1 是 LED 指示灯，接 PLC 主机输出端，用以模拟输出负载的通与断。

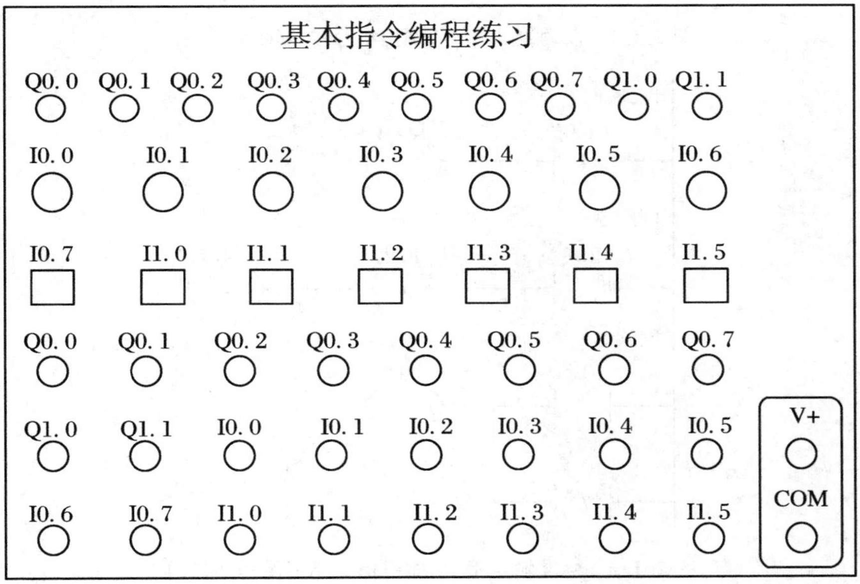

基本指令编程练习

Q0.0　Q0.1　Q0.2　Q0.3　Q0.4　Q0.5　Q0.6　Q0.7　Q1.0　Q1.1

I0.0　I0.1　I0.2　I0.3　I0.4　I0.5　I0.6

I0.7　I1.0　I1.1　I1.2　I1.3　I1.4　I1.5

Q0.0　Q0.1　Q0.2　Q0.3　Q0.4　Q0.5　Q0.6　Q0.7

Q1.0　Q1.1　I0.0　I0.1　I0.2　I0.3　I0.4　I0.5　V+

I0.6　I0.7　I1.0　I1.1　I1.2　I1.3　I1.4　I1.5　COM

图 2.1.1　基本指令编程练习实验面板图

2. 实验内容

按要求连接输入开关或按钮、输出指示灯，接通电源。在电脑上用 STEP7-Micro/Win软件分别抄写、下载和运行以下程序，观察实验现象。

3. 梯形图程序

(1) 基本逻辑指令

① 标准触点指令、输出指令梯形图程序(一)(常开触点)，如图 2.1.2 所示。

② 标准触点指令、输出指令梯形图程序(二)(常闭触点)，如图 2.1.3 所示。

③ 置位和复位指令梯形图程序，如图 2.1.4 所示。

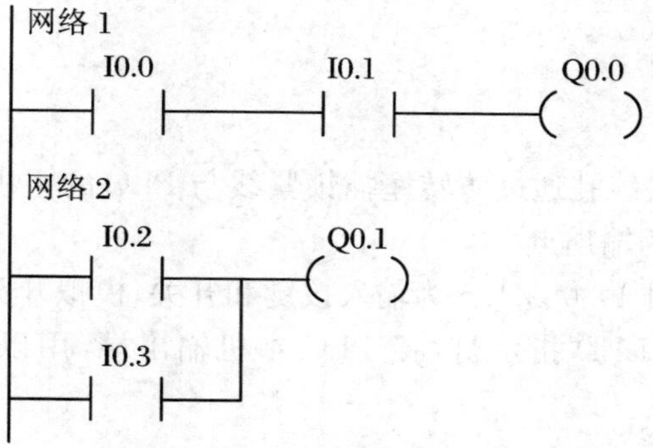

网络 1
I0.0 I0.1 Q0.0
网络 2
I0.2 Q0.1
I0.3

图 2.1.2 标准触点指令、输出指令梯形图程序(一)

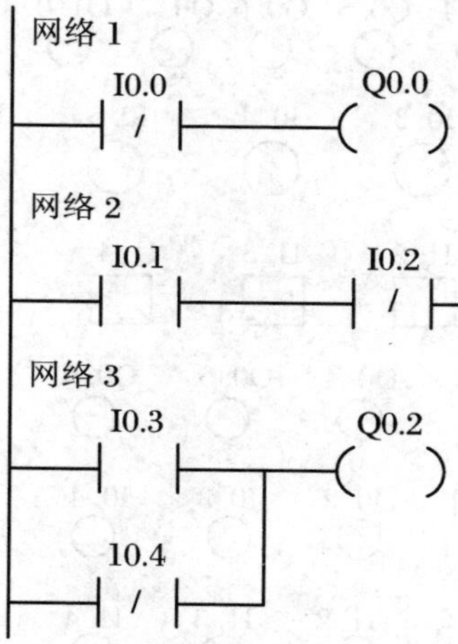

网络 1
I0.0 / Q0.0
网络 2
I0.1 I0.2 / Q0.1
网络 3
I0.3 Q0.2
I0.4 /

图 2.1.3 标准触点指令、输出指令梯形图程序(二)

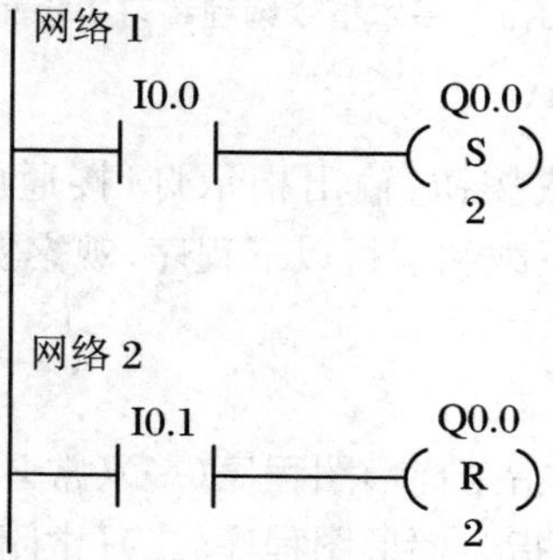

网络 1
I0.0 Q0.0 S 2
网络 2
I0.1 Q0.0 R 2

图 2.1.4 置位和复位指令梯形图程序

（2）定时器指令

① 接通延时定时器

I0.0 接通，100 ms 定时器 T37 在 5 s 后到时，定时器的位置位。I0.0 断开，T37 当前值清零并复位。梯形图程序如图 2.1.5 所示。

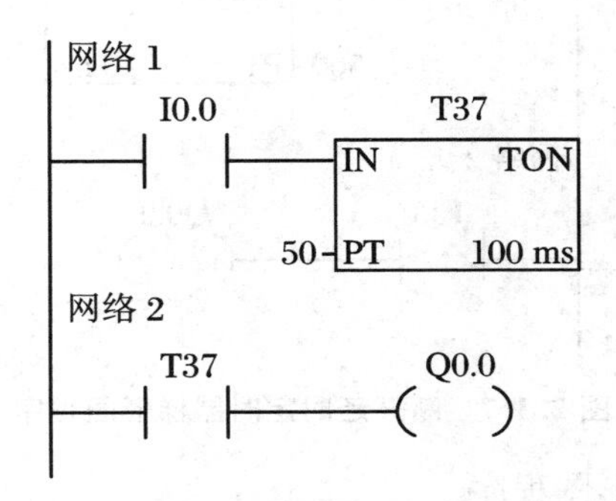

图 2.1.5　接通延时定时器梯形图程序

② 有记忆的接通延时定时器

I0.0 接通后，10 ms 定时器 T1 开始计时。如果断开 I0.0，T1 当前值不清零，保持不变，再接通 I0.0，T1 在当前值基础上继续计时。延时到 5 s 后，T1 的定时器位置位。如果再断开 I0.0，T1 不复位。I0.1 接通，T1 复位。梯形图程序如图 2.1.6所示。

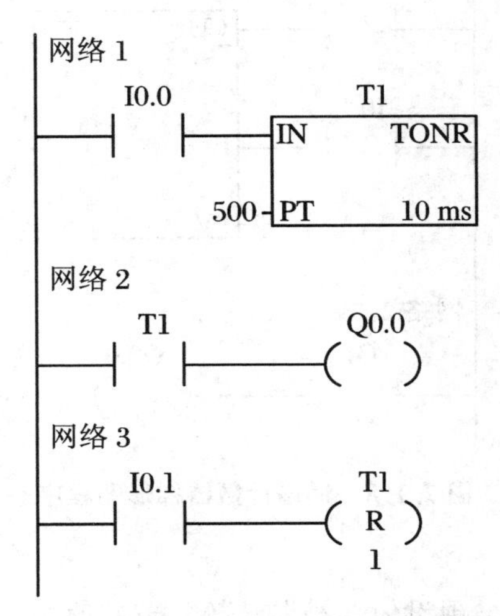

图 2.1.6　有记忆的接通延时定时器梯形图程序

③ 断开延时定时器

I0.0 接通，T33 置位，当前值为 0；I0.0 断开后，10 ms 定时器 T33 在 5 s 到后

到时,T33 复位。梯形图程序如图 2.1.7 所示。

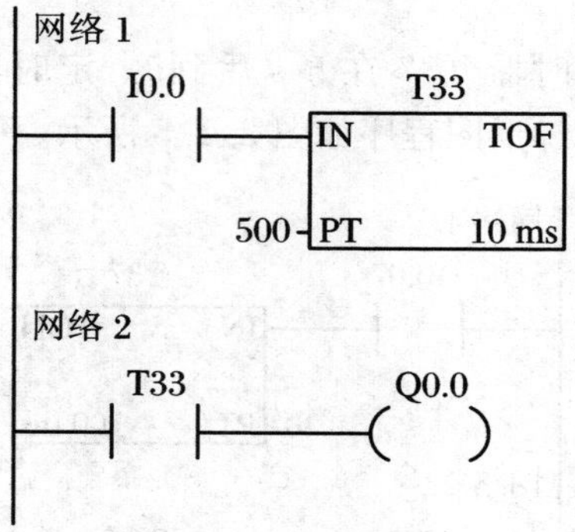

图 2.1.7　断开延时定时器梯形图程序

(3) 计数器指令梯形图程序

① 递增计数器

CU 端每收到一次 I0.0 接通时产生的上升沿,当前值增加 1,当当前值大于等于预设值 3 时,C1 位置位。R 端接通后,C1 复位,当前值清零。梯形图程序如图 2.1.8 所示。

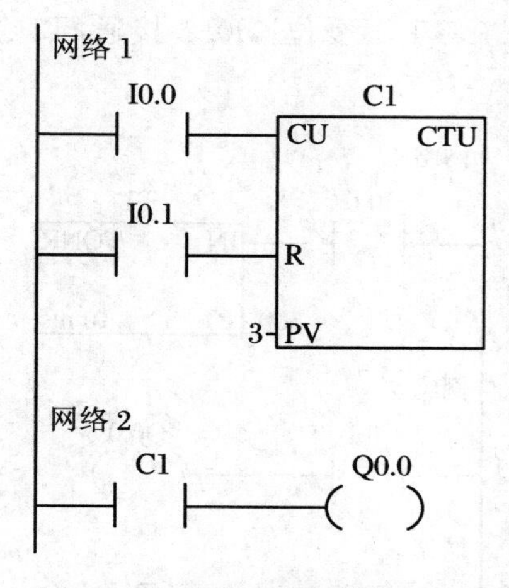

图 2.1.8　递增计数器梯形图程序

② 递减计数器

首先 LD 端接通一次,预设值 3 被装入 C2 当前值中。CD 端每收到一次 I0.0 接通时产生的上升沿,当前值减 1,当当前值减至 0 时,不再计数,C2 位置位。LD 端接通后,C2 复位,预设值再次被装入。梯形图程序如图 2.1.9 所示。

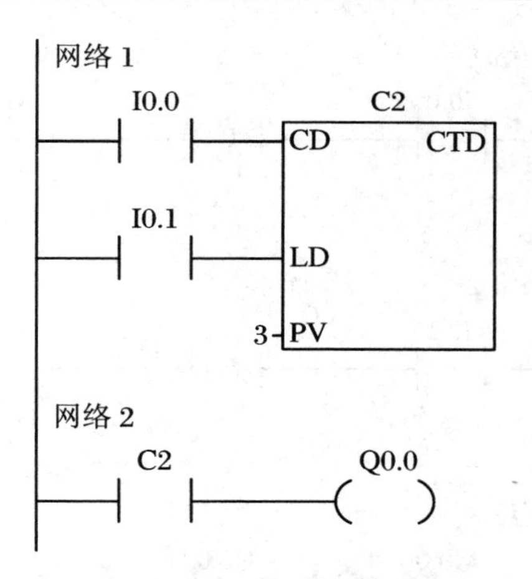

图 2.1.9　递减计数器梯形图程序

③ 增/减计数器

CU 端每收到一次 I0.0 接通时产生的上升沿，当前值增加 1；CD 端每收到一次 I0.0 接通时产生的上升沿，当前值减 1，当当前值大于等于预设值 3 时，C3 位置位。R 端接通后，C3 复位，当期值清零。梯形图程序如图 2.1.10 所示。

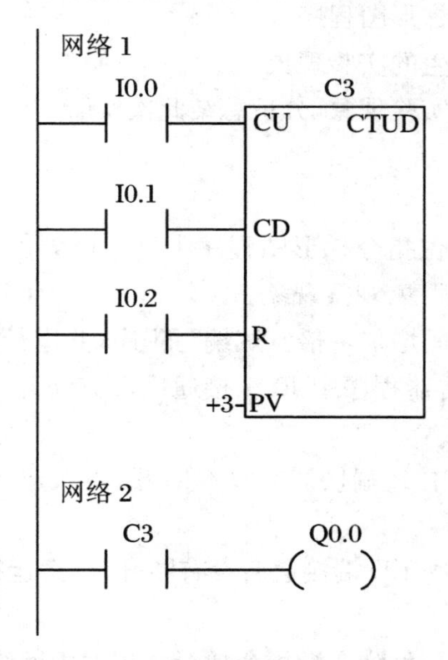

图 2.1.10　增/减计数器梯形图程序

(3) 正跳变沿和负跳变沿指令梯形图程序

正跳变沿和负跳变沿指令梯形图程序如图 2.1.11 所示。

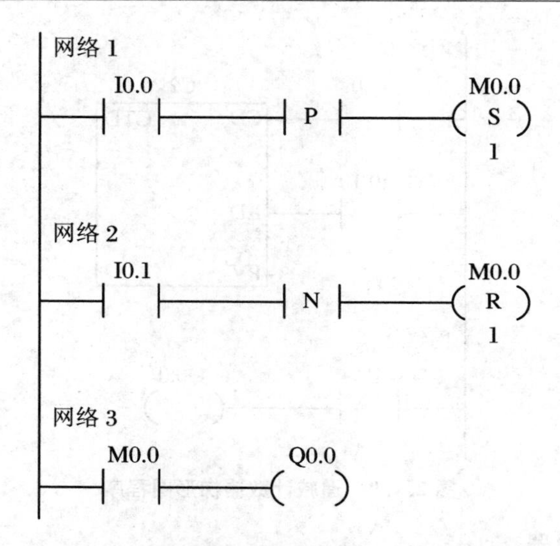

图 2.1.11 正跳变沿和负跳变沿指令梯形图程序

五、实验报告要求

1. 绘制实验所用的梯形图程序。

2. 记录程序运行产生的实验现象。

3. 对比指令功能和实验现象，分析总结此次实验。

六、思考题

1. 如果将置位和复位指令梯形图程序中复位位数由 2 改为 1，现象会发生什么变化？试编写和运行程序，观察现象。

2. 如何实现延时时间增加一倍？试编写程序，并运行观察现象。

3. 如果 TONR 定时器程序中 I0.1 接通后没有断开，再次运行此程序会有什么现象？试解释原因。

4. 如果递增计数器中 R 端接通后没有断开，再次运行此程序会有什么现象？试解释原因。

5. 如果递减计数器中 LD 端接通后没有断开，再次运行此程序会有什么现象？试解释原因。

6. 如果将正跳变沿和负跳变沿指令梯形图程序中网络 1 M0.0 置位指令改为输出指令，现象会发生什么变化？试编写和运行程序，观察现象，并解释原因。

实验二 SHRB指令、SCR指令、传送指令和比较指令实验

在可编程控制器实验台的基本指令编程练习单元完成本实验。

一、实验目的

理解和掌握SHRB指令、SCR指令、传送指令和比较指令的功能和用法。

二、实验说明

移位寄存器指令(SHRB)将DATA数值移入移位寄存器。S_BIT指定移位寄存器的最低位。N指定移位寄存器的长度和移位方向(N为正数时表示正向移位，N为负数时表示反向移位)。当允许输入端(EN)有效时，移位寄存器指令使移位寄存器各位在每个扫描周期都移动一位。

顺序控制继电器指令(SCR)是基于顺序功能图编程语言的指令，适用于顺序控制场合。指令包括LSCR(程序段的开始)、SCRT(程序段的转换)和SCRE(程序段的结束)。

比较指令实际上是一个比较触点，是将两个操作数(IN1、IN2)按指定的比较关系做比较，比较关系成立则比较触点闭合。

传送指令时把输入端(IN)指定的数据传送带输出端(OUT)，传送过程中数据值保持不变。按传送数据类型不同分为四种传送指令，使用时，操作数类型要与之对应。

对于以上四类指令，提供了相应的梯形图程序。实验前应先根据程序，判断输出结果，然后拨动开关，观察输出指示灯或状态表是否符合程序的正确结果。

三、实验设备

THSMS-A型可编程控制器、电脑(安装STEP7-Micro/Win软件)。

四、实验内容

1. 根据程序连接输入开关或按钮、输出指示灯，接通电源。在电脑上用STEP7-Micro/Win软件分别抄写、下载和运行以下程序，观察实验现象。

2. 梯形图程序

(1) 移位寄存器指令(SHRB)梯形图程序

I0.0接通后，每次接通I0.1，Q0.0至Q0.3依次亮灭，循环不已。I0.0断开

后，停止运行。梯形图程序如图 2.2.1 所示。

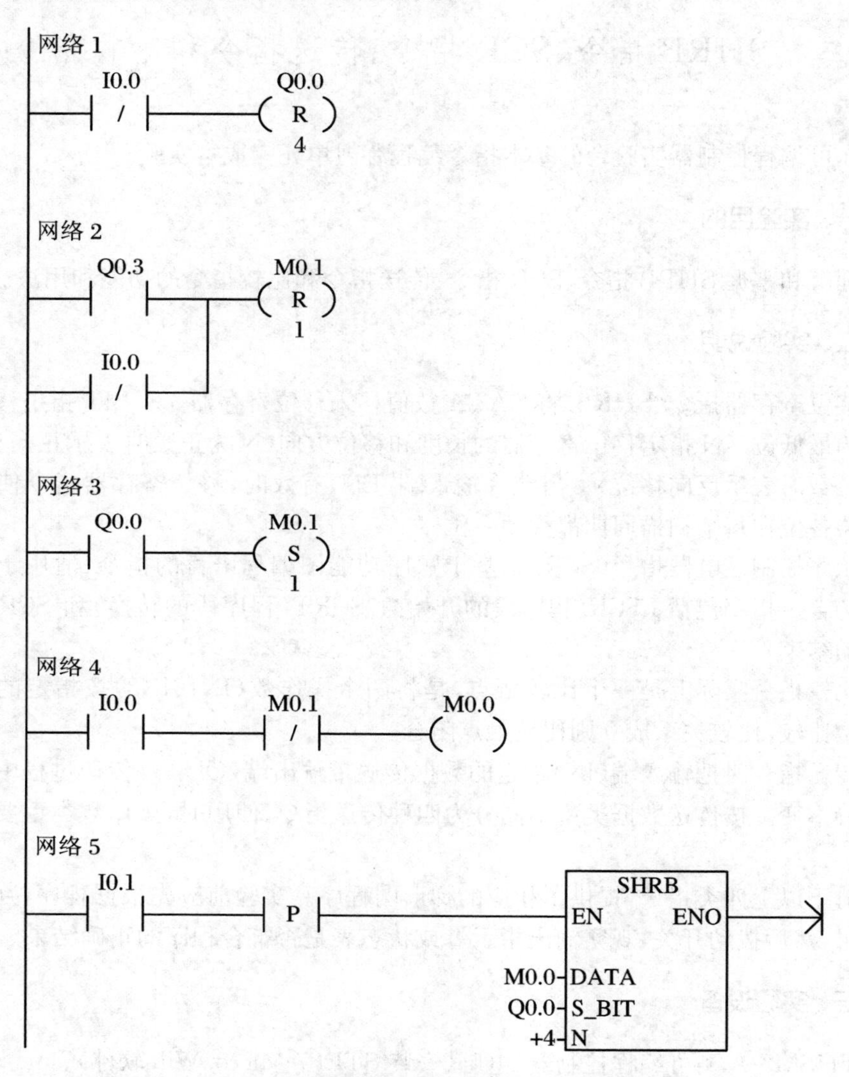

图 2.2.1 移位寄存器指令(SHRB)梯形图程序

(2) 顺序控制继电器指令(SCR)梯形图程序

I0.0 接通后，Q0.0 亮，接通和断开 I0.1，Q0.0 灭、Q0.1 亮，接通和断开 I0.2，Q0.1 灭、Q0.2 亮，接通和断开 I0.3，Q0.2 灭、Q0.3 亮，接通和断开 I0.4，Q0.3 灭、Q0.0 亮，并能不断重复以上过程。I0.0 断开后，停止运行。梯形图程序如图 2.2.2 所示。

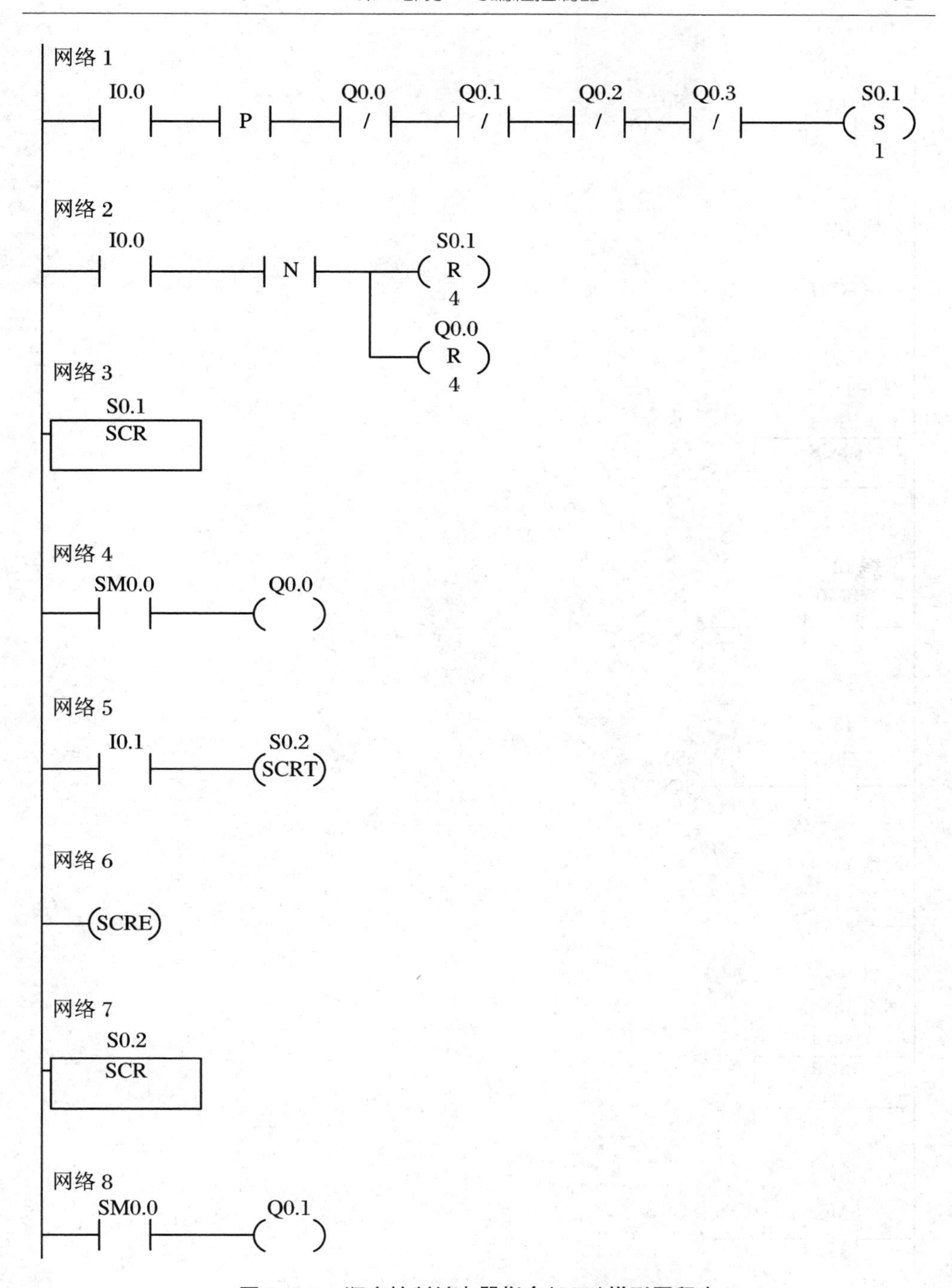

图 2.2.2　顺序控制继电器指令(SCR)梯形图程序

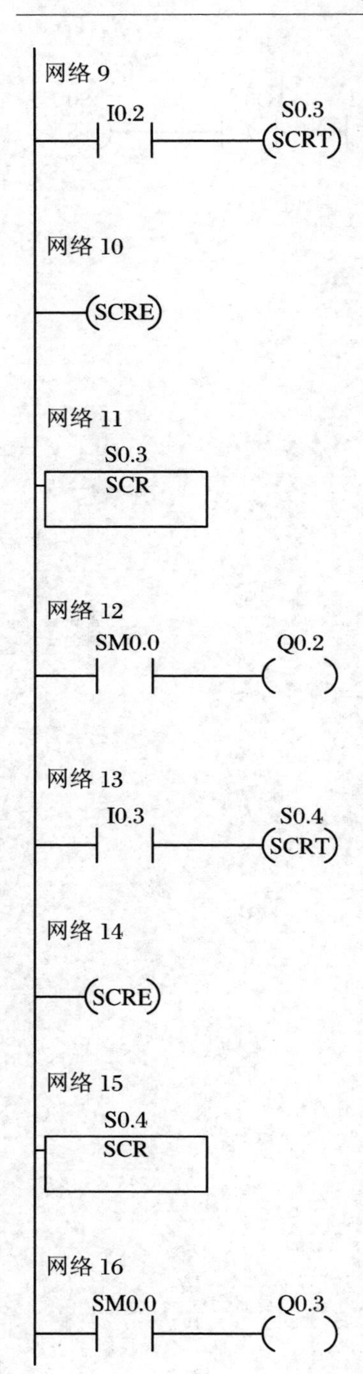
网络 9
I0.2
S0.3
SCRT
网络 10
SCRE
网络 11
S0.3
SCR
网络 12
SM0.0
Q0.2
网络 13
I0.3
S0.4
SCRT
网络 14
SCRE
网络 15
S0.4
SCR
网络 16
SM0.0
Q0.3

续图 2.2.2

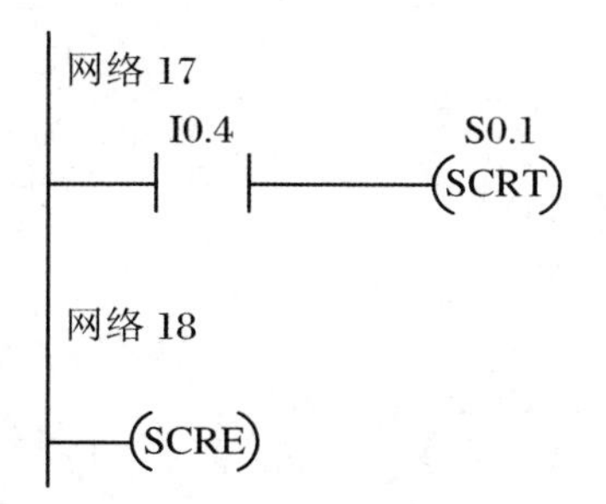

续图 2.2.2

（3）传送和比较指令梯形图程序

I0.0 接通后，4 被传送至 VW10 中，分别接通 I0.1 和 I0.2，C1 当前值增计数或减计数。当 C1 等于 0 时，Q0.0 亮；C1 大于 0 小于 3 时，Q0.1 亮；当 C1 等于 VW10 时，Q0.2 亮；当 C1 小于 0 或 C1 大于 VW10 时，Q0.3 亮。I0.0 断开后，VW10 和 C1 清零。梯形图程序如图 2.2.3 所示。

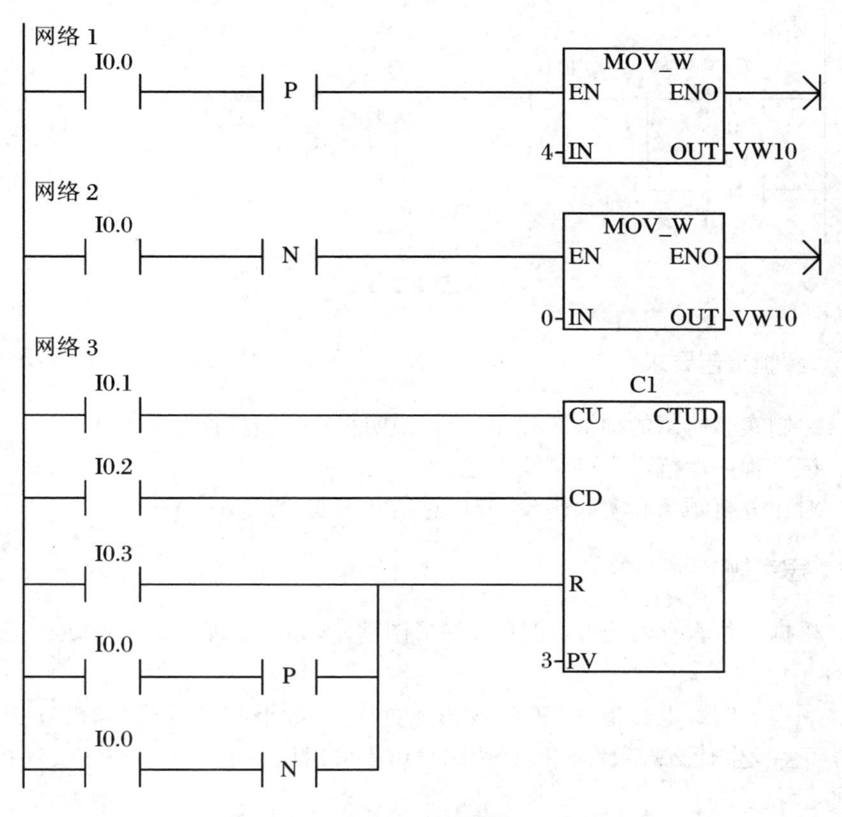

图 2.2.3　传送和比较指令梯形图程序

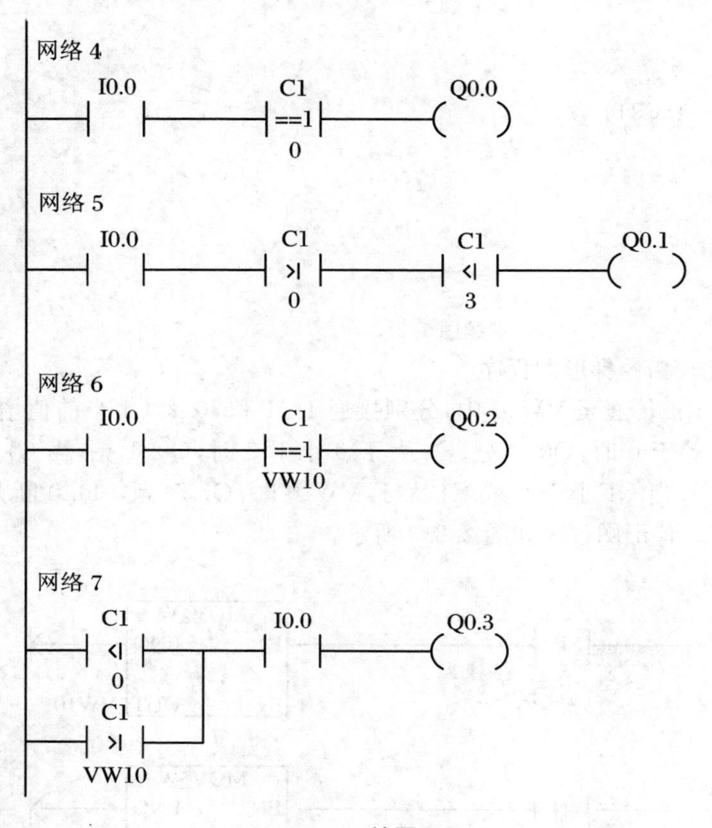

续图 2.2.3

五、实验报告要求

1. 绘制实验所用的梯形图程序,分析说明程序运行应产生的结果。
2. 记录程序运行产生的实验现象。
3. 对比分析结果和实验现象,分析总结此次实验。

六、思考题

1. 根据移位寄存器指令(SHRB)梯形图程序,如何实现Q0.0至Q0.4依次亮灭,循环不已?

2. 顺序控制继电器指令(SCR)梯形图程序中,如果I0.1接通后,没有断开,第二次循环会发生什么现象?试解释原因。可不可以用一个开关或按钮实现控制要求?试编写程序。

实验三　数学运算指令、逻辑运算指令、子程序调用和中断指令实验

在可编程控制器实验台的基本指令编程练习单元完成本实验。

一、实验目的

1. 理解和掌握部分数学运算指令、逻辑运算指令、子程序调用和中断指令的功能和用法。

2. 学会使用状态表监控数据区数据的变化。

二、实验说明

数学运算指令包括四则运算指令和数学功能指令。四则运算指令包括加法指令、减法指令、乘法指令、除法指令和加1减1指令五类。各类指令根据数据类型分为三或四个指令。使用时,操作数类型要与指令匹配。

逻辑运算指令包括逻辑“与”、逻辑“或”、逻辑“异或”和取反指令。每种指令根据数据类型再分为字节、字、双字逻辑运算三种。使用时,操作数类型要与指令匹配。

主程序可以用子程序调用(CALL)指令来调用一个子程序。子程序调用(CALL)指令把程序控制权交给子程序(n)。子程序结束后,必须返回主程序。可以带参数或不带参数调用子程序。每个子程序必须以无条件返回(RET)指令做结束。

中断指令使系统暂时中断正在执行的程序,而转到中断服务程序去处理那些急需处理的事件,处理后再返回原程序执行。

以上指令执行时,为观察数据变化,可使用编程软件的状态表进行监控。

对于以上指令,提供了相应的梯形图程序。实验前应先根据程序,判断输出结果,然后拨动开关,观察输出指示灯或状态表是否符合程序的正确结果。

三、实验设备

THSMS-A型可编程控制器、电脑(安装STEP7-Micro/Win软件)。

四、实验内容

1. 根据程序连接输入开关或按钮、输出指示灯,接通电源。在电脑上用STEP7-Micro/Win软件分别抄写、下载和运行以下程序,观察实验现象。

2. 梯形图程序

(1) 四则运算梯形图程序

I0.0 接通后，将两个数据传送到数据区，然后运用四种指令对两数据进行运算。打开编程软件的状态表，将程序中涉及的数据地址填入；在程序运行时，可监控数据的变化，以便与分析结果相比较。梯形图程序如图 2.3.1 所示。

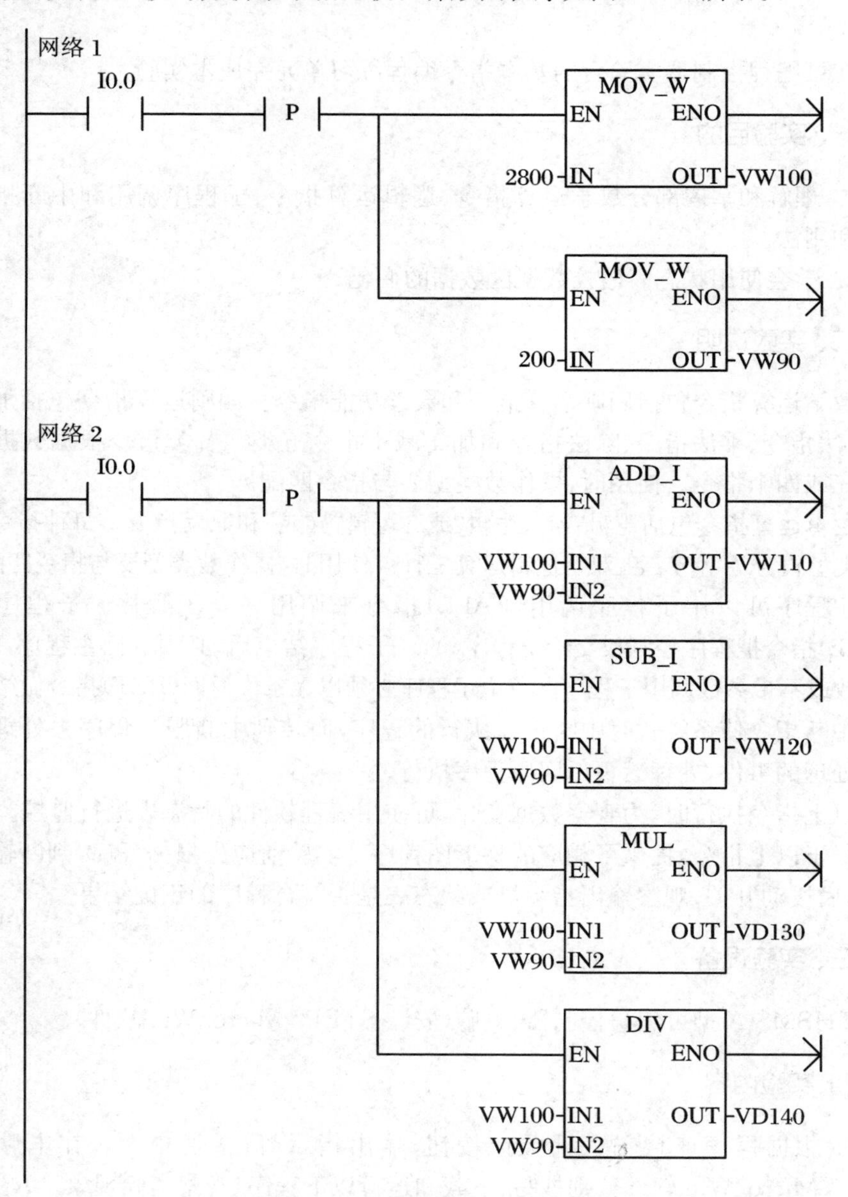

图 2.3.1 四则运算梯形图程序

（2）加 1 减 1 指令梯形图程序

I0.0 每接通一次，QB0 就会加 1。I0.1 每接通一次，QB0 就会减 1。梯形图程序如图 2.3.2 所示。

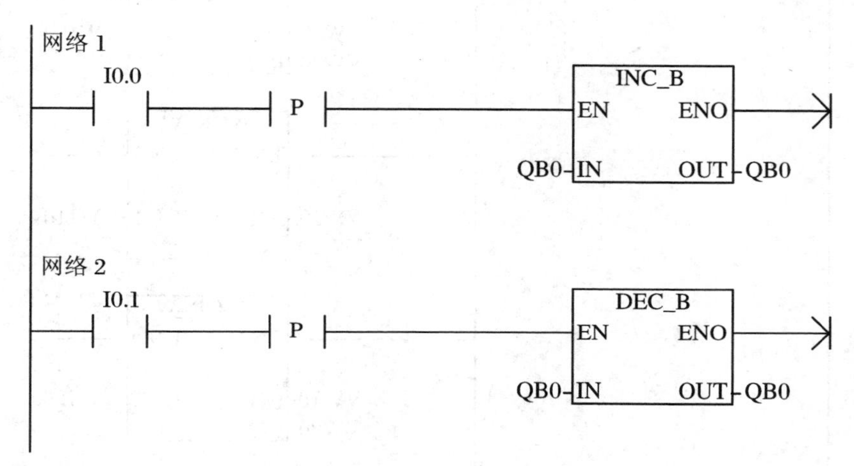

图 2.3.2　加 1 减 1 指令梯形图程序

（3）逻辑运算指令梯形图程序

I0.0 接通后，将两个数据传送到数据区，然后运用三种逻辑运算指令对数据进行运算。打开编程软件的状态表，将程序中涉及的数据地址填入，并以二进制显示；在程序运行时，可监控数据的变化，以便与分析结果相比较。梯形图程序如图 2.3.3 所示。

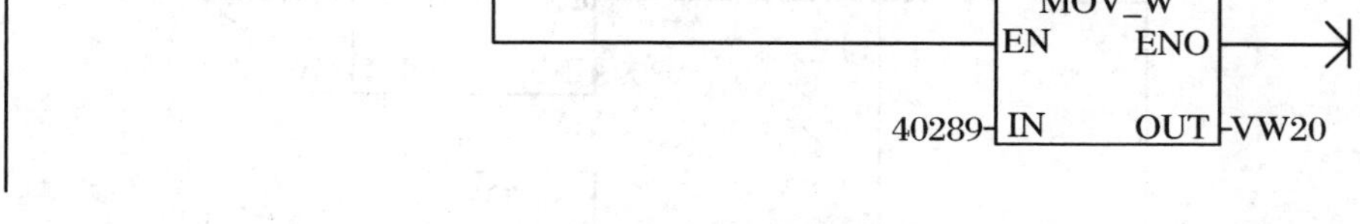

图 2.3.3　逻辑运算指令梯形图程序

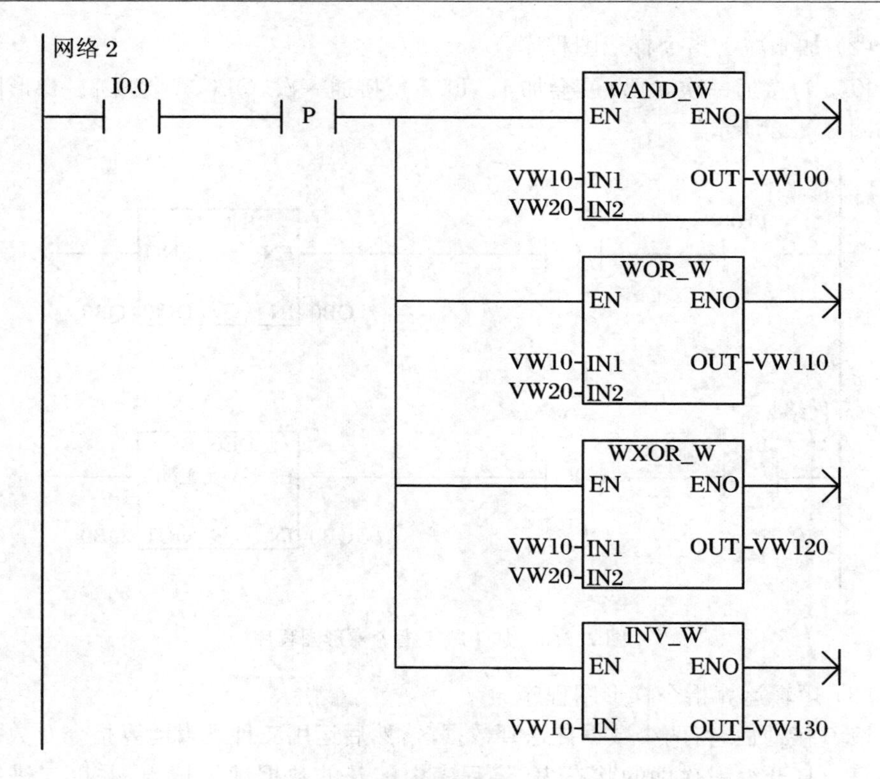

续图 2.3.3

(4) 子程序调用梯形图程序

PLC 运行后,将两个数据传送到数据区,然后分别接通 I0.0、I0.1、I0.2、I0.3,分别调用四种数学运算子程序。打开编程软件的状态表,将程序中涉及的数据地址填入;在程序运行时,监控数据的变化。梯形图程序如图 2.3.4 所示。

主程序:

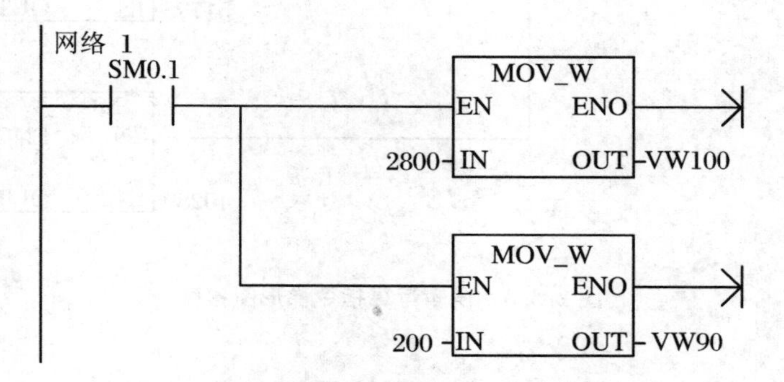

图 2.3.4 子程序调用梯形图程序

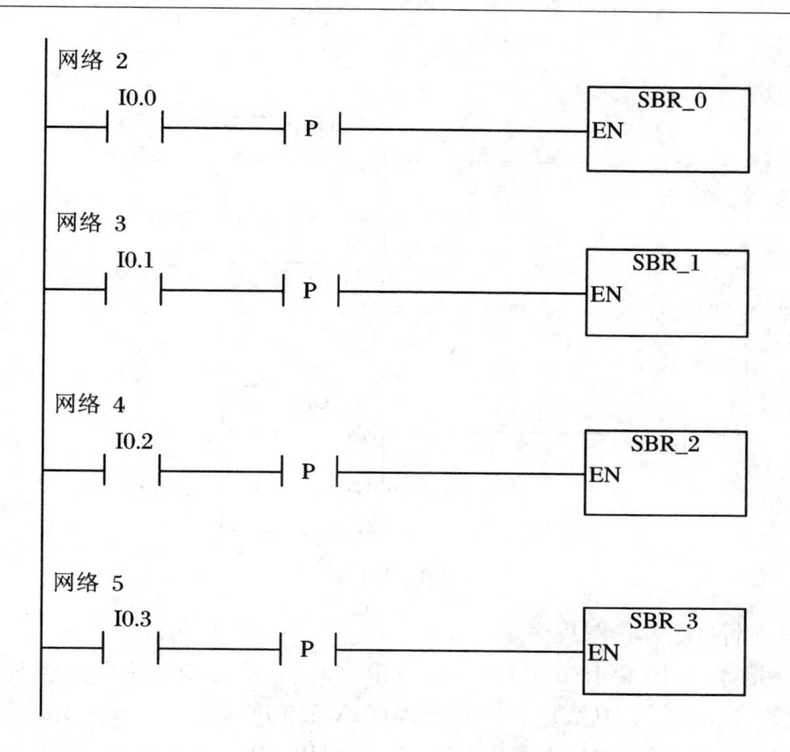

子程序：

SBR_0

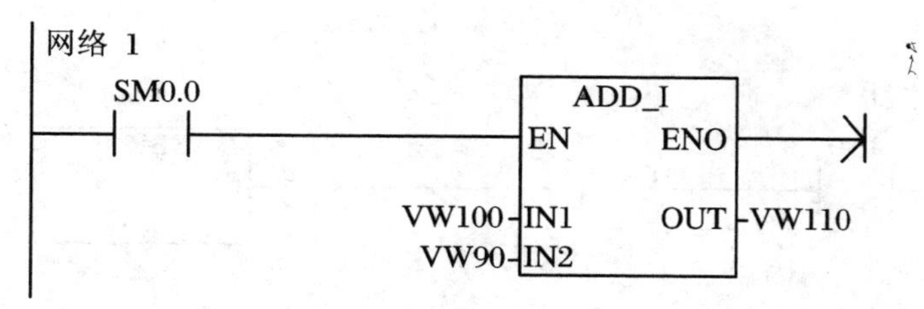

SBR_1

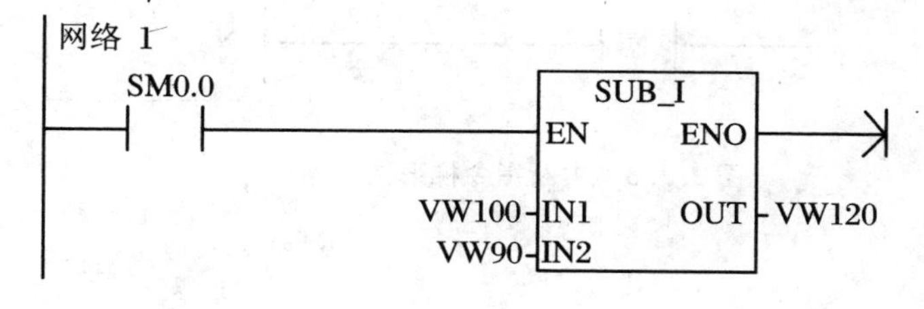

续图 2.3.4

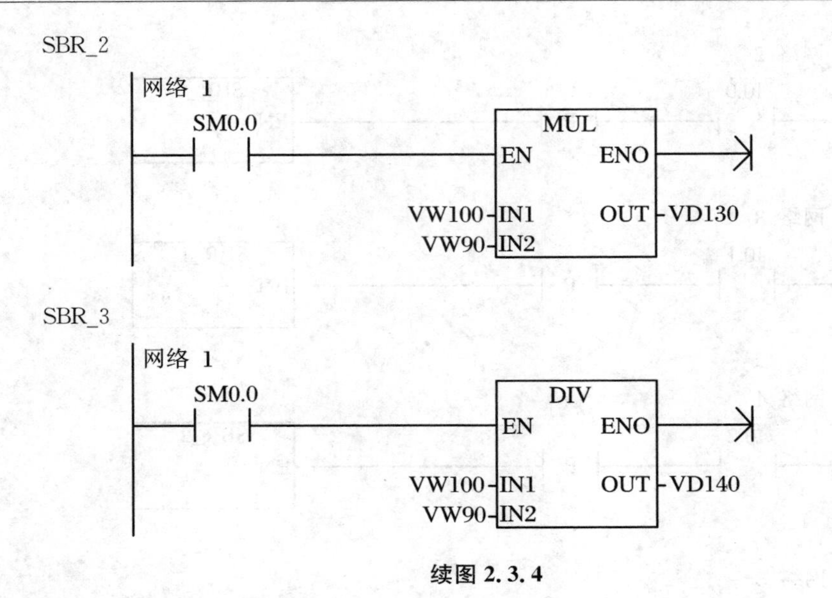

续图 2.3.4

(5) 中断指令梯形图程序

I0.0 接通,调用 SBR_0 子程序,设置定时时间,连接定时中断服务程序,允许全局中断。定时时间到后,进入中断子程序,VB10 进行加 1。当 VB10 等于 8 时,QB0 进行加 1,并将 VB10 清零。断开 I0.0,调用 SBR_1 子程序,禁止全局中断。梯形图程序如图 2.3.5 所示。

主程序:

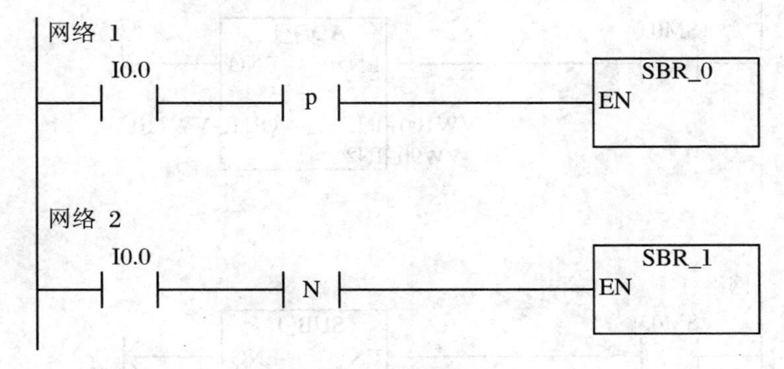

图 2.3.5 中断指令梯形图程序

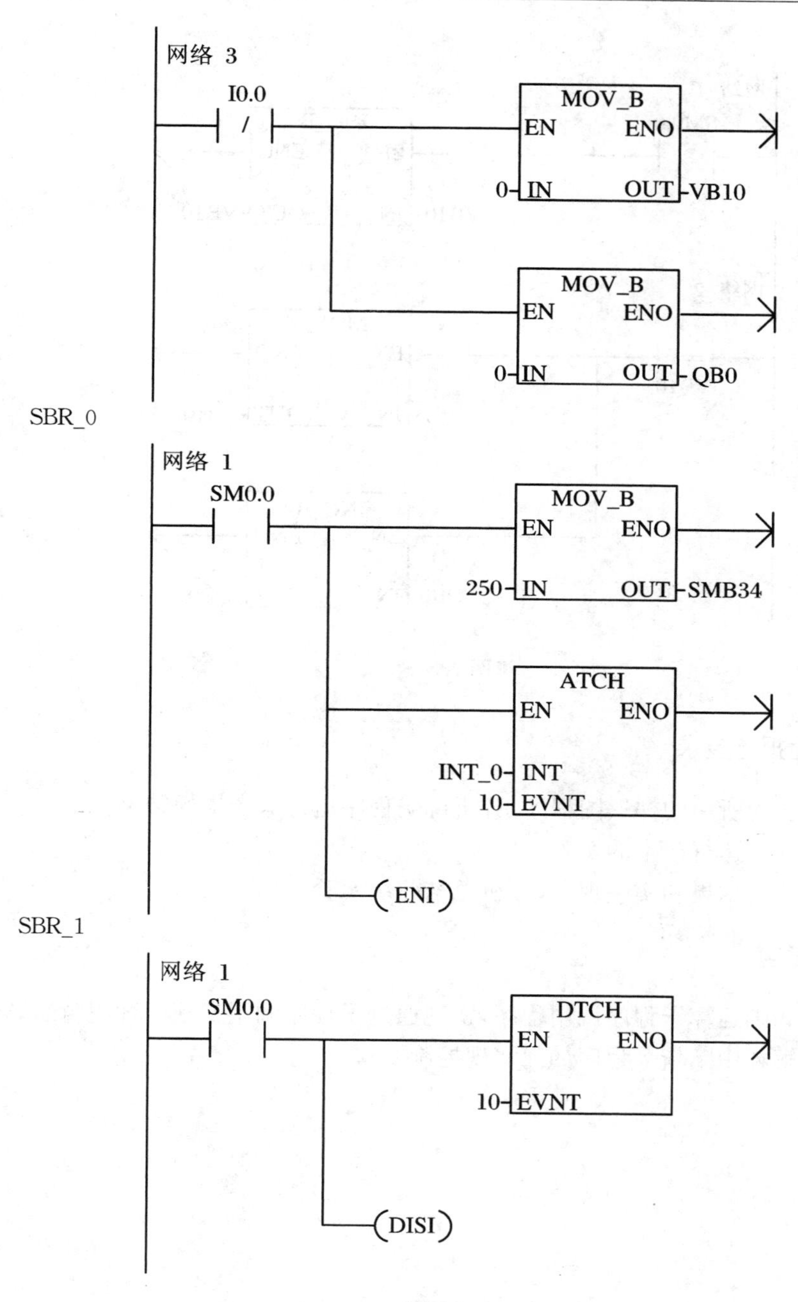

网络 3
I0.0
MOV_B
EN
ENO
0-IN
OUT-VB10
MOV_B
EN
ENO
0-IN
OUT-QB0
SBR_0
网络 1
SM0.0
MOV_B
EN
ENO
250-IN
OUT-SMB34
ATCH
EN
ENO
INT_0-INT
10-EVNT
ENI
SBR_1
网络 1
SM0.0
DTCH
EN
ENO
10-EVNT
DISI

续图 2.3.5

INT_0

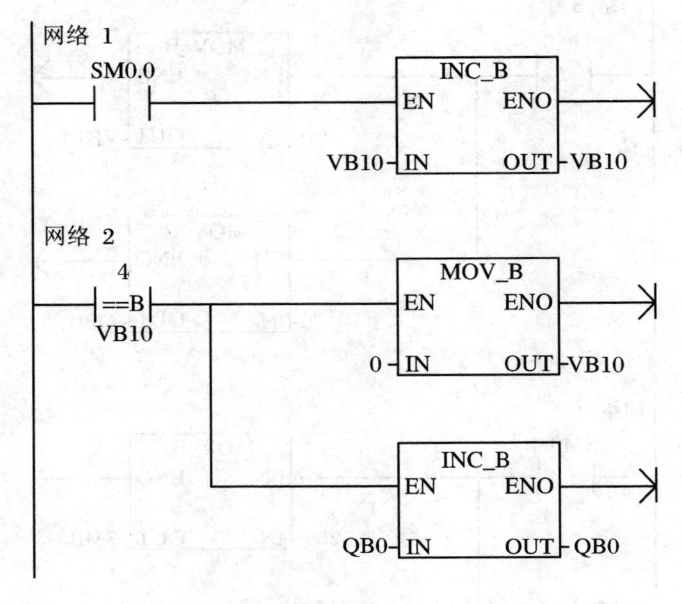

续图 2.3.5

五、实验报告要求

1. 绘制实验所用的梯形图程序,分析说明程序运行应产生的结果。
2. 记录程序运行产生的实验现象。
3. 对比分析结果和实验现象,分析总结此次实验。

六、思考题

1. 参照四则运算子程序调用程序,实现通过子程序调用实现四种逻辑运算。
2. 详细解释中断指令程序如何实现控制要求。

实验四　步进电机运动控制(实物)

在步进电机单元完成本实验。

一、实验目的

1. 了解步进电机工作原理。
2. 掌握移位寄存器位指令 SHRB 在步进电机控制系统中的应用及编程方法。

二、实验说明

步进电机是一种将脉冲信号变换成角位移的数字电磁执行装置。步进电机每接收一个脉冲,就按设定方向转动一个固定角度。当有连续脉冲输入时,步进电机就表现为按设定方向转动。步进电机的角位移与输入脉冲个数成正比,其转速与脉冲频率成正比。

使用移位寄存器指令,可以大大简化程序设计。移位寄存器指令中的内部标志位在一定条件下形成连续的信号,转化为为步进电机的输入脉冲信号,使步进电机产生转动。

三、实验设备

THSMS-A 型可编程控制器、电脑(安装 STEP7-Micro/Win 软件)。

四、实验内容

1. 步进电机运动控制实验面板如图 2.4.1 所示。
2. 输入/输出分配见表 2.4.1。

表 2.4.1

输入	SD	输出	A	B	C	D
	I0.0		Q0.0	Q0.1	Q0.2	Q0.3

启动开关与 LED 数码显示的共用。

3. 打开主机电源,将程序下载到主机中。
4. 启动并运行程序观察实验现象。
5. 梯形图参考程序如图 2.4.2 所示。

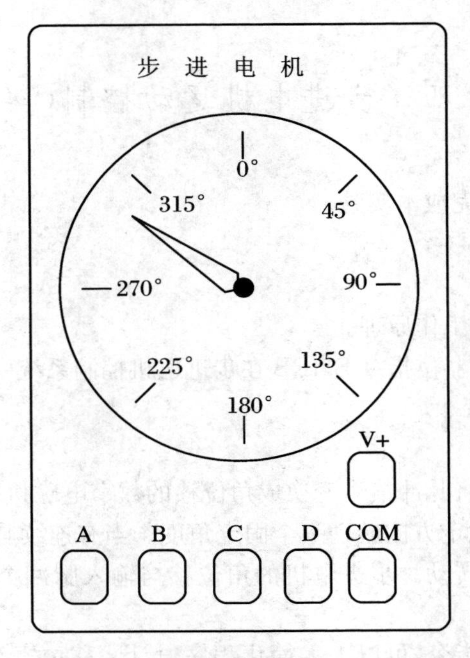

图 2.4.1 步进电机运动控制实验面板

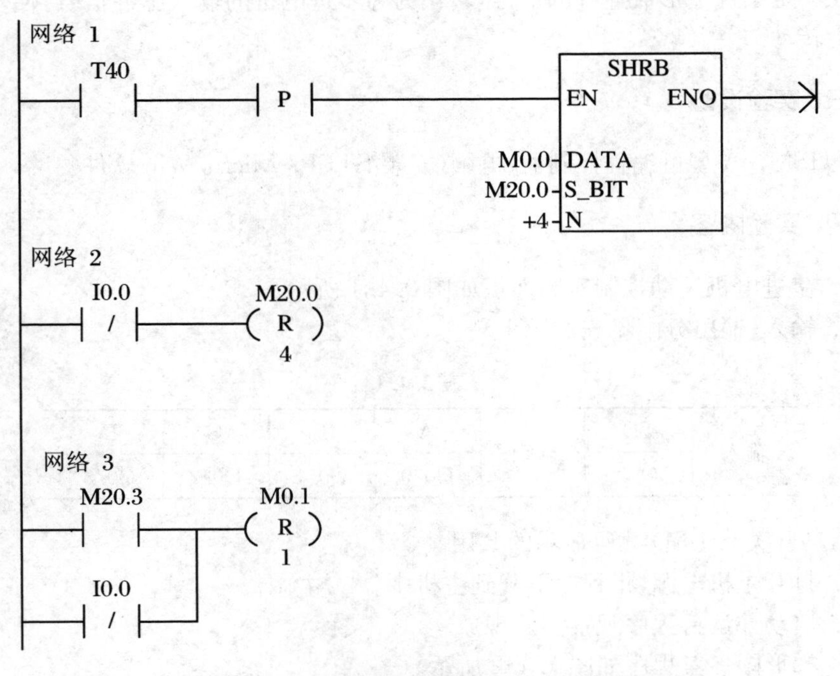

图 2.4.2 步进电机运动控制梯形图程序

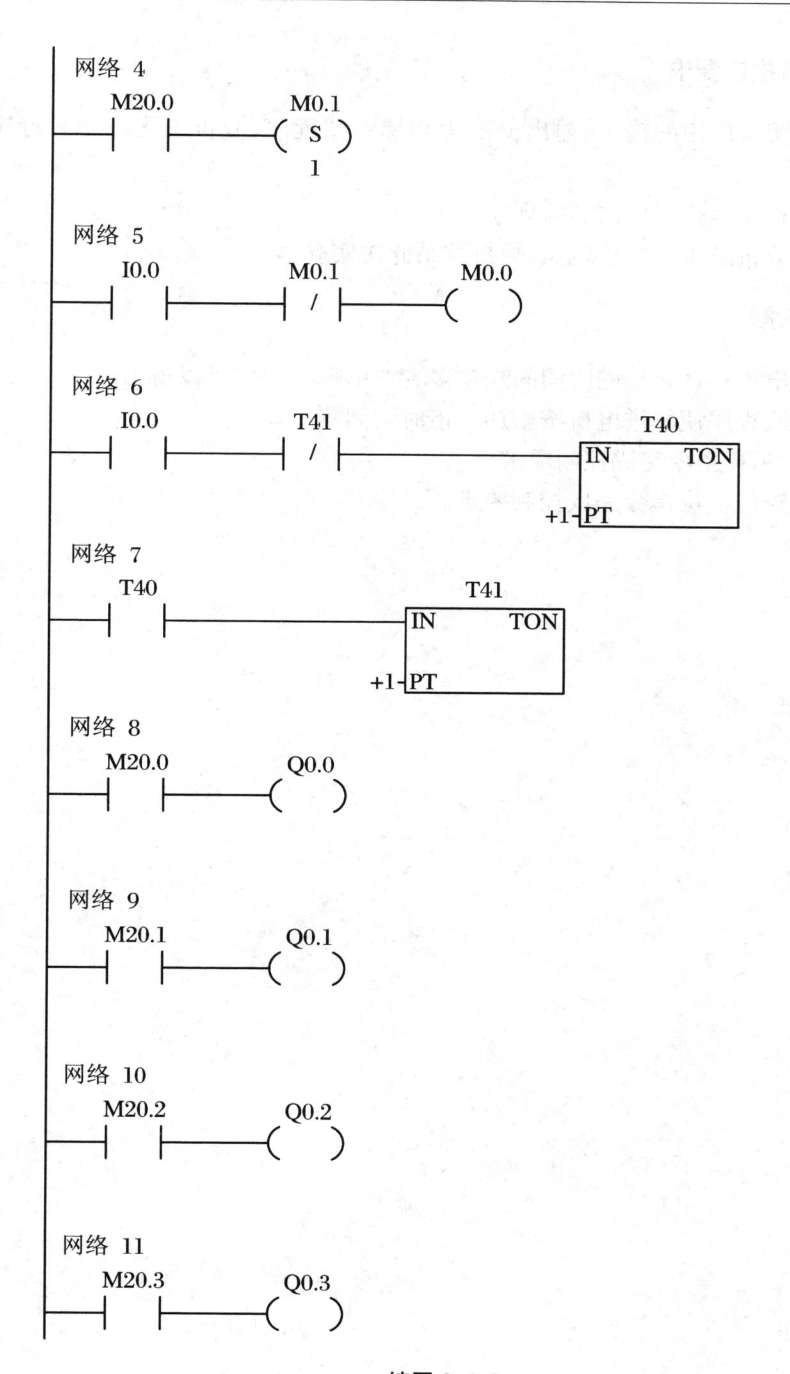
网络 4
M20.0
M0.1
S
1
网络 5
I0.0
M0.1
/
M0.0
网络 6
I0.0
T41
/
T40
IN
TON
+1
PT
网络 7
T40
T41
IN
TON
+1
PT
网络 8
M20.0
Q0.0
网络 9
M20.1
Q0.1
网络 10
M20.2
Q0.2
网络 11
M20.3
Q0.3

续图 2.4.2

五、实验报告要求

1. 绘制实验所用的输入/输出分配表和梯形图程序，分析说明程序运行应产生的结果。
2. 记录程序运行产生的实验现象。
3. 对比分析结果和实验现象，分析总结此次实验。

六、思考题

1. 步进电机指针转动的时间间隔是多少？由哪些网络可以得出？
2. 试修改程序使步进电机按增加一倍时间间隔转动。
3. 试用 SCR 指令完成控制要求。
4. 试用置位复位指令完成控制要求。

实验五　天塔之光模拟控制

在天塔之光单元完成本实验。

一、实验目的

了解并掌握移位寄存器位 SHRB 基本应用及编程方法。

二、实验说明

合上启动开关后，按以下规律显示：L1→L1、L2→L1、L3→L1、L4→L1、L2→L1、L2、L3、L4→L1、L8→L1、L7→L1、L6→L1、L5→L1、L8→L1、L5、L6、L7、L8→L1→L1、L2、L3、L4→L1、L2、L3、L4、L5、L6、L7、L8→L1…循环执行，断开启动开关，发光二极管灭。

三、实验设备

THSMS-A 型可编程控制器、电脑（安装 STEP7-Micro/Win 软件）。

四、实验内容

1. 实验面板图

实验面板如图 2.5.1 所示。

2. 输入/输出分配见表 2.5.1。

表 2.5.1

输入	SD	输出	L1	L2	L3	L4	L5	L6	L7	L8
	I0.0		Q0.0	Q0.1	Q0.2	Q0.3	Q0.4	Q0.5	Q0.6	Q0.7

3. 打开主机电源，将程序下载到主机中。
4. 启动并运行程序，观察实验现象。
5. 梯形图参考程序如图 2.5.2 所示。

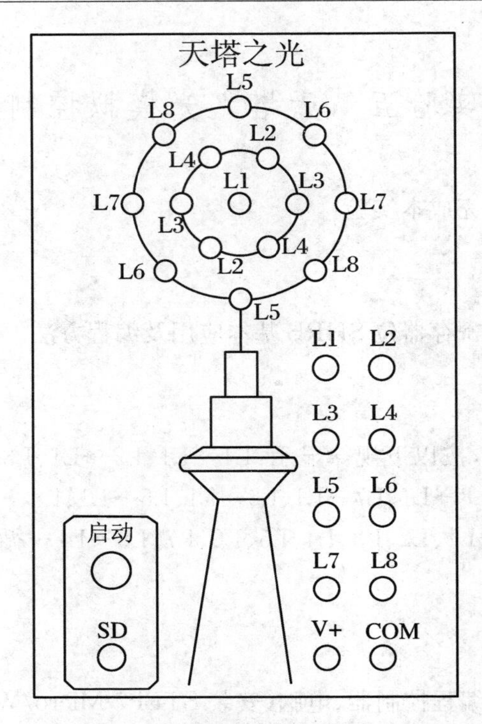

图 2.5.1　天塔之光模拟控制实验面板

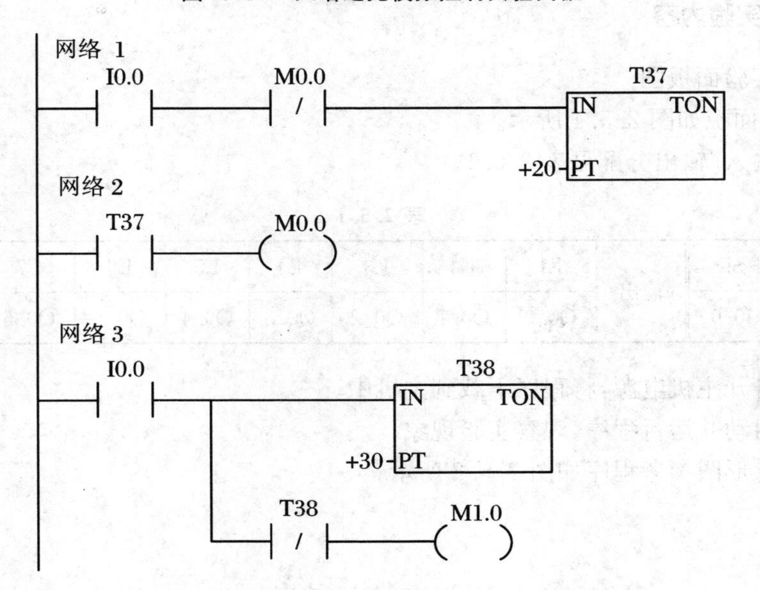

图 2.5.2　天塔之光模拟控制梯形图程序

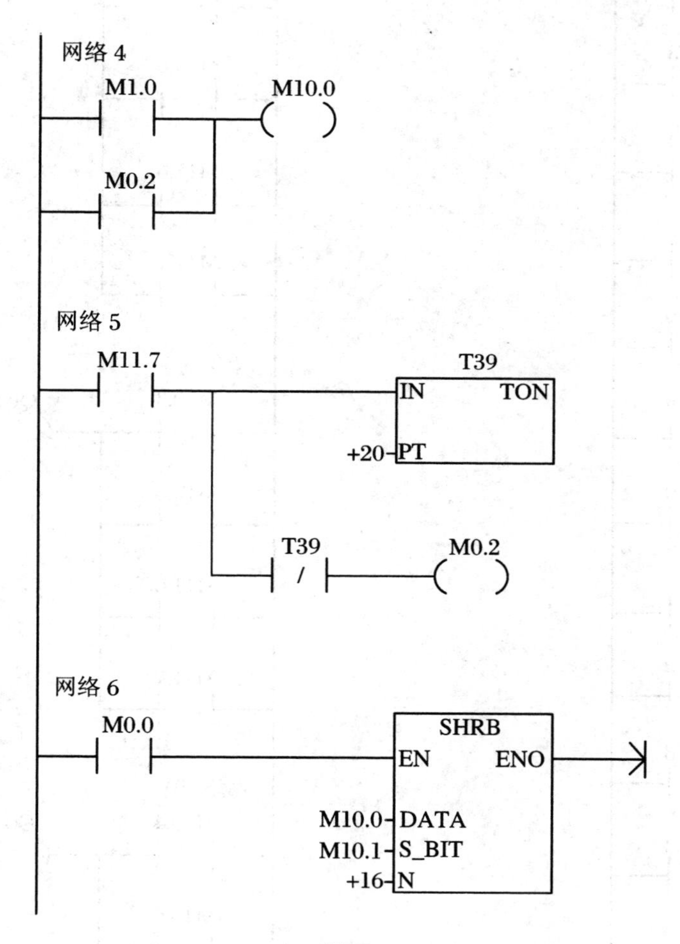
网络 4
M1.0
M10.0
M0.2
网络 5
M11.7
T39
IN
TON
+20
PT
T39
/
M0.2
网络 6
M0.0
SHRB
EN
ENO
M10.0
DATA
M10.1
S_BIT
+16
N

续图 2.5.2

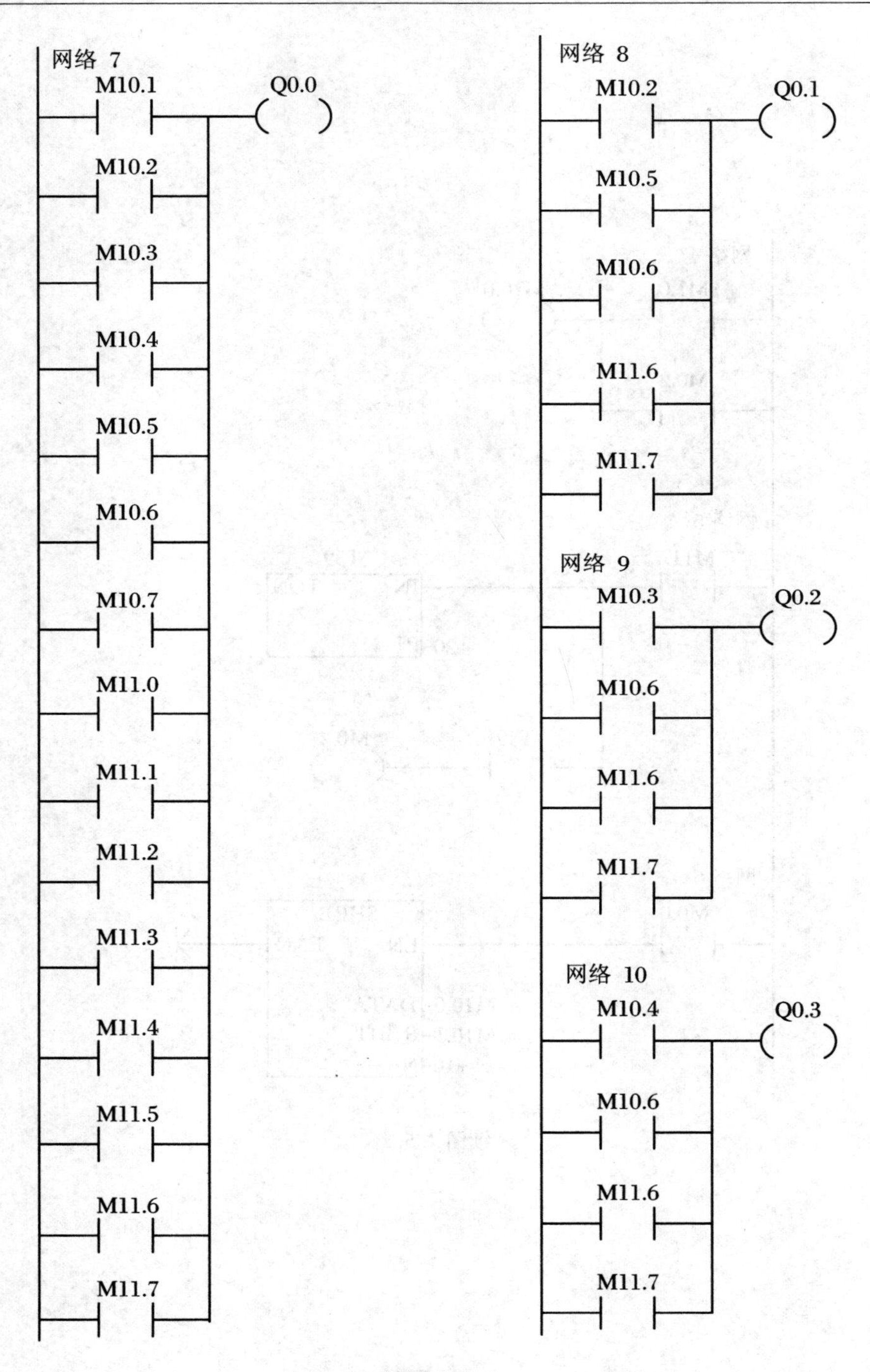
网络 7
M10.1
Q0.0
M10.2
M10.3
M10.4
M10.5
M10.6
M10.7
M11.0
M11.1
M11.2
M11.3
M11.4
M11.5
M11.6
M11.7
网络 8
M10.2
Q0.1
M10.5
M10.6
M11.6
M11.7
网络 9
M10.3
Q0.2
M10.6
M11.6
M11.7
网络 10
M10.4
Q0.3
M10.6
M11.6
M11.7

续图 2.5.2

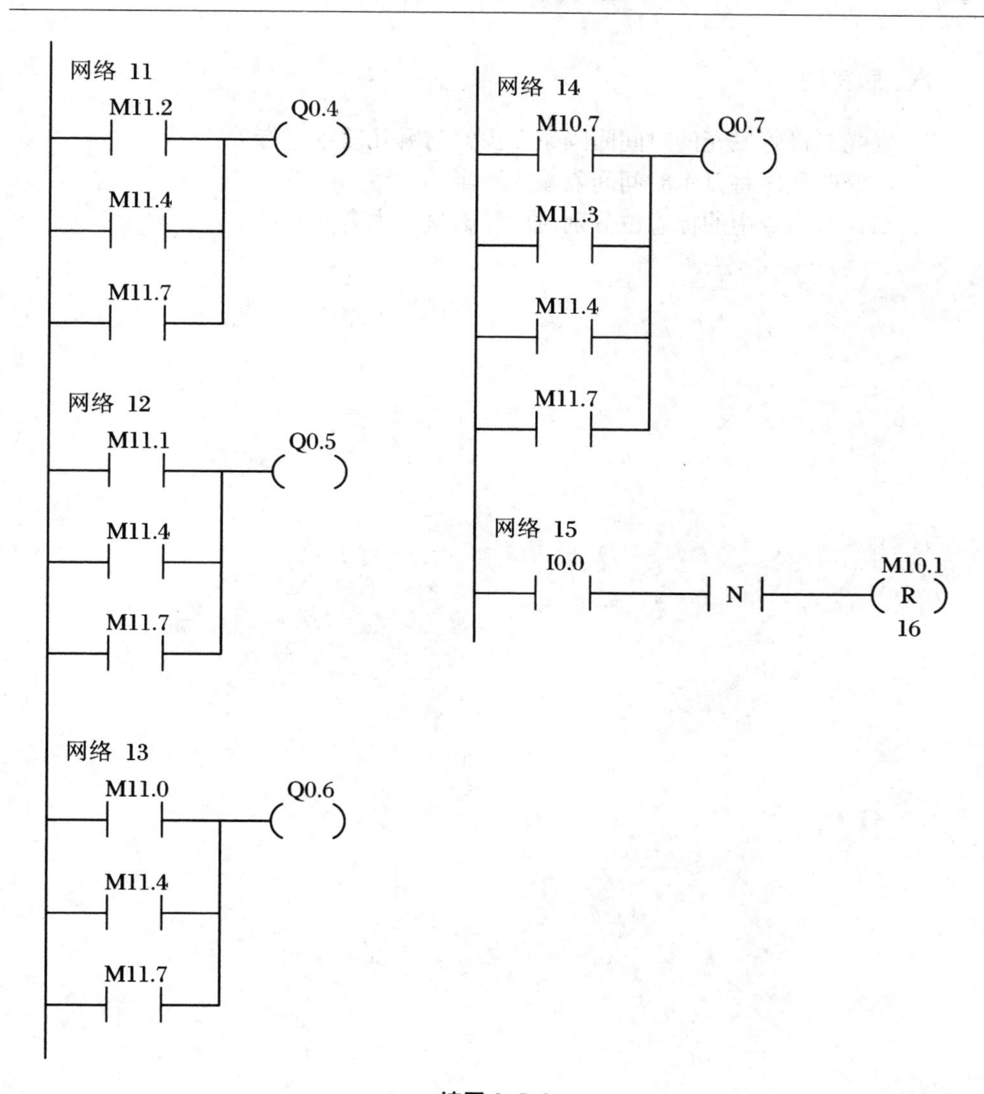

续图 2.5.2

五、实验报告要求

1. 说明本次实验的控制要求，绘制实验所用的输入/输出分配表和梯形图程序。

2. 记录程序运行产生的实验现象。

3. 对比控制要求和实验现象，分析总结此次实验。

六、思考题

1. 发光二极管发光的时间间隔是多少？与哪几段程序有关？
2. 试修改程序将显示时间间隔减为一半。
3. SHRB 指令中的标志位分别对应什么显示内容？

实验六　LED 数码显示控制

在 LED 数码显示控制单元完成本实验。

一、实验目的

熟练掌握移位寄存器位 SHRB，能够灵活的运用。

二、实验说明

1. SHRB 指令简介

移位寄存器位（SHRB）指令将 DATA 数值移入移位寄存器。S_BIT 指定移位寄存器的最低位。N 指定移位寄存器的长度和移位方向（移位加＝N，移位减＝－N）。SHRB 指令移出的每个位被放置在溢出内存位（SM1.1）中。该指令由最低位（S_BIT）和由长度（N）指定的位数定义。

2. 参考程序描述

接通启动开关后，由八组 LED 发光二极管模拟的八段数码管开始显示：先是一段段显示，显示次序是 A、B、C、D、E、F、G、H，随后显示数字及字符，显示次序是 0、1、2、3、4、5、6、7、8、9、A、B、C、D、E、F，断开启动开关后发光二极管不显示。

三、实验设备

THSMS-A 型可编程控制器、电脑（安装 STEP7-Micro/Win 软件）。

四、实验内容

1. 实验面板如图 2.6.1 所示。
2. 输入/输出分配见表 2.6.1。

表 2.6.1

输入	SD							
	I0.0							
输出	A	B	C	D	E	F	G	H
	Q0.0	Q0.1	Q0.2	Q0.3	Q0.4	Q0.5	Q0.6	Q0.7

3. 打开主机电源，将程序下载到主机中。
4. 启动并运行程序，观察实验现象。

5. 梯形图参考程序如图 2.6.2 所示。

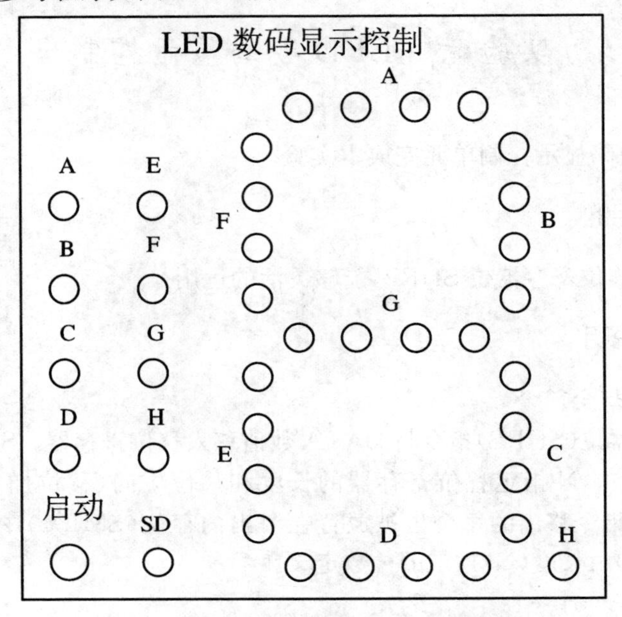

图 2.6.1 LED 数码显示实验面板

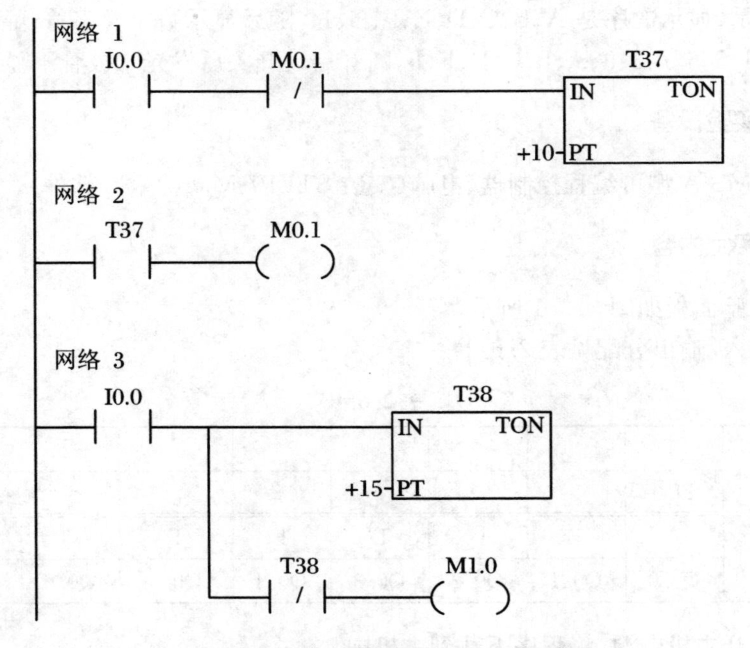

图 2.6.2 LED 数码显示控制梯形图程序

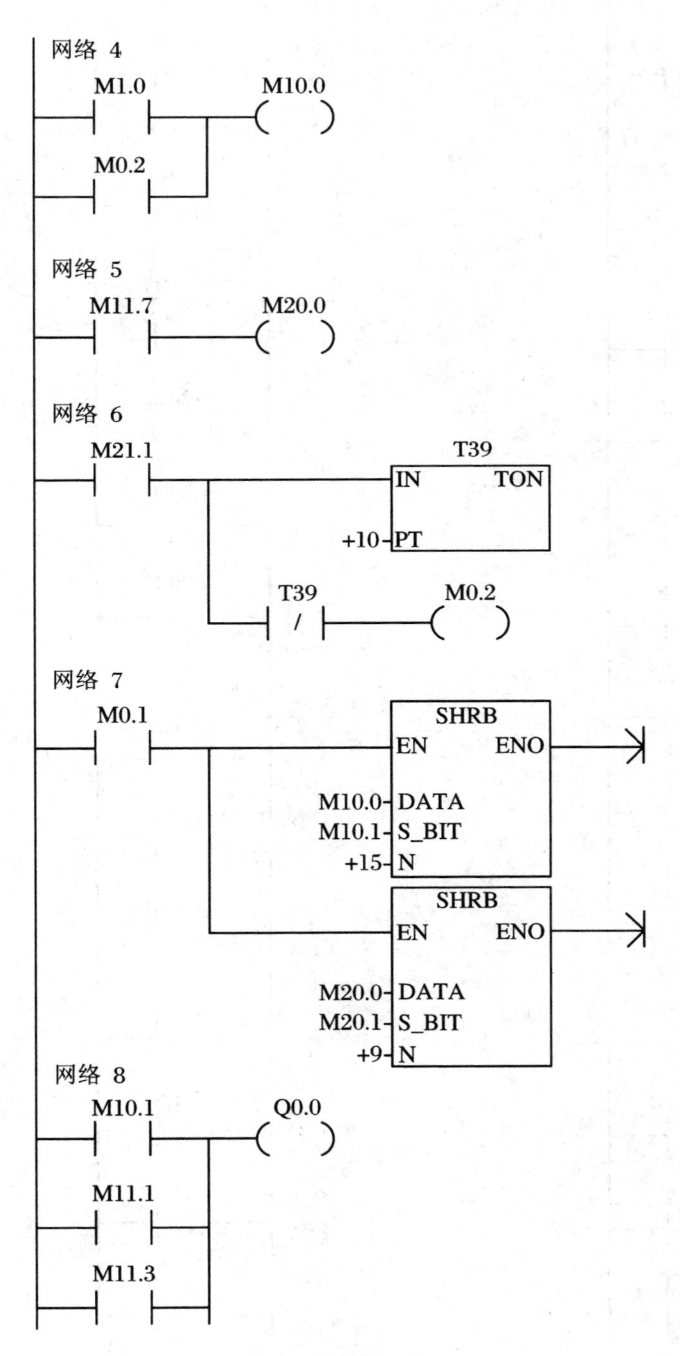
网络 4
M1.0
M10.0
M0.2
网络 5
M11.7
M20.0
网络 6
M21.1
T39
IN
TON
+10
PT
T39
M0.2
网络 7
M0.1
SHRB
EN
ENO
M10.0
DATA
M10.1
S_BIT
+15
N
SHRB
EN
ENO
M20.0
DATA
M20.1
S_BIT
+9
N
网络 8
M10.1
Q0.0
M11.1
M11.3

续图 2.6.2

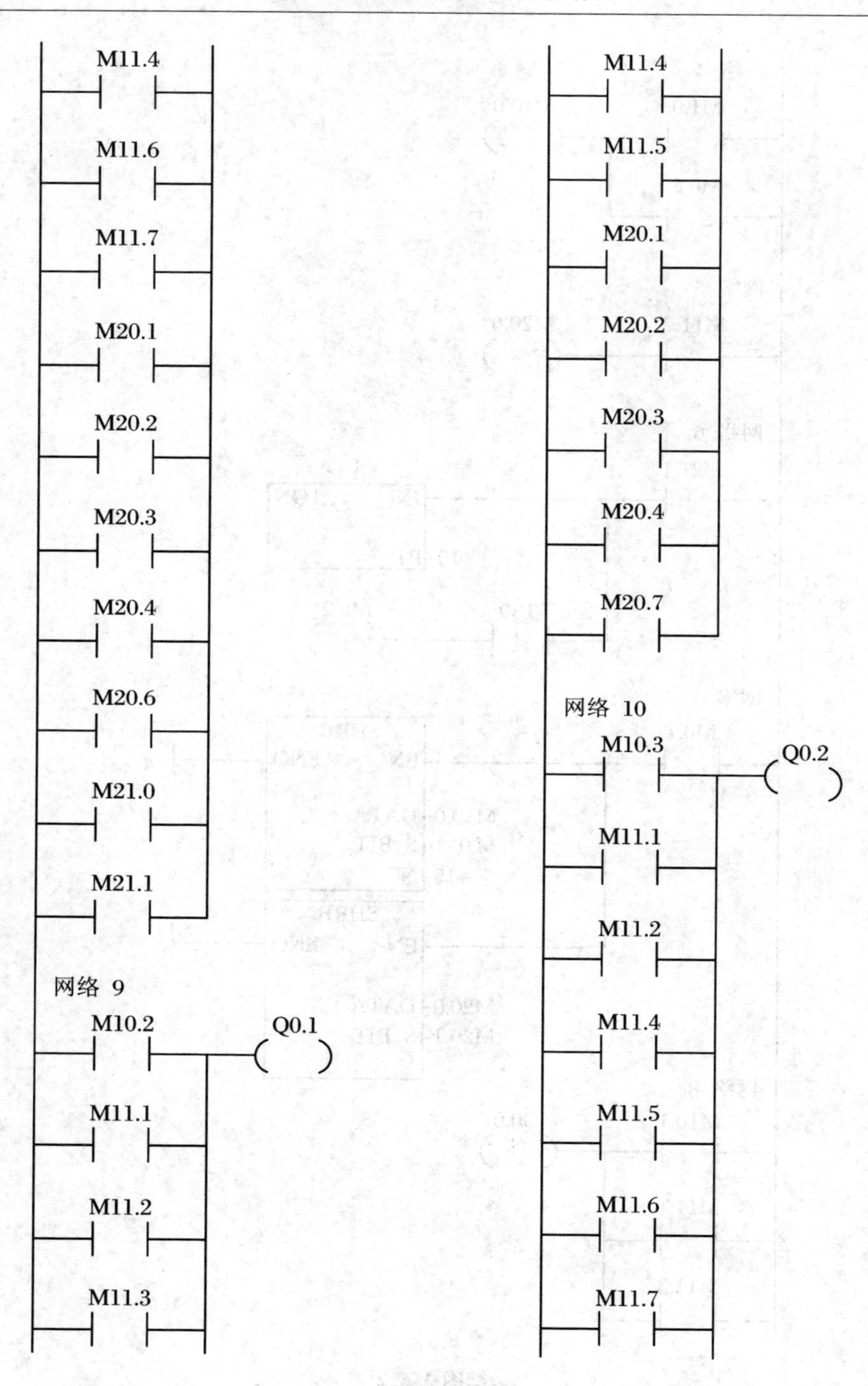
M11.4
M11.6
M11.7
M20.1
M20.2
M20.3
M20.4
M20.6
M21.0
M21.1
网络 9
M10.2
Q0.1
M11.1
M11.2
M11.3
M11.4
M11.5
M20.1
M20.2
M20.3
M20.4
M20.7
网络 10
M10.3
Q0.2
M11.1
M11.2
M11.4
M11.5
M11.6
M11.7

续图 2.6.2

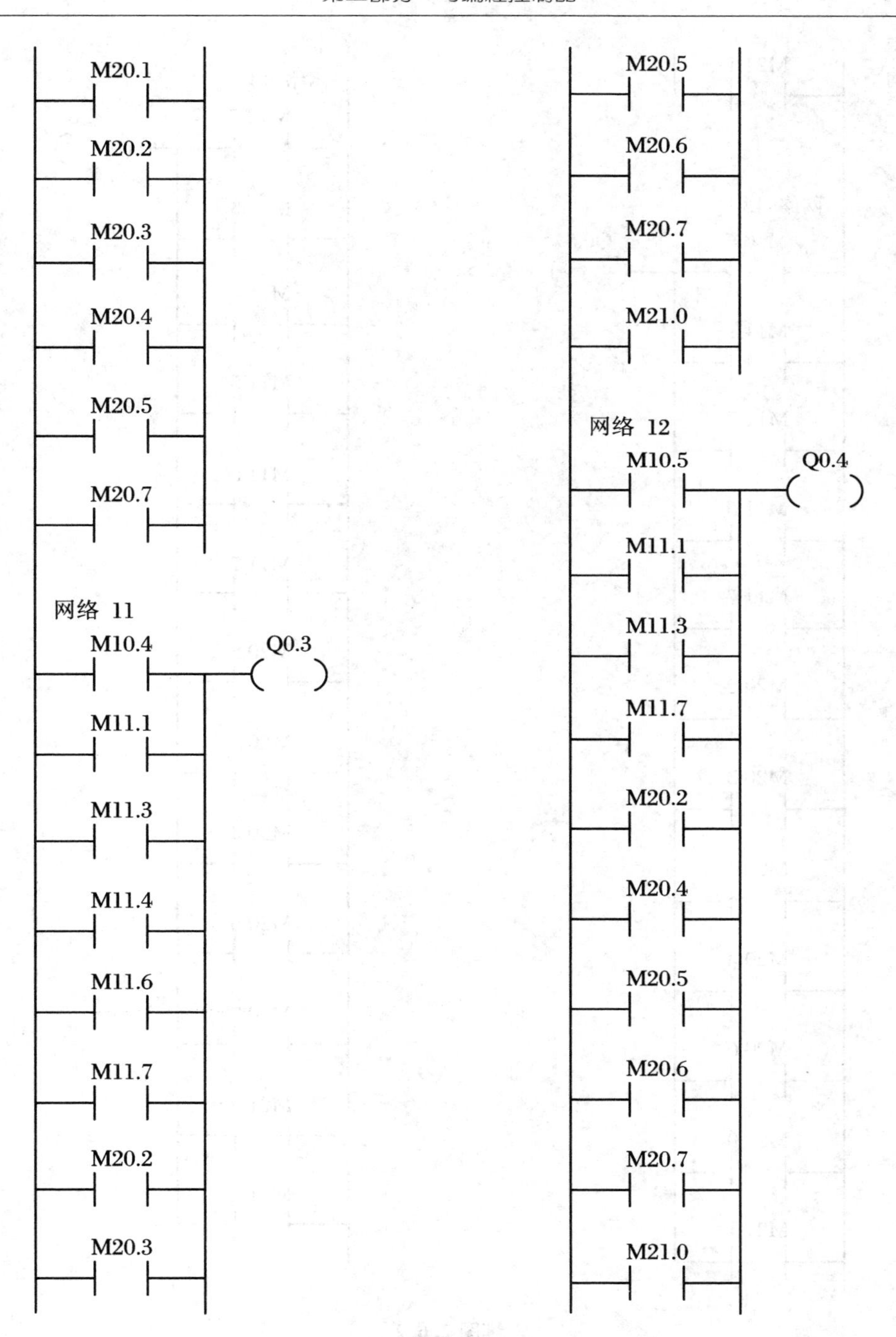
M20.1
M20.2
M20.3
M20.4
M20.5
M20.7
网络 11
M10.4
Q0.3
M11.1
M11.3
M11.4
M11.6
M11.7
M20.2
M20.3
M20.5
M20.6
M20.7
M21.0
网络 12
M10.5
Q0.4
M11.1
M11.3
M11.7
M20.2
M20.4
M20.5
M20.6
M20.7
M21.0

续图 2.6.2

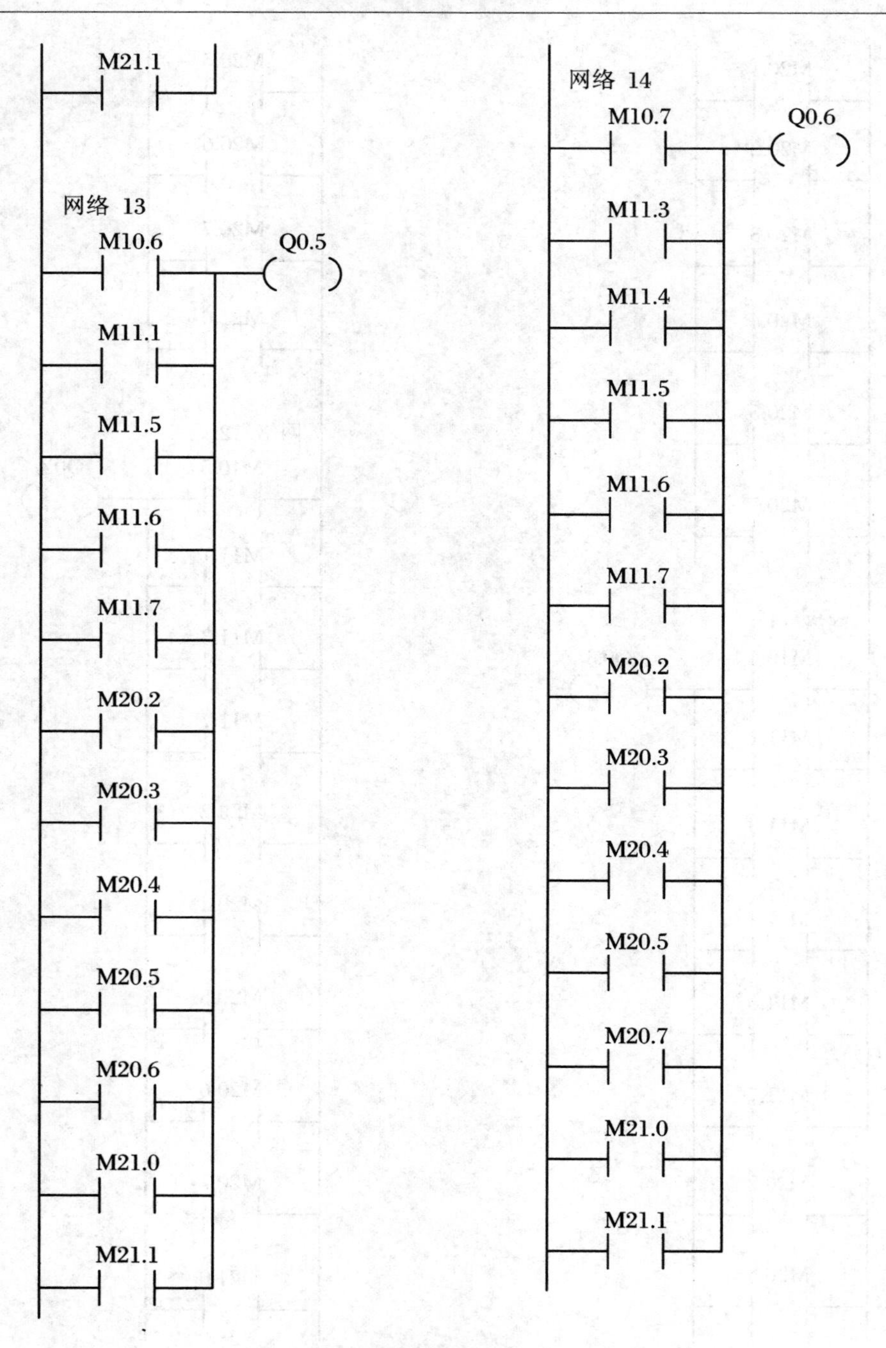
M21.1
网络 13
M10.6
Q0.5
M11.1
M11.5
M11.6
M11.7
M20.2
M20.3
M20.4
M20.5
M20.6
M21.0
M21.1
网络 14
M10.7
Q0.6
M11.3
M11.4
M11.5
M11.6
M11.7
M20.2
M20.3
M20.4
M20.5
M20.7
M21.0
M21.1

续图 2.6.2

网络 15

M11.0　Q0.7

网络 16

I0.0　N　M10.1　R　15

网络 17

I0.0　N　M20.1　R　9

续图 2.6.2

五、实验报告要求

1. 说明本次实验的控制要求,绘制实验所用的输入/输出分配表和梯形图程序。

2. 记录程序运行产生的实验现象。

3. 对比控制要求和实验现象,分析总结此次实验。

六、思考题

1. 每段发光二极管发光的时间间隔是多少?与哪几段程序有关?

2. 程序中两次使用的 SHRB 指令中的标志位分别对应什么显示内容?

3. 试用一个 SHRB 指令完成控制要求。

实验七　十字路口交通灯控制

在十字路口交通灯单元完成本实验。

一、实验目的

熟练使用基本指令，根据控制要求，掌握 PLC 的编程方法和程序调试方法，了解并使用 PLC 解决一个实际问题。

二、实验说明

信号灯受一个启动开关控制，当启动开关接通时，信号灯系统开始工作，且先南北红灯亮，东西绿灯亮。南北红灯亮维持 25 秒，在南北红灯亮的同时东西绿灯也亮，并维持 20 秒；到 20 秒时，东西绿灯闪亮，闪亮 3 秒后熄灭。在东西绿灯熄灭时，东西黄灯亮，并维持 2 秒。到 2 秒时，东西黄灯熄灭，东西红灯亮，同时，南北红灯熄灭，绿灯亮，东西红灯亮维持 30 秒。南北绿灯亮维持 25 秒，然后闪亮 3 秒后熄灭。同时南北黄灯亮，维持 2 秒后熄灭，这时南北红灯亮，东西绿灯亮。周而复始。当启动开关断开时，所有信号灯都熄灭。

三、实验设备

THSMS-A 型可编程控制器、电脑（安装 STEP7-Micro/Win 软件）。

四、实验内容

1. 实验面板如图 2.7.1 所示。
2. 输入/输出分配见表 2.7.1。

表 2.7.1

输入	SD	输出	R	Y	G	输出	R	Y	G
	I0.0	南北	Q0.2	Q0.1	Q0.0	东西	Q0.5	Q0.4	Q0.3

3. 打开主机电源，将程序下载到主机中。
4. 启动并运行程序，观察实验现象。
5. 梯形图参考程序如图 2.7.2 所示。

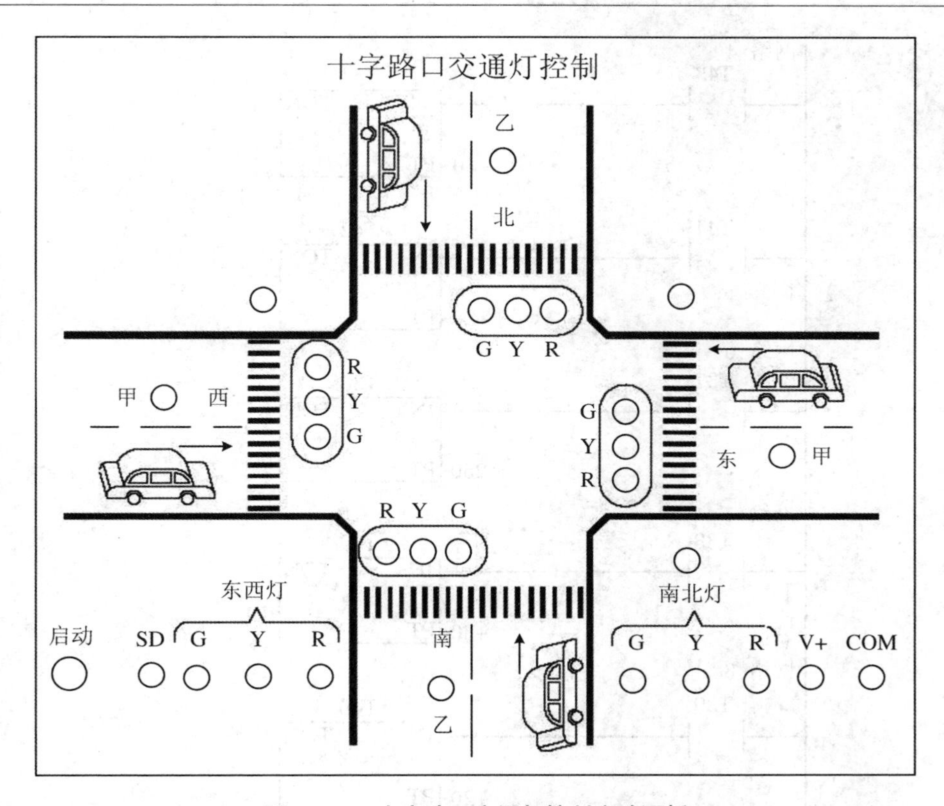

图 2.7.1 十字路口交通灯控制实验面板

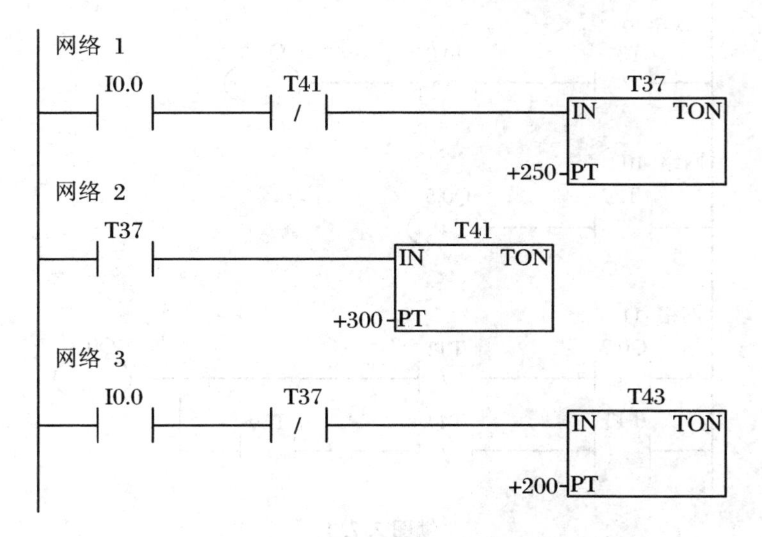

图 2.7.2 十字路口交通灯控制梯形图程序

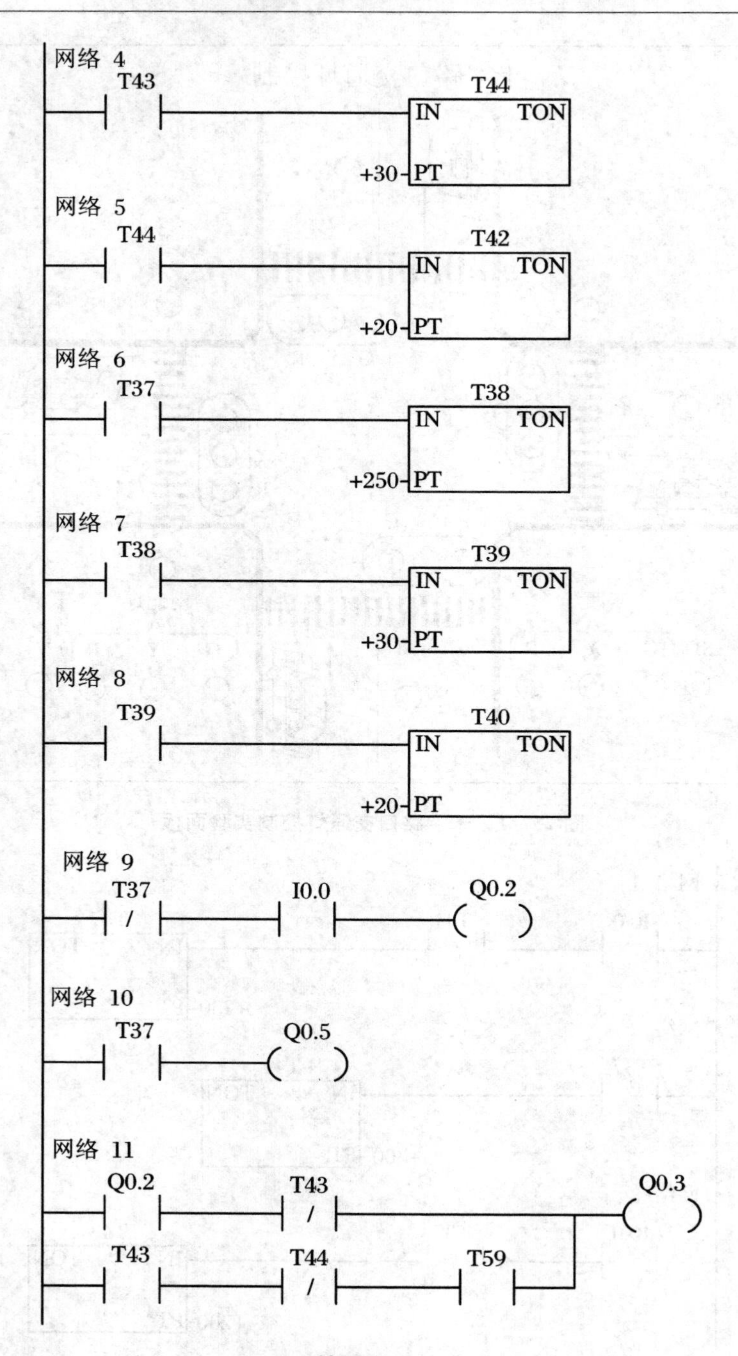
网络 4
T43
T44
IN
TON
+30
PT
网络 5
T44
T42
IN
TON
+20
PT
网络 6
T37
T38
IN
TON
+250
PT
网络 7
T38
T39
IN
TON
+30
PT
网络 8
T39
T40
IN
TON
+20
PT
网络 9
T37
I0.0
Q0.2
网络 10
T37
Q0.5
网络 11
Q0.2
T43
Q0.3
T43
T44
T59

续图 2.7.2

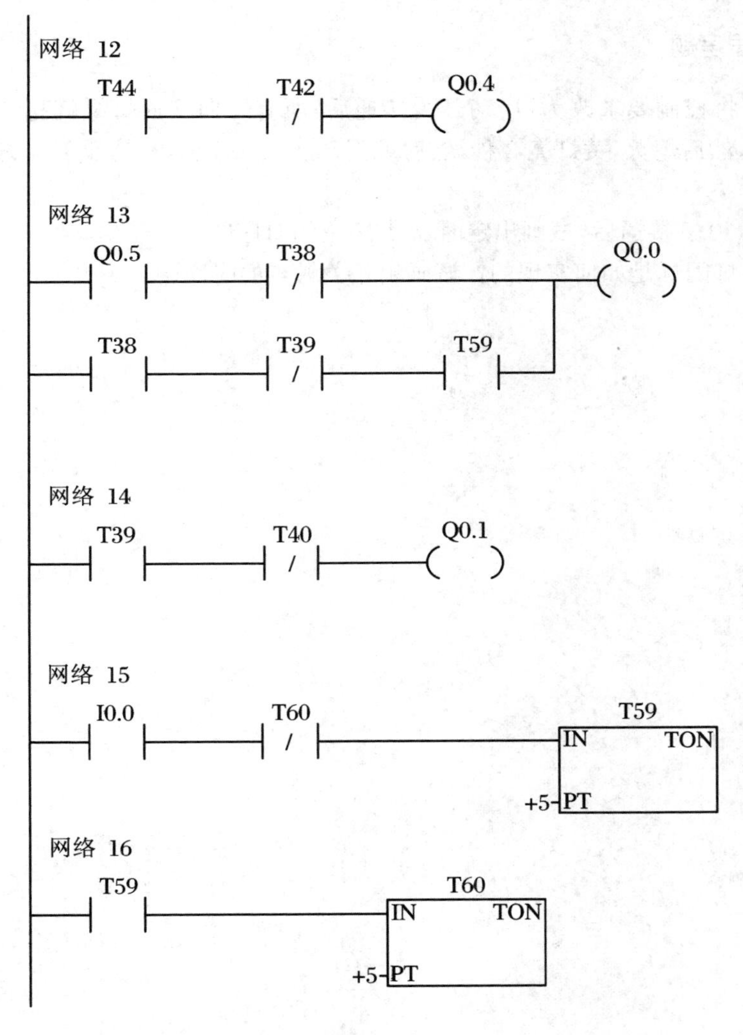

续图 2.7.2

五、实验报告要求

1. 说明本次实验的控制要求，绘制实验所用的输入/输出分配表和梯形图程序。

2. 记录程序运行产生的实验现象。

3. 对比控制要求和实验现象，分析总结此次实验。

六、思考题

1. 若将控制要求改为:启动开关接通后,所有方向交通灯绿灯亮 20 秒,绿灯闪亮 3 秒,然后熄灭,黄灯亮 2 秒,然后熄灭,红灯亮 25 秒,然后重复。试编写程序实现。

2. 当 I0.0 接通后,试画出定时器 T37 位的时序图。

3. 绿灯闪烁是如何实现的?试画出相关触点的时序图。

实验八　三相鼠笼式异步电动机运动控制(实物)

在电机控制单元完成本实验。

一、实验目的

1. 理解并掌握如何使用 PLC 实现电机的点动控制和自锁控制。
2. 理解并掌握如何使用 PLC 实现电机的连锁正反转控制。
3. 理解并掌握如何使用 PLC 实现电机的延时正反转控制。
4. 理解并掌握如何使用 PLC 实现电机的 Y-△降压启动控制。

二、实验说明

三相鼠笼式异步电动机大量使用于各种设备中。三相鼠笼式异步电动机常用的控制线路有点动控制和自锁控制、连锁正反转控制和 Y-△降压启动控制。PLC 可以取代传统继电-接触器,实现对三相鼠笼式异步电动机的以上控制要求。

三、实验设备

THSMS-A 型可编程控制器、电脑(安装 STEP7-Micro/Win 软件)。

四、实验内容

1. 实验面板如图 2.8.1 所示。
2. 输入/输出分配见表 2.8.1。

表 2.8.1

输入	SB1	SB2	SB3	输出	KM1	KM2	KM3	KM4
	I0.0	I0.1	I0.2		Q0.0	Q0.1	Q0.2	Q0.3

注:输入按钮在不同程序中的作用不一样,输入输出根据控制要求选用接线

3. 主电路线路连接时,用随机配备的电机电源连接线将实验面板上的 A、B、C、X、Y、Z 插孔分别与电机接线盒上 A、B、C、X、Y、Z 插孔对应相连。注意:不要漏连或错连,以免损坏电机或发生安全事故。
4. 打开主机电源,将程序下载到主机中。
5. 启动并运行程序,观察实验现象。
6. 梯形图参考程序分如下几种情况。

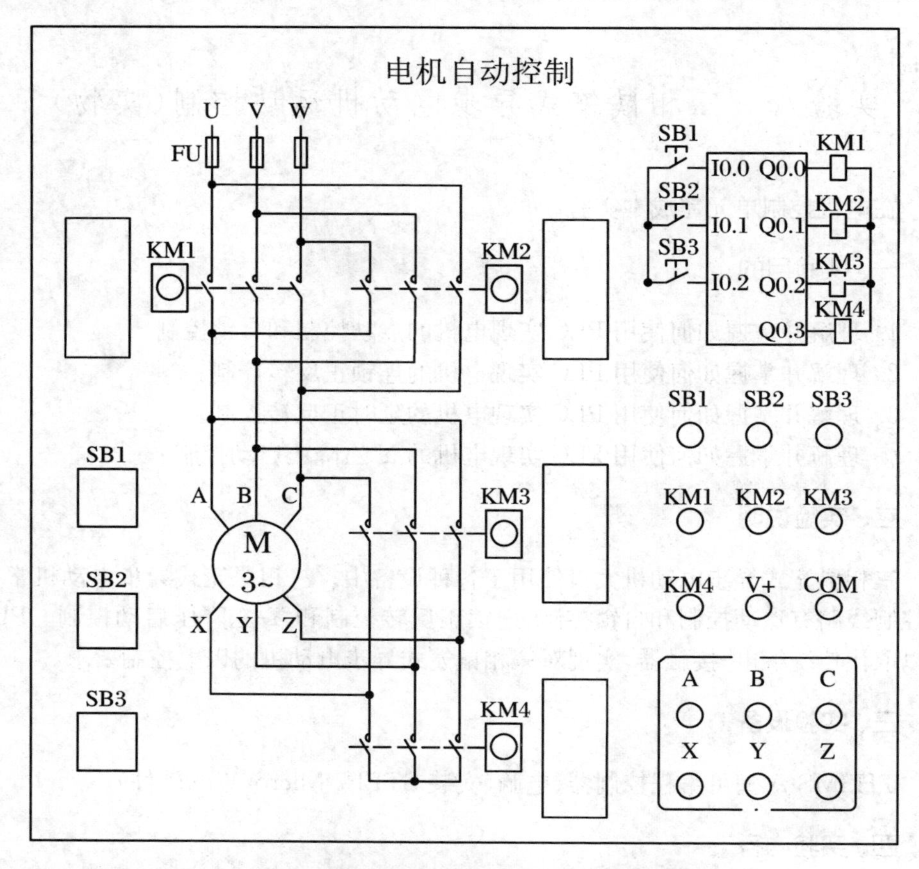

图 2.8.1 三相鼠笼式异步电动机点动控制和自锁控制实验面板

(1) 点动控制和自锁控制

点动控制:按下启动按钮 SB1,接触器 KM4 的线圈得电,0.1 秒后接触器 KM1 的线圈得电,电动机作星形连接启动。松开并按动启动按钮 SB1,电机停止转动。按 SB1 一次,电机运转一次。

自锁控制:按启动按钮 SB2,接触器 KM4 的线圈得电,0.1 秒后接触器 KM1 的线圈得电,电动机作星形连接启动。只有按下停止按钮 SB3 时电机才停止运转。

三相鼠笼式异步电动机点动控制和自锁控制梯形图程序如图 2.8.2 所示。

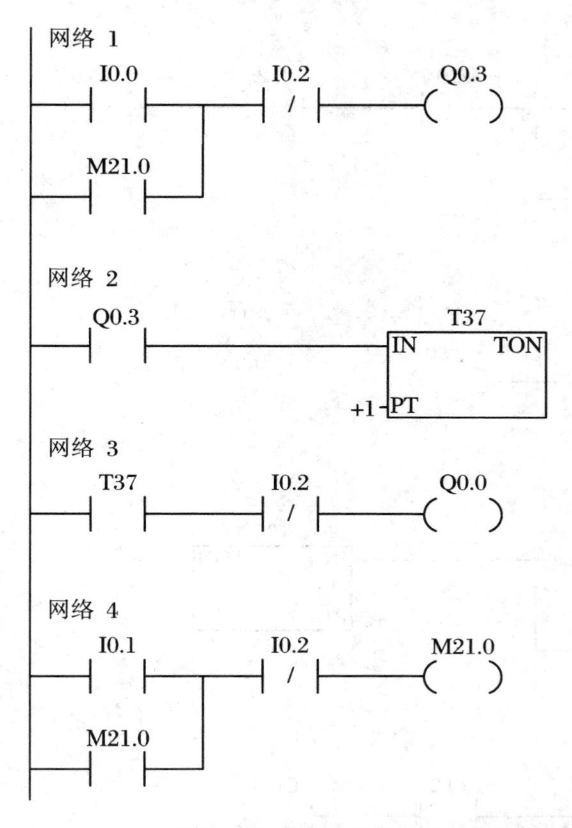

图 2.8.2　三相鼠笼式异步电动机点动控制和自锁控制梯形图程序

(2) 连锁正反转控制

按启动按钮 SB1，接触器 KM1 的线圈得电，0.5 秒后接触器 KM4 的线圈得电，电动机作星形连接启动，此时电机正转；按启动按钮 SB2，接触器 KM2 的线圈得电，0.5 秒后接触器 KM4 的线圈得电，电动机作星形连接启动，此时电机反转；在电机正转时反转按钮 SB2 是不起作用的，只有当按下停止按钮 SB3 时电机才停止工作；在电机反转时正转按钮 SB1 是不起作用的，只有当按下停止按钮 SB3 时电机才停止工作。

三相鼠笼式异步电动机连锁正反转控制梯形图程序如图 2.8.3 所示。

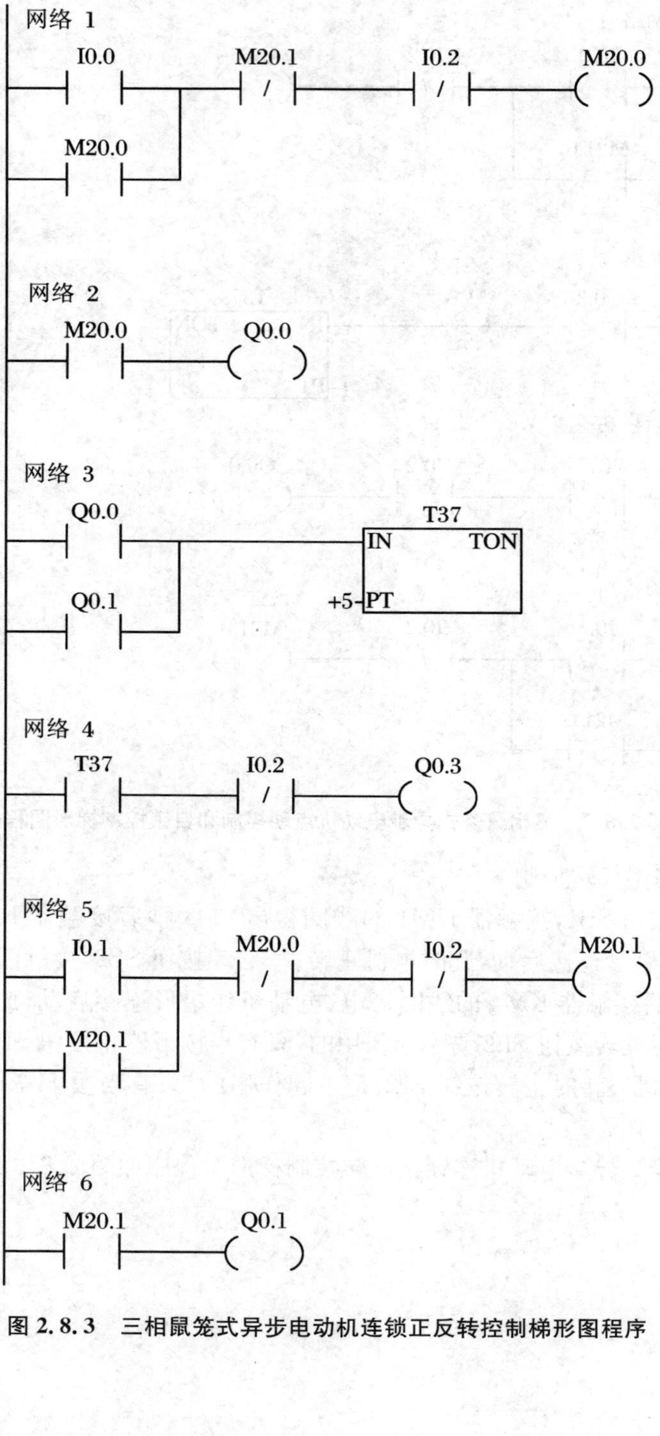

网络 1

I0.0　M20.1　I0.2　M20.0

M20.0

网络 2

M20.0　Q0.0

网络 3

Q0.0　T37

IN　TON

Q0.1

+5-PT

网络 4

T37　I0.2　Q0.3

网络 5

I0.1　M20.0　I0.2　M20.1

M20.1

网络 6

M20.1　Q0.1

图 2.8.3　三相鼠笼式异步电动机连锁正反转控制梯形图程序

(3) 延时正反转控制

按启动按钮 SB1,接触器 KM4 和 KM1 的线圈得电,此时电机正转,延时 3 秒后,接触器 KM1 的线圈失电,接触器 KM2 的线圈得电,此时电机反转。如果启动按启动按钮 SB2,接触器 KM4 和 KM2 的线圈得电,此时电机反转,延时 3 秒,接触器 KM2 的线圈失电,接触器 KM1 的线圈得电,此时电机正转。按停止按钮 SB3,电机停止运转。

三相鼠笼式异步电动机延时正反转控制梯形图程序如图 2.8.4 所示。

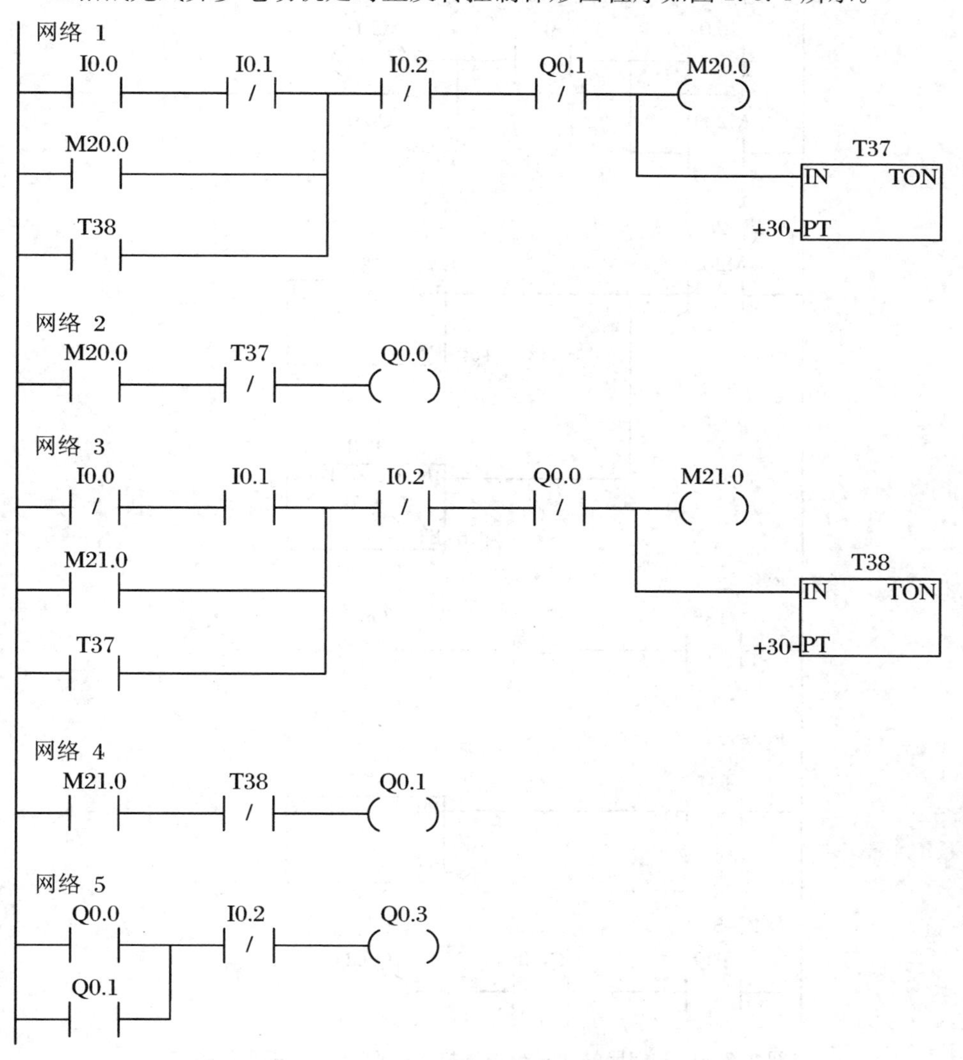

图 2.8.4　三相鼠笼式异步电动机延时正反转控制梯形图程序

(4) Y-△降压启动控制

按启动按钮 SB1,接触器 KM1 的线圈得电,1 秒后接触器 KM4 的线圈得电,电动机作星形连接启动;接触器 KM4 的线圈得电 5 秒后失电,再经过 0.5 秒接触器 KM3 的线圈得电,电动机转为三角形运行方式。按下停止按钮 SB3 电机停止运行。

三相鼠笼式异步电动机 Y-△降压启动梯形图程序如图 2.8.5 所示。

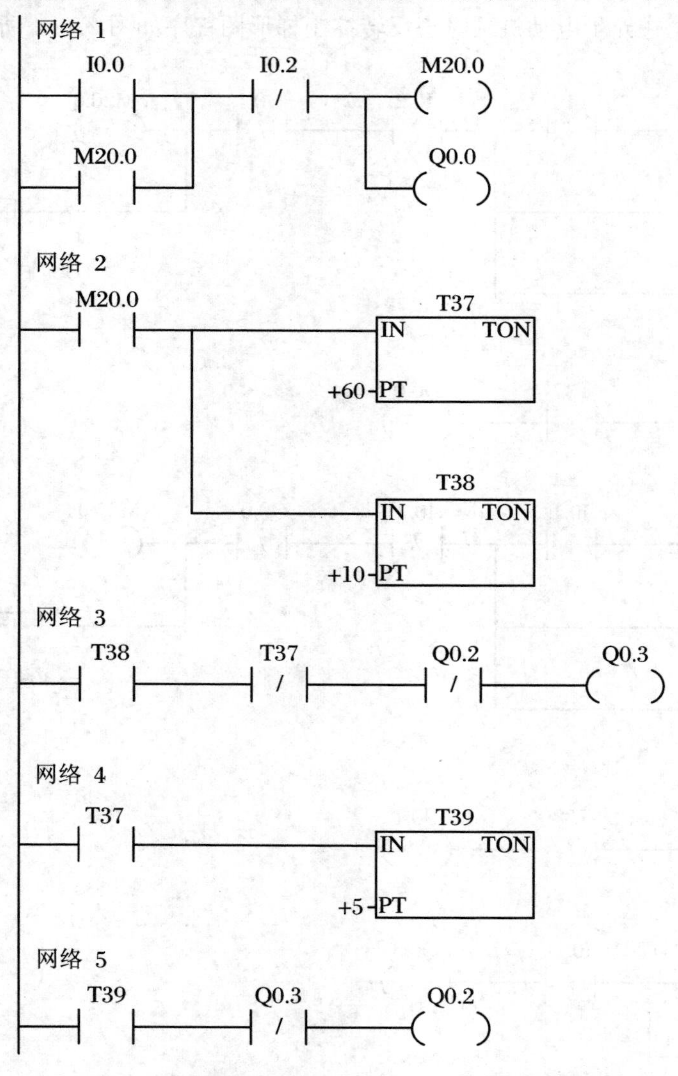

图 2.8.5 三相鼠笼式异步电动机 Y-△降压启动梯形图程序

五、实验报告要求

1. 说明本次实验的控制要求，绘制实验所用的输入/输出分配表和梯形图程序。

2. 记录程序运行产生的实验现象。

3. 对比控制要求和实验现象，分析总结此次实验。

六、思考题

分析程序内容，解释程序是如何实现控制要求的。

实验九　水塔水位控制模拟

在水塔水位控制单元完成本实验。

一、实验目的

掌握用 PLC 构成水塔水位自动控制系统。

二、实验说明

当水池水位低于水池低水位界时(S4 接通表示),阀 Y 打开进水(Y 得电表示),定时器开始定时。4 秒后,如果 S4 还不为断开,那么阀 Y 指示灯闪烁,表示阀 Y 没有进水,出现故障。当水池水位到达水池高水位界后(S3 接通表示),阀 Y 关闭(Y 失电)。当 S4 为断开且水塔水位低于水塔低水位界时(S2 接通表示),电机 M 运转抽水。当水塔水位高于水塔高水位界时(S1 接通表示),电机 M 停止。

三、实验设备

THSMS-A 型可编程控制器、电脑(安装 STEP7-Micro/Win 软件)。

四、实验内容

1. 实验面板如图 2.9.1 所示。
2. 输入/输出分配见表 2.9.1。

表 2.9.1

输入	S1	S2	S3	S4	输出	M	Y
	I0.0	I0.1	I0.2	I0.3		Q0.0	Q0.1

3. 打开主机电源开关,将程序下载到主机中。
4. 启动并运行程序,观察实验现象。
5. 梯形图参考程序如图 2.9.2 所示。

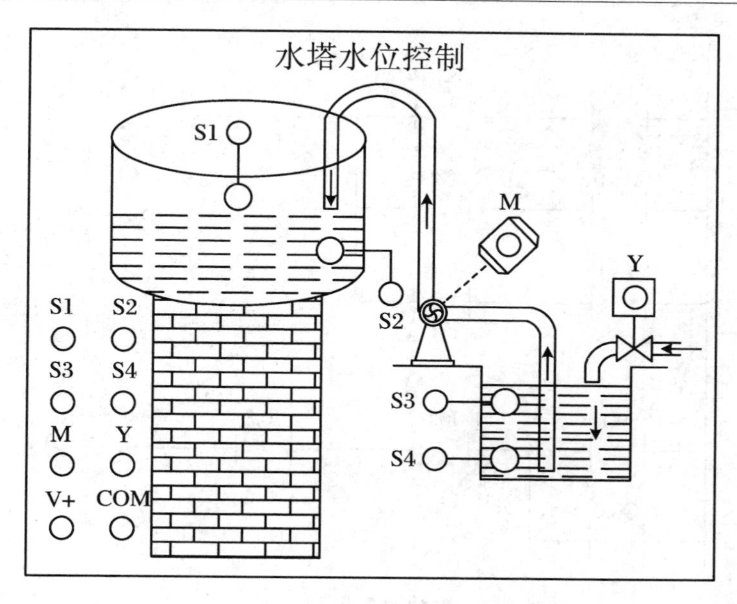

图 2.9.1　水塔水位控制模拟实验面板

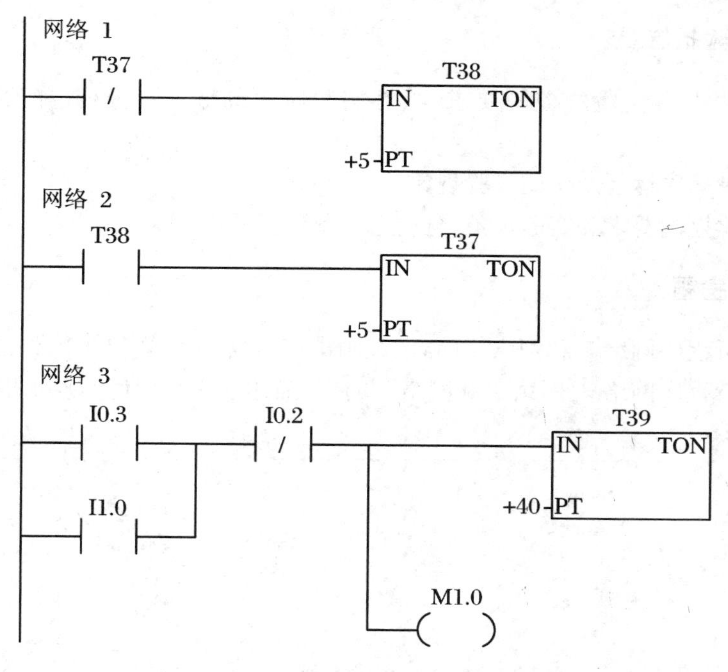

图 2.9.2　水塔水位控制模拟梯形图程序

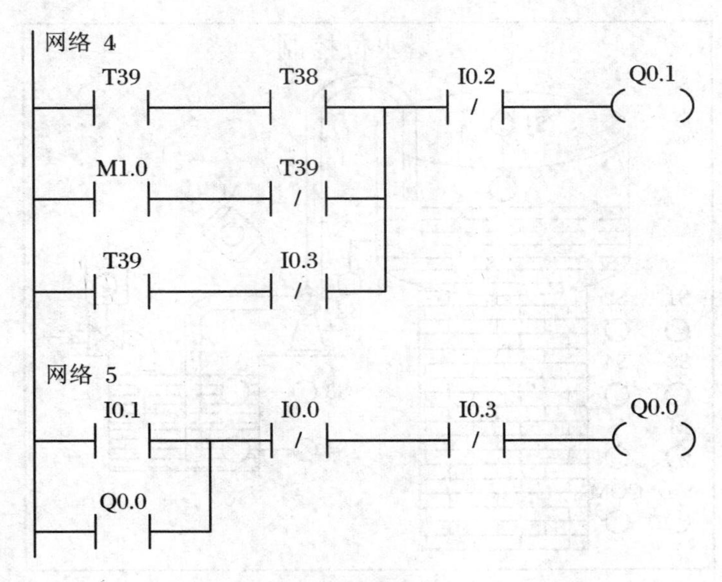

续图 2.9.2

五、实验报告要求

1. 说明本次实验的控制要求,绘制实验所用的输入/输出分配表和梯形图程序。

2. 记录程序运行产生的实验现象。

3. 对比控制要求和实验现象,分析总结此次实验。

六、思考题

1. 分析程序网络 1 和网络 2 内容,试画出定时器 T37 位和 T38 位的时序图。

2. 分析程序网络 3、网络 4 和网络 5 内容,描述程序是如何实现水塔水位模拟控制的。

实验十　装配流水线的模拟控制

在装配流水线单元完成本实验。

一、实验目的

了解移位寄存器在转配流水线控制系统中的应用及针对位移寄存器指令的编程方法。

二、实验原理

在本实验中，传送带共有 16 个工位。工件从 1 号位装入，依次经过 2 号位、3 号位……16 号工位。在这个过程中，工件分别在 A(操作 1)、B(操作 2)、C (操作 3)三个工位完成三种装配操作，经最后一个工位送入仓库。

接通启动开关 SD，程序按照 D→A→E→B→F→C→G→H 流水线顺序自动循环执行；在任意状态下选择复位按钮程序都返回到初始状态；在自动循环状态下不可手动移位，需先复位后选择移位按钮，每按动一次，工件运行一步；在手动移位状态下不可直接转入自动循环，需重新接通启动开关 SD。

三、实验设备

THSMS-A 型可编程控制器、电脑(安装 STEP7-Micro/Win 软件)。

四、实验内容

1. 实验面板如图 2.10.1 所示。
2. 输入/输出分配见表 2.10.1。

表 2.10.1

输入	启动	移位	复位					
	I0.0	I0.1	I0.2					
输出	D	A	E	B	F	C	G	H
	Q0.0	Q0.1	Q0.2	Q0.3	Q0.4	Q0.5	Q0.6	Q0.7

3. 打开主机电源开关，将程序下载到主机中。
4. 启动并运行程序，观察实验现象。
5. 梯形图参考程序如图 2.10.2 所示。

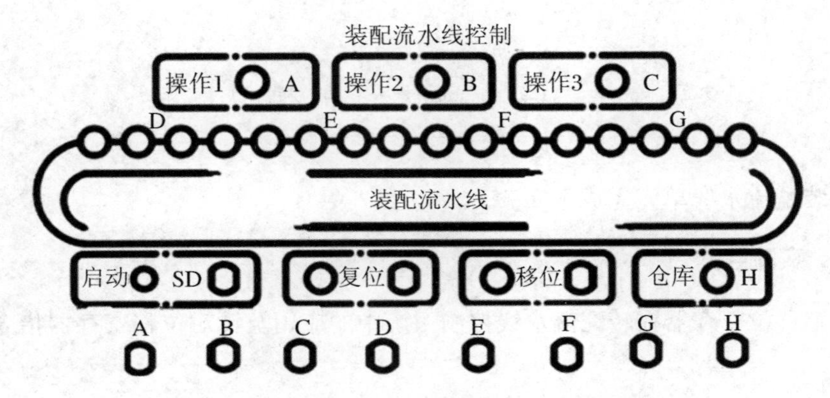

图 2.10.1 装配流水线的模拟控制实验面板

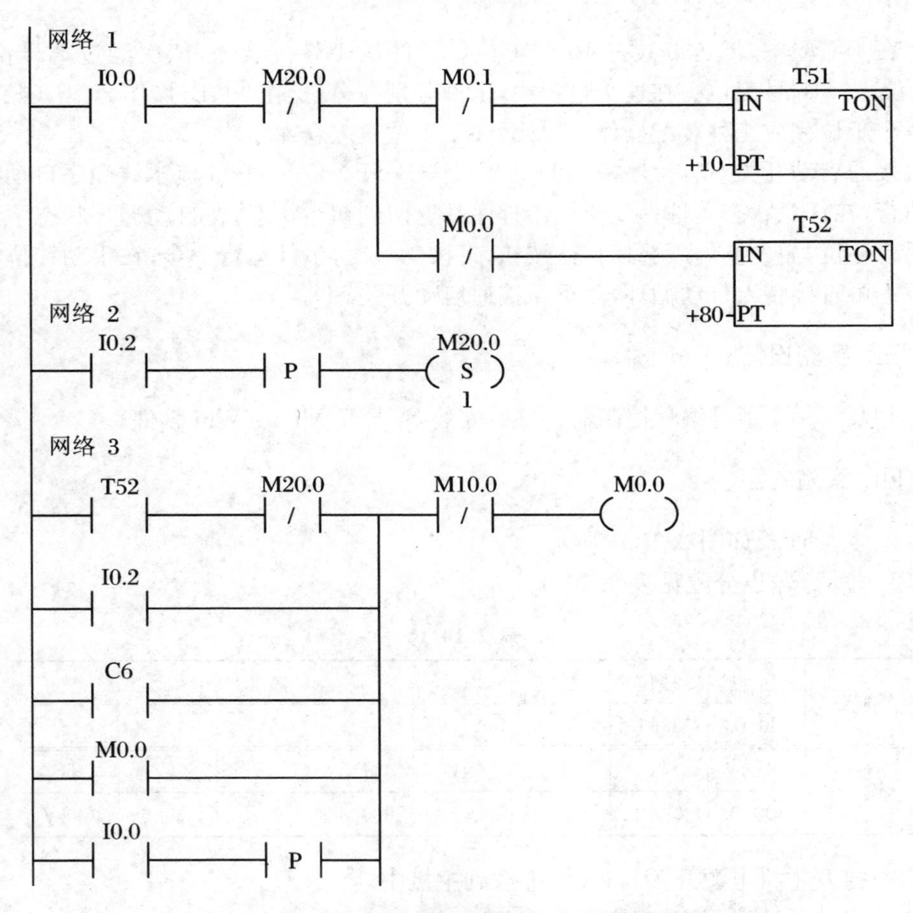

图 2.10.2 装配流水线模拟控制梯形图程序

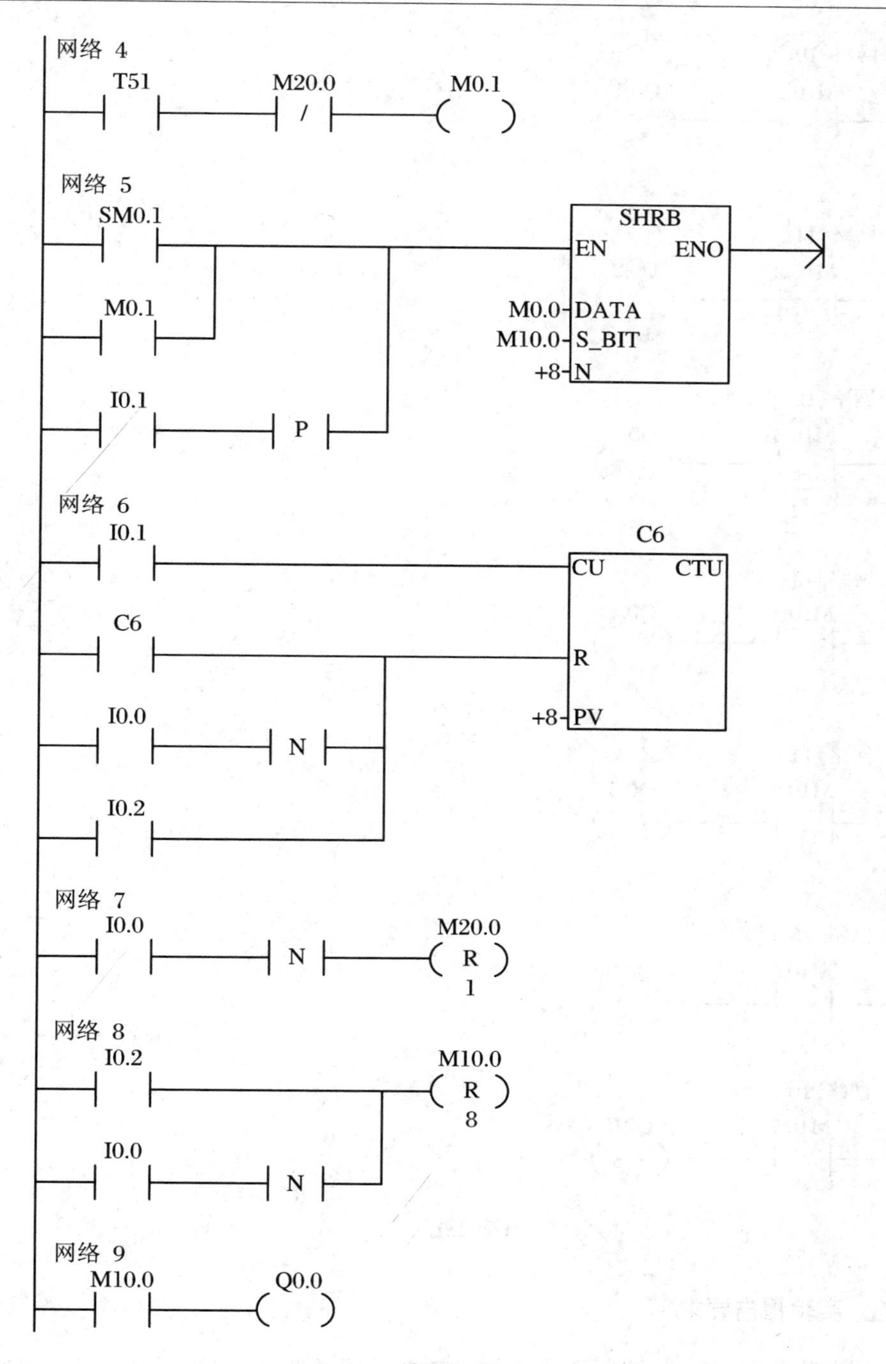
网络 4
T51
M20.0
/
M0.1
网络 5
SM0.1
SHRB
EN
ENO
M0.1
M0.0-DATA
M10.0-S_BIT
+8-N
I0.1
P
网络 6
I0.1
C6
CU
CTU
C6
R
I0.0
N
+8-PV
I0.2
网络 7
I0.0
N
M20.0
R
1
网络 8
I0.2
M10.0
R
8
I0.0
N
网络 9
M10.0
Q0.0

续图 2.10.2

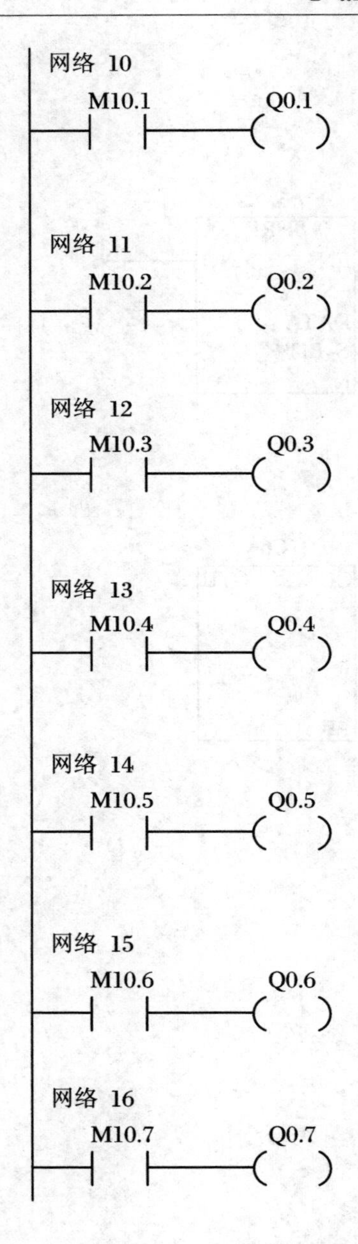

续图 2.10.2

五、实验报告要求

1. 说明本次实验的控制要求，绘制实验所用的输入/输出分配表和梯形图程序。

2. 记录程序运行产生的实验现象。
3. 对比控制要求和实验现象,分析总结此次实验。

六、思考题

1. 分析程序网络 1 和网络 4 内容,试画出定时器 T51 位的时序图。
2. 通过分析程序,解释程序是如何实现装配流水线模拟控制的。

实验十一　轧钢机控制系统模拟

在轧钢机单元完成本实验。

一、实验目的

用PLC构成轧钢机控制系统，熟练掌握PLC的编程和程序调试方法。

二、实验要求

当启动开关SD接通时，电机M1、M2运行，传送钢板，检测传送带上有钢板的传感器S1收到信号（为ON），表示有钢板；电机M3正转（MZ灯亮）；随着钢板离开，S1的信号消失（为OFF），检测传送带上钢板到位的传感器S2有信号（为ON），表示钢板到位，电磁阀动作（YU1灯亮），电机M3反转（MF灯亮），Y1给一向下压下量，S2信号消失，S1有信号，电机M3正转……重复上述过程。

S2第一次接通，发光管A亮，表示有一个向下压下量；第二次接通时，A、B亮，表示有两个向下压下量；第三次接通时，A、B、C亮，表示有三个向下压下量。在S2第四次接通时，电磁阀不动作，电机M3继续正转，送走钢板，A、B、C全灭。S2断开1秒后，电机M1、M2运行，进行下一轮轧制。断开启动开关，系统停止工作。

三、实验设备

THSMS-A型可编程控制器、电脑（安装STEP7-Micro/Win）。

四、实验内容参考

1. 实验面板如图2.11.1所示。
2. 输入/输出分配见表2.11.1。

表2.11.1

输入	SD	S1	S2					
	I0.0	I0.1	I0.2					
输出	M1	M2	MZ	MF	A	B	C	YU1
	Q0.0	Q0.1	Q0.2	Q0.3	Q0.4	Q0.5	Q0.6	Q0.7

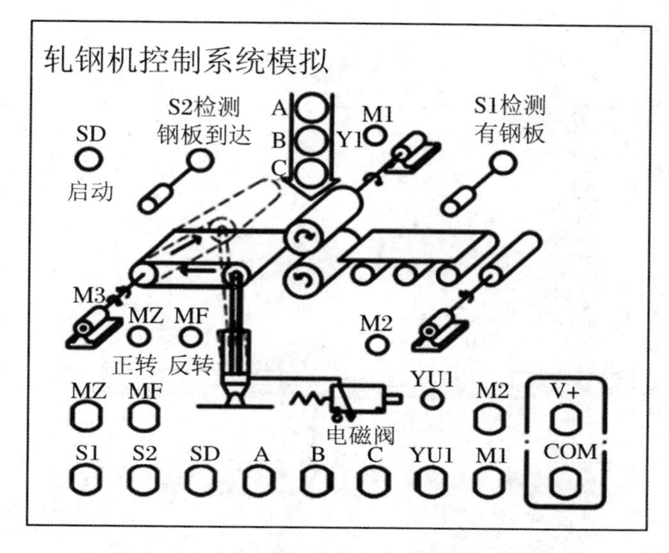

图 2.11.1　轧钢机控制系统模拟实验面板

3. 梯形图参考程序如图 2.11.2 所示。

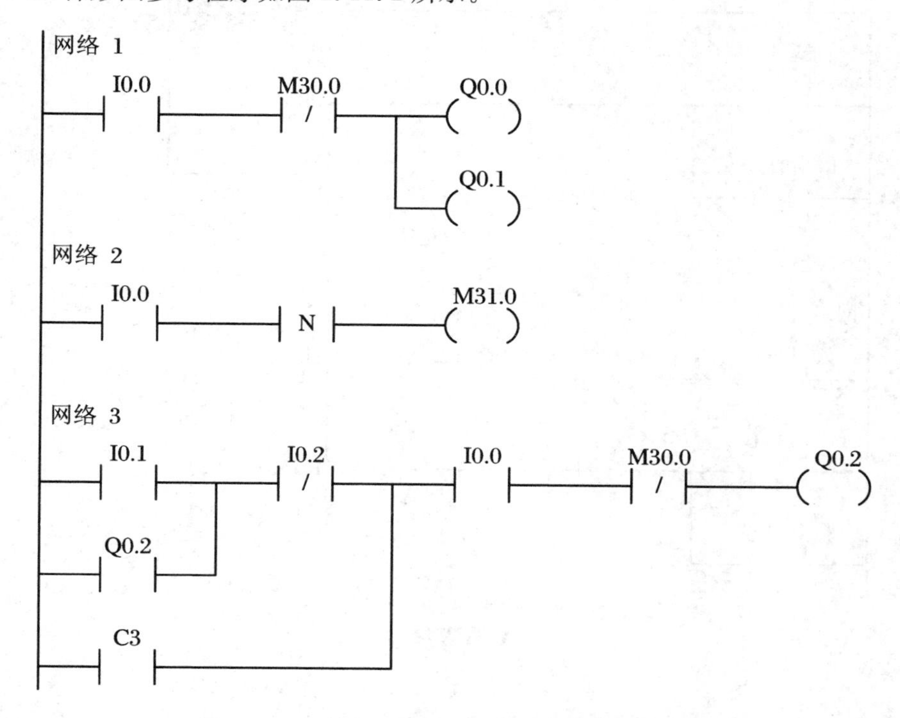

图 2.11.2　轧钢机控制系统模拟梯形图参考程序

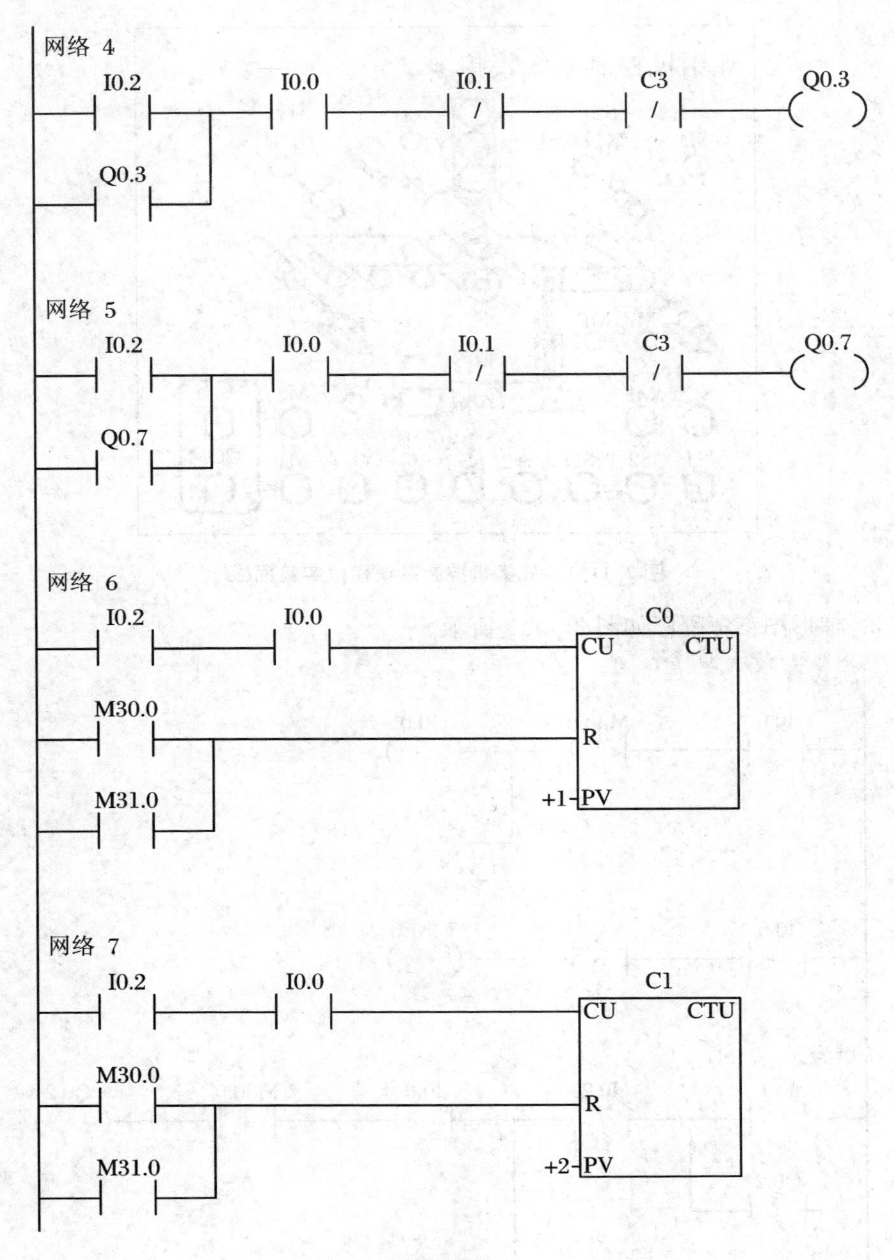
网络 4
I0.2
I0.0
I0.1
C3
Q0.3
Q0.3
网络 5
I0.2
I0.0
I0.1
C3
Q0.7
Q0.7
网络 6
I0.2
I0.0
C0
CU CTU
M30.0
R
M31.0
+1-PV
网络 7
I0.2
I0.0
C1
CU CTU
M30.0
R
M31.0
+2-PV

续图 2.11.2

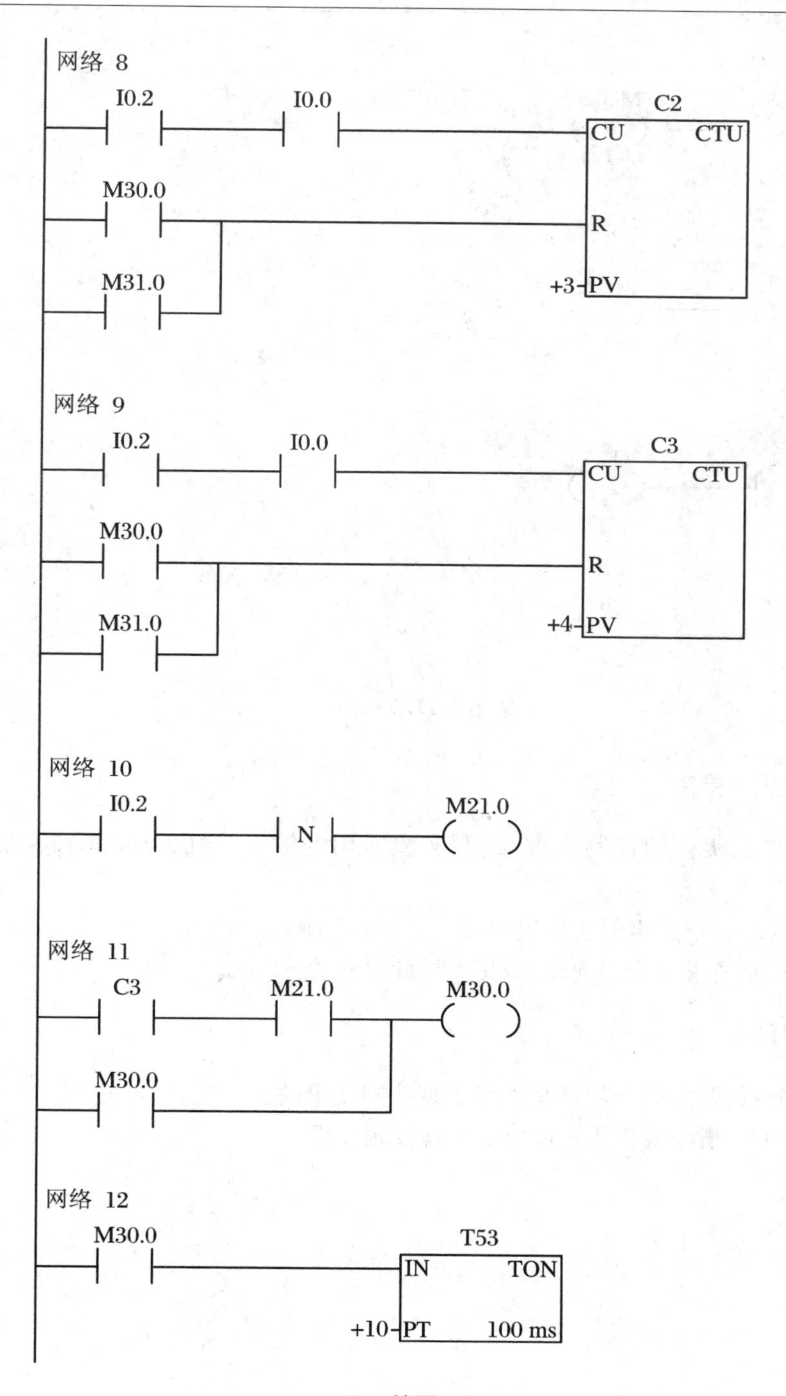
网络 8
I0.2
I0.0
C2
CU
CTU
M30.0
R
M31.0
+3
PV
网络 9
I0.2
I0.0
C3
CU
CTU
M30.0
R
M31.0
+4
PV
网络 10
I0.2
N
M21.0
网络 11
C3
M21.0
M30.0
M30.0
网络 12
M30.0
T53
IN
TON
+10
PT
100 ms

续图 2.11.2

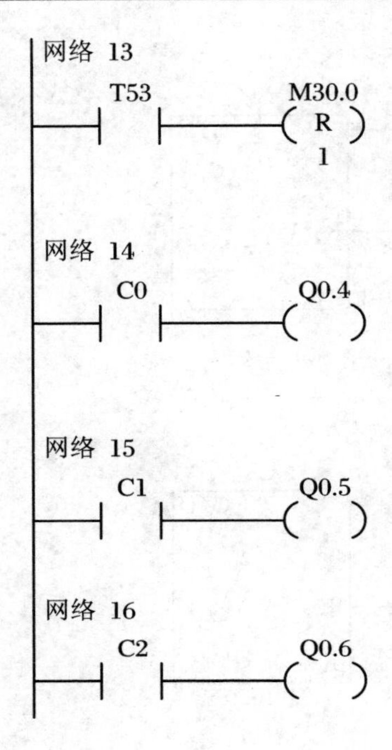

续图 2.11.2

五、实验报告要求

1. 说明本次实验的控制要求,绘制实验所用的输入/输出分配表和梯形图程序。
2. 记录程序运行产生的实验现象。
3. 对比控制要求和实验现象,分析总结此次实验。

六、思考题

1. 通过分析程序,解释程序是如何实现控制要求的。
2. 试用 SCR 指令或置位复位指令实现控制要求。

实验十二　液体混合装置控制的模拟

在液体混合装置单元完成本实验。

一、实验目的

熟练使用置位和复位等各条基本指令，通过对工程实例的模拟，熟练地掌握PLC的编程和程序调试。

二、实验说明

由实验面板图可知，本装置为两种液体混合装置，SL1、SL2、SL3为液面传感器，液体A、B阀门与混合液阀门由电磁阀YV1、YV2、YV3控制，M为搅动电机。控制要求如下：按下启动按钮SB1，装置投入运行时，液体A、B阀门关闭，混合液阀门打开20秒将容器放空后关闭，液体A阀门打开，液体A流入容器。当液面到达SL2时，SL2接通，关闭液体A阀门，打开液体B阀门。液面到达SL1时，关闭液体B阀门，搅动电机开始搅动。搅动电机工作6秒后停止搅动，混合液体阀门打开，开始放出混合液体。当液面下降到SL3时，SL3由接通变为断开，再过2秒后，容器放空，混合液阀门关闭，开始下一周期。停止操作：在当前的混合液操作处理完毕后，按下停止按钮SB1，停止操作。

三、实验设备

THSMS-A型可编程控制器、电脑(安装STEP7-Micro/Win软件)。

四、实验内容

1. 实验面板如图2.12.1所示。
2. 输入/输出分配见表2.12.1。

表2.12.1

输入	SB1	SL1	SL2	SL3	输出	YV1	YV2	YV3	KM
	I0.0	I0.1	I0.2	I0.3		Q0.0	Q0.1	Q0.2	Q0.3

3. 打开主机电源开关，将程序下载到主机中。
4. 启动并运行程序，观察实验现象。

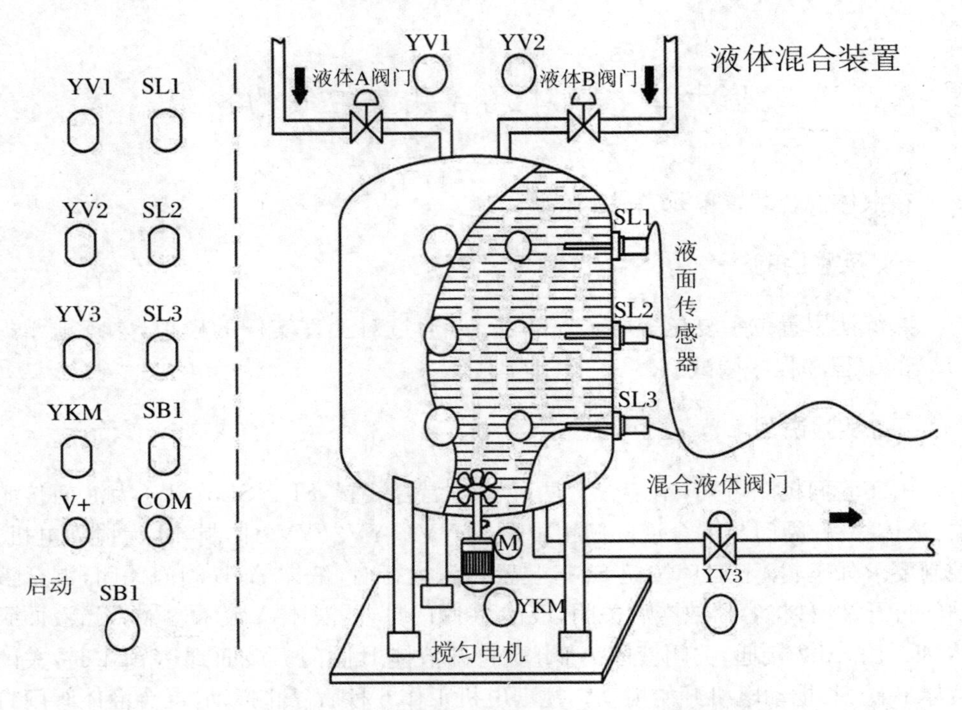

图 2.12.1 液体混合装置控制模拟实验面板

5. 梯形图参考程序如图 2.12.2 所示。

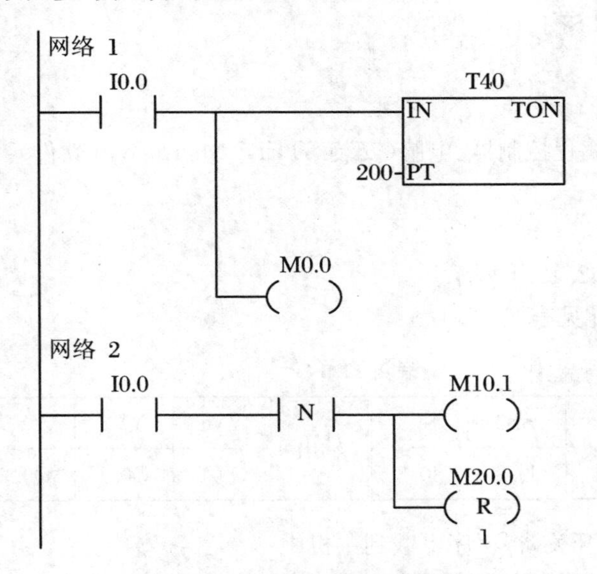

图 2.12.2 液体混合装置模拟梯形图程序

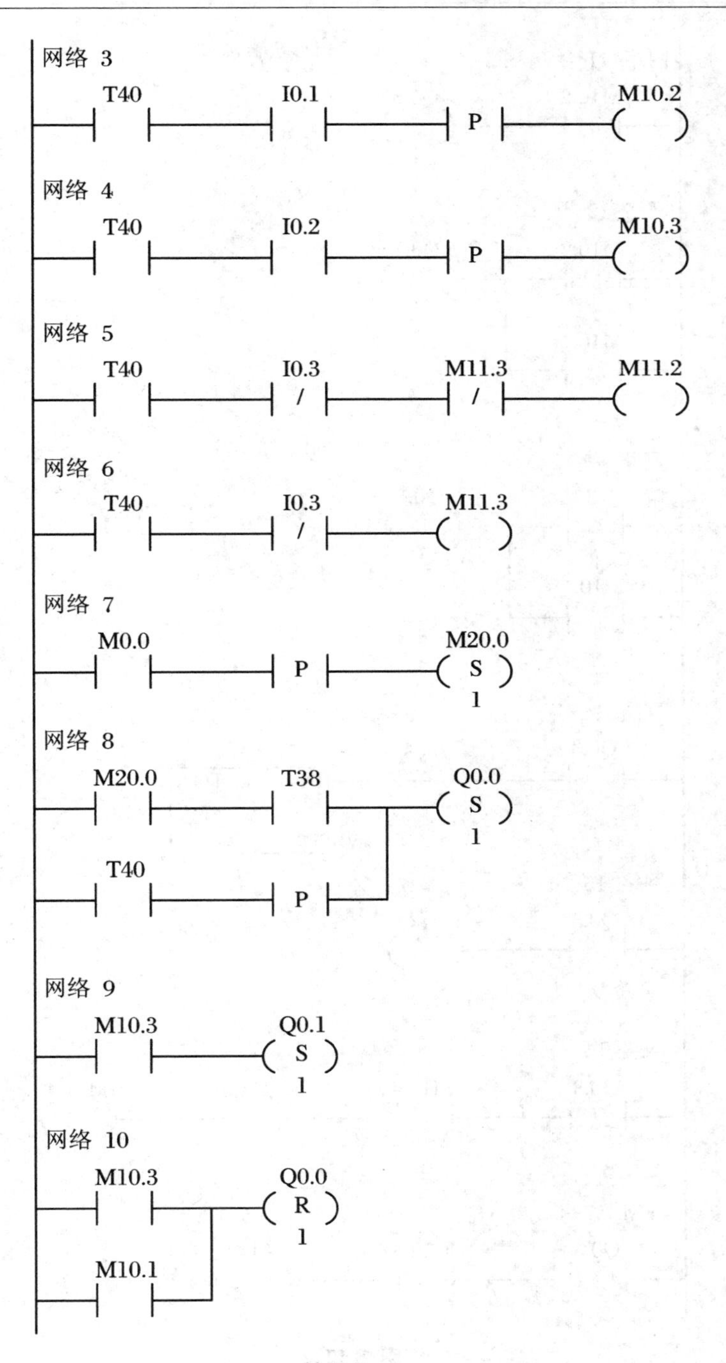
网络 3
T40
I0.1
P
M10.2
网络 4
T40
I0.2
P
M10.3
网络 5
T40
I0.3
/
M11.3
/
M11.2
网络 6
T40
I0.3
/
M11.3
网络 7
M0.0
P
M20.0
S
1
网络 8
M20.0
T38
Q0.0
S
1
T40
P
网络 9
M10.3
Q0.1
S
1
网络 10
M10.3
Q0.0
R
1
M10.1

续图 2.12.2

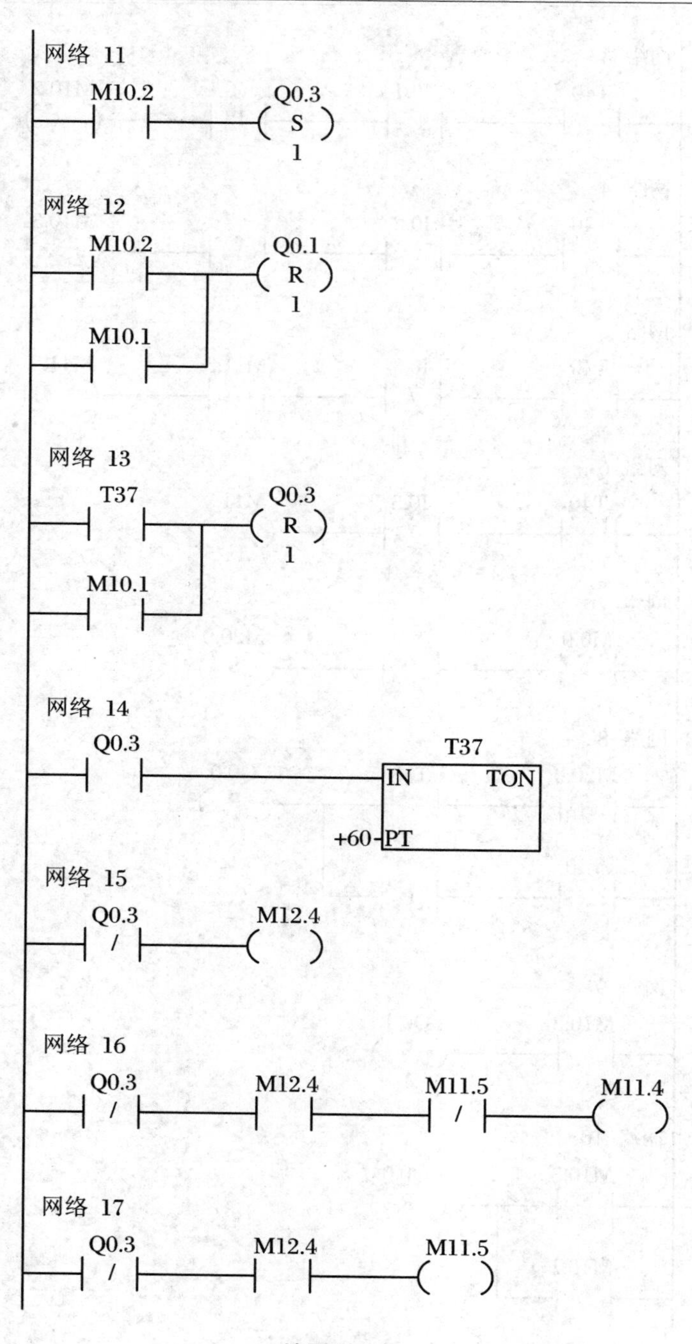

网络 11
M10.2
Q0.3
S
1
网络 12
M10.2
Q0.1
R
1
M10.1
网络 13
T37
Q0.3
R
1
M10.1
网络 14
Q0.3
T37
IN
TON
+60
PT
网络 15
Q0.3
M12.4
网络 16
Q0.3
M12.4
M11.5
M11.4
网络 17
Q0.3
M12.4
M11.5

续图 2.12.2

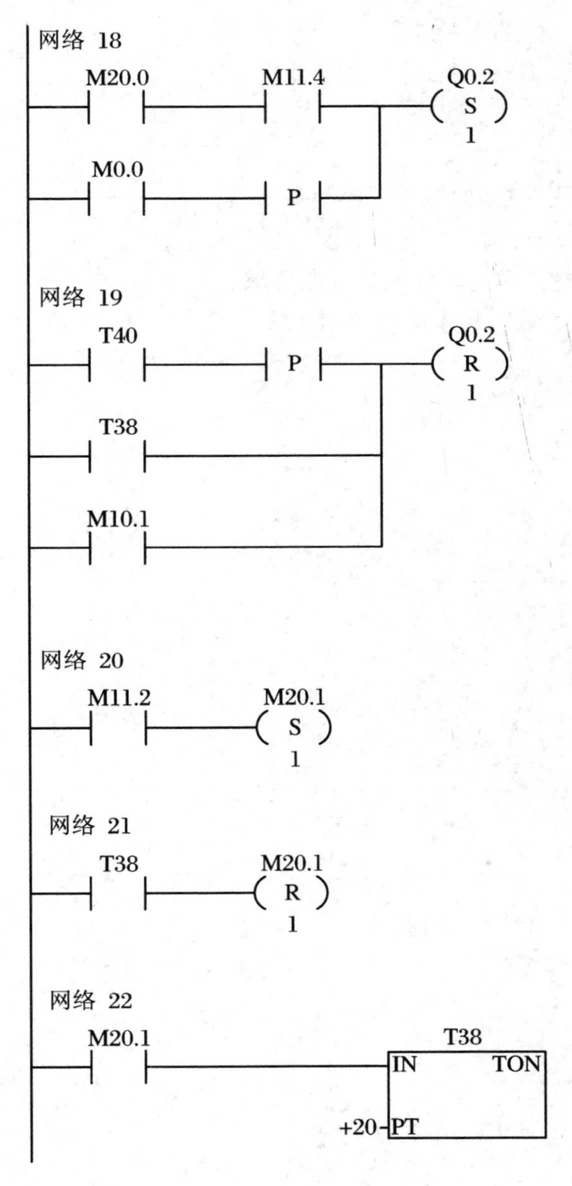

续图 2.12.2

五、实验报告要求

1. 说明本次实验的控制要求,绘制实验所用的输入/输出分配表和梯形图程序。

2. 记录程序运行产生的实验现象。
3. 对比控制要求和实验现象,分析总结此次实验。

六、思考题

1. 分析程序,解释程序是如何实现控制要求的。
2. 试用 SCR 指令编写程序实现控制要求。
3. 试用置位复位指令编写程序实现控制要求。
4. 试用 SHRB 指令编写程序实现控制要求。

实验十三　机械手动作的模拟

在机械手单元完成本实验。

一、实验目的

学会用数据移位指令来实现机械手动作的模拟。

二、实验原理

图 2.13.1 为一个将工件由 A 处传送到 B 处的机械手动作过程，上升/下降和左移/右移的执行用双线圈电磁阀推动气缸完成。当某个电磁阀线圈通电，就一直保持现有的机械动作，当线圈断电，结束现有的下降动作状态。另外，夹紧/放松由单线圈电磁阀推动气缸完成，线圈通电执行夹紧动作，反之执行放松动作。设备装有上、下限位开关和左、右限位开关。它的工作过程如图 2.13.1 所示，有八个动作。

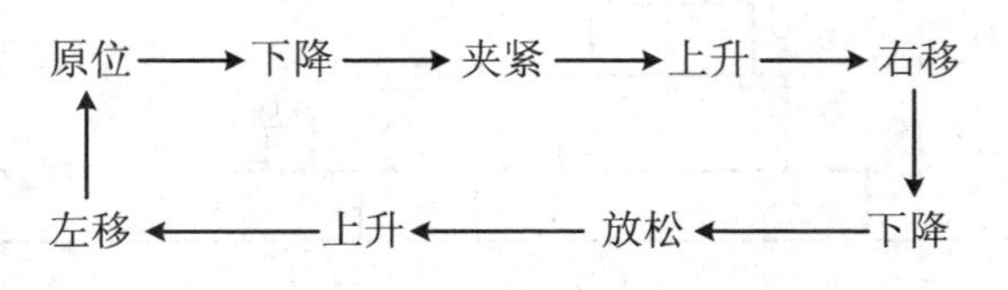

图 2.13.1　机械手动作过程

机械手初始状态在原点位置，即上限位和左限位，且机械手处于放松状态。接通启动开关后，按上述过程动作，每到限位开关时，改变方向。回到原点位置后，自动开始下一循环。断开启动开关后，停止动作。

三、实验设备

THSMS-A 型可编程控制器、电脑(安装 STEP7-Micro/Win 软件)。

四、实验内容

1. 实验面板如图 2.13.2 所示。
2. 输入/输出分配见表 2.13.1。

表 2.13.2

输入	SB1	SB2	SQ1	SQ2	SQ3	SQ4
	I0.0	I0.5	I0.1	I0.2	I0.3	I0.4
输出	YV1	YV2	YV3	YV4	YV5	HL
	Q0.0	Q0.1	Q0.2	Q0.3	Q0.4	Q0.5

3. 打开主机电源，将程序下载到主机中。

4. 启动并运行程序观察实验现象。

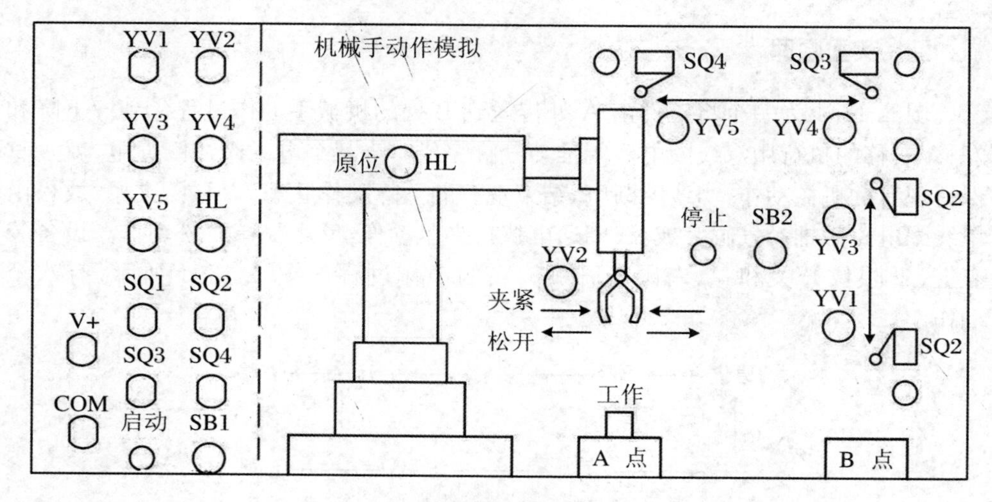

图 2.13.2　机械手动作模拟实验面板图

5. 梯形图参考程序如图 2.13.3 所示。

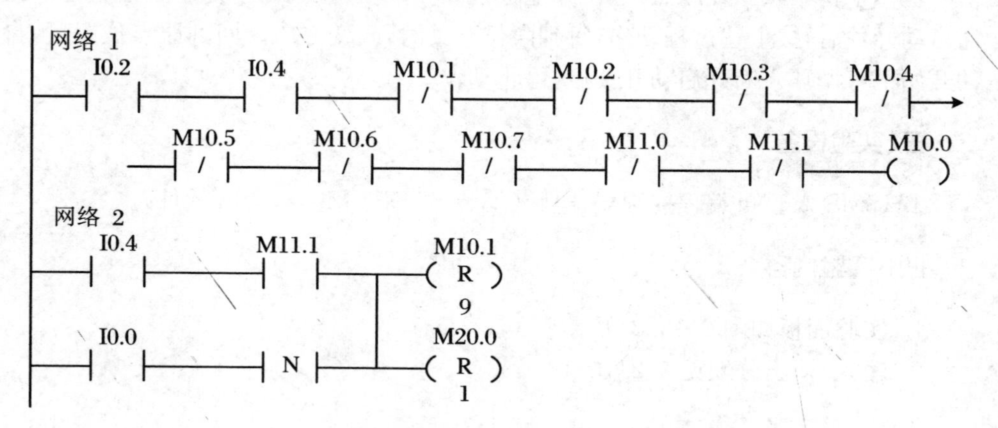

图 2.13.3　机械手动作模拟梯形图参考程序

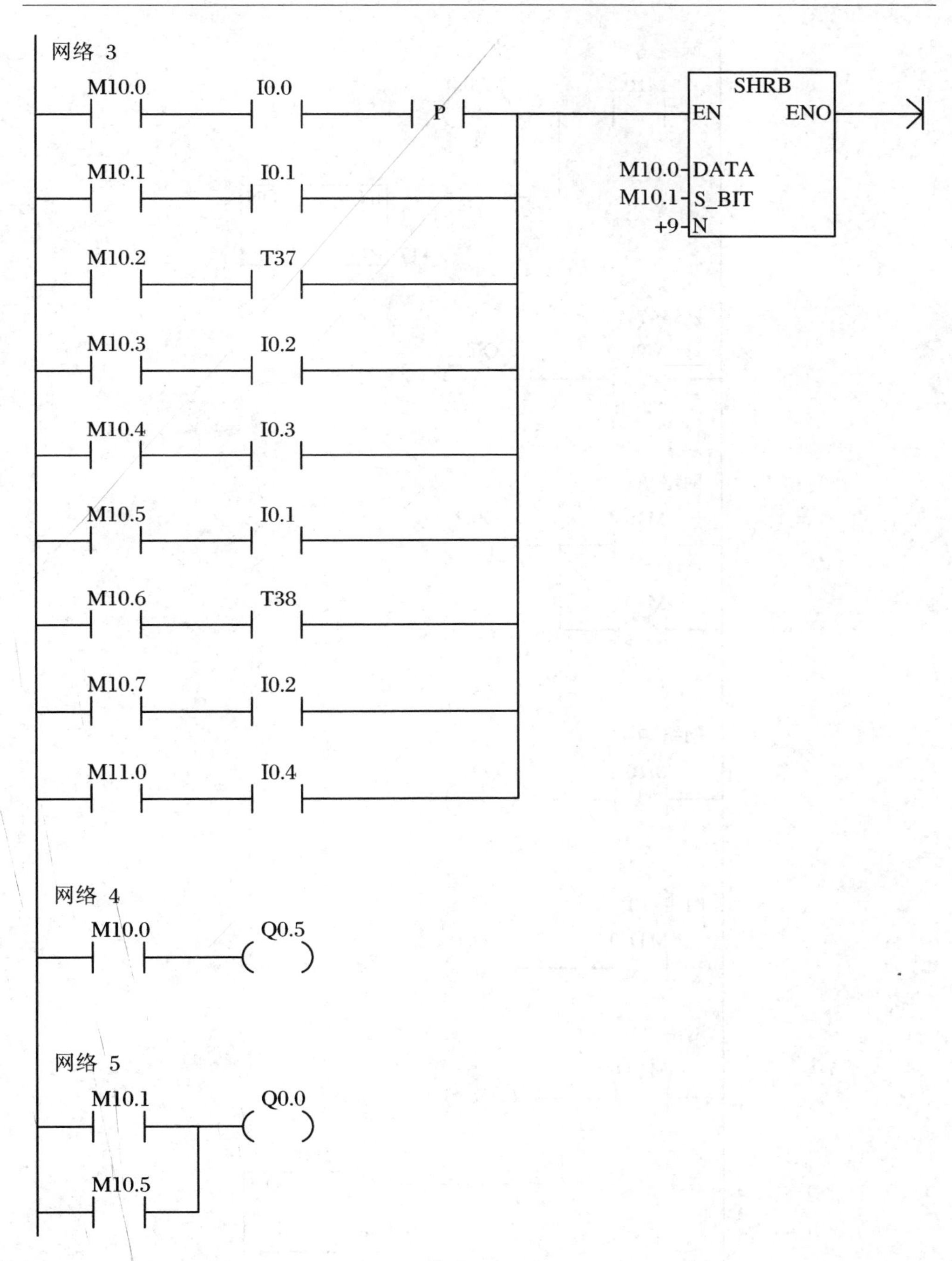

网络 3
M10.0
I0.0
P
SHRB
EN
ENO
M10.0
DATA
M10.1
S_BIT
+9
N
M10.1
I0.1
M10.2
T37
M10.3
I0.2
M10.4
I0.3
M10.5
I0.1
M10.6
T38
M10.7
I0.2
M11.0
I0.4
网络 4
M10.0
Q0.5
网络 5
M10.1
Q0.0
M10.5

续图 2.13.3

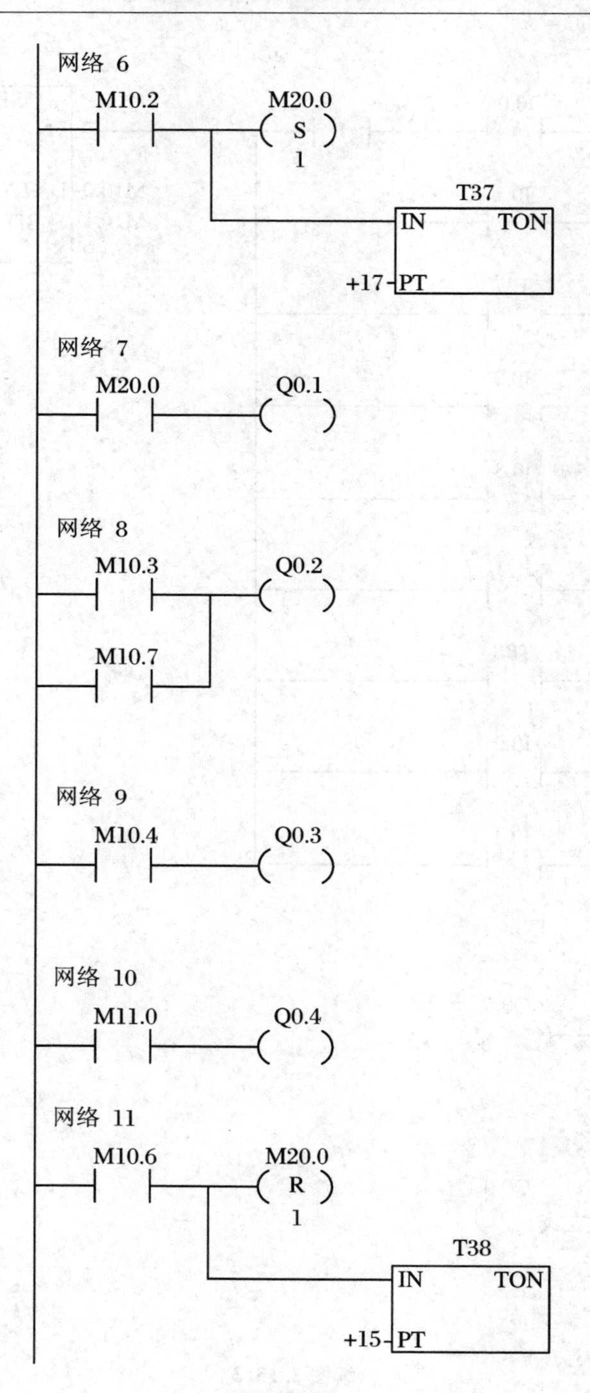
网络 6
M10.2
M20.0
S
1
T37
IN
TON
+17
PT
网络 7
M20.0
Q0.1
网络 8
M10.3
Q0.2
M10.7
网络 9
M10.4
Q0.3
网络 10
M11.0
Q0.4
网络 11
M10.6
M20.0
R
1
T38
IN
TON
+15
PT

续图 2.13.3

五、实验报告要求

1. 说明本次实验的控制要求，绘制实验所用的输入/输出分配表和梯形图程序。

2. 记录程序运行产生的实验现象。

3. 对比控制要求和实验现象，分析总结此次实验。

六、思考题

1. 分析程序，解释程序是如何实现控制要求的。

2. 试用 SCR 指令编写程序实现控制要求。

3. 试用置位复位指令编写程序实现控制要求。

实验十四　四节传送带的模拟

在四节传送带单元完成本实验。

一、实验目的

通过使用各基本指令，进一步熟练掌握 PLC 的编程和程序调试。

二、实验说明

有一个用四条皮带运输机的传送系统，分别用四台电动机带动，控制要求如下：启动时先启动最末一条皮带机，经过 1 秒延时，再依次启动其他皮带机。停止时应先停止最前一条皮带机，待料运送完毕后再依次停止其他皮带机。当某条皮带机发生故障时，该皮带机及其前面的皮带机立即停止，而该皮带机以后的皮带机待运完后才停止。例如 M2 故障，M1、M2 立即停，经过 1 秒延时后，M3 停，再过 1 秒，M4 停。当某条皮带机上有重物时，该皮带机前面的皮带机停止，该皮带机运行 1 秒后停，而该皮带机以后的皮带机待料运完后才停止。例如，M3 上有重物，M1、M2 立即停，再过 1 秒，M4 停。

三、实验设备

THSMS-A 型可编程控制器、电脑（安装 STEP7-Micro/Win 软件）。

四、实验内容

1. 实验面板如图 2.14.1 所示。
2. 输入/输出分配见表 2.14.1。

表 2.14.1

输入	SB1	SB2	A	B	C	D
	I0.0	I0.5	I0.1	I0.2	I0.3	I0.4
输出	M1	M2	M3	M4		
	Q0.1	Q0.2	Q0.3	Q0.4		

3. 打开主机电源开关，将程序下载到主机中。
4. 启动并运行程序，观察实验现象。
5. 梯形图参考程序如图 2.14.2 所示。

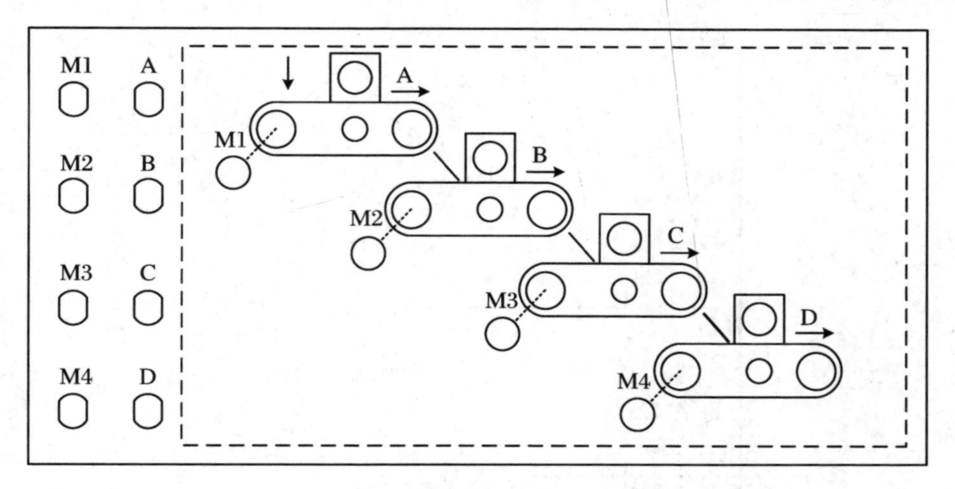

图 2.14.1　四节传送带模拟实验面板

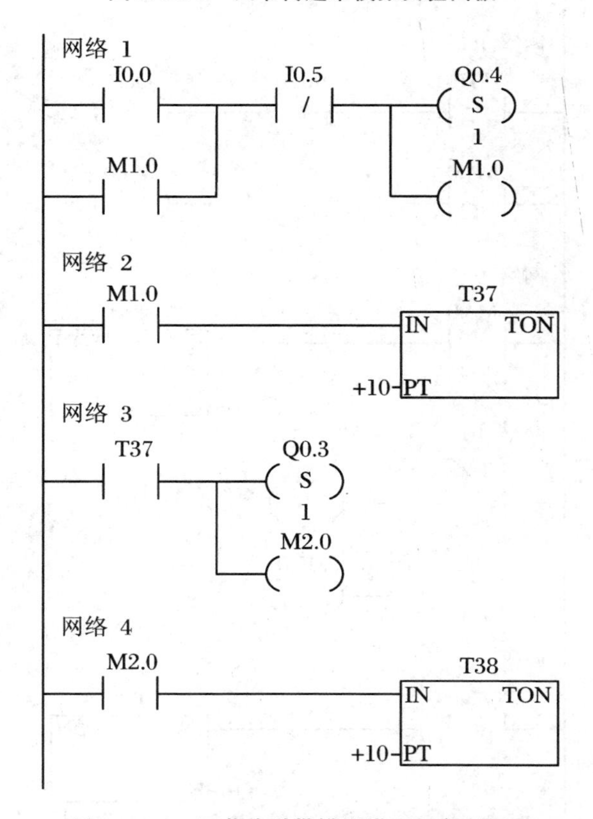

图 2.14.2　四节传送带模拟梯形图参考程序

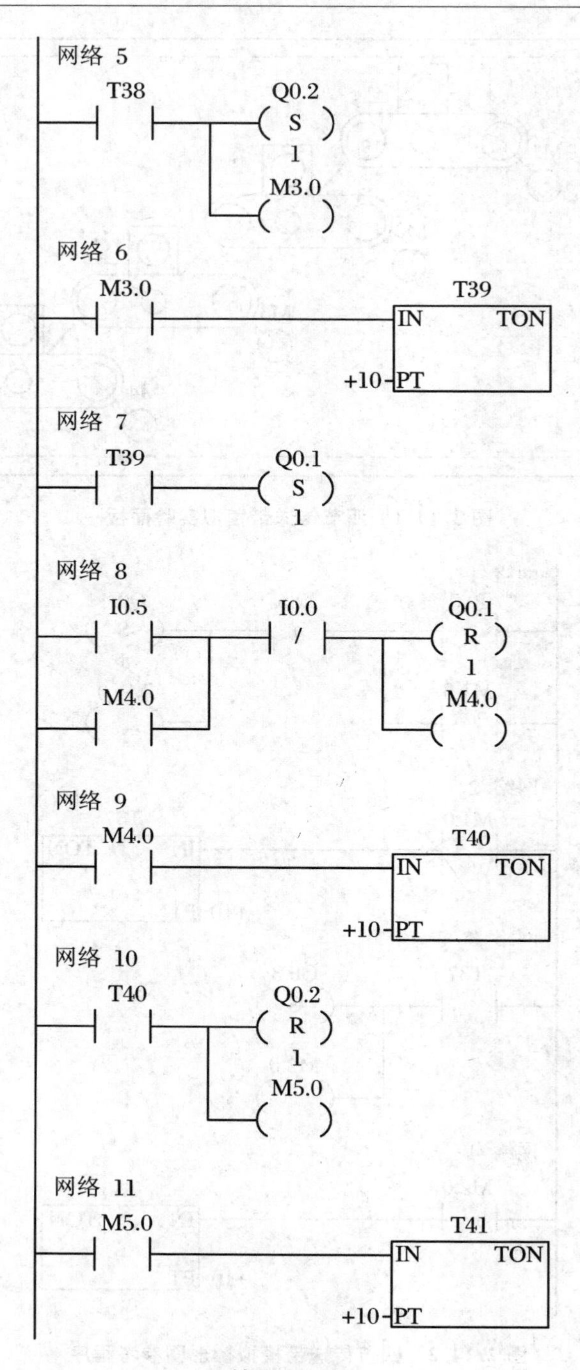

网络 5
T38
Q0.2
S
1
M3.0
网络 6
M3.0
T39
IN
TON
+10-PT
网络 7
T39
Q0.1
S
1
网络 8
I0.5
I0.0
/
Q0.1
R
1
M4.0
M4.0
网络 9
M4.0
T40
IN
TON
+10-PT
网络 10
T40
Q0.2
R
1
M5.0
网络 11
M5.0
T41
IN
TON
+10-PT

续图 2.14.2

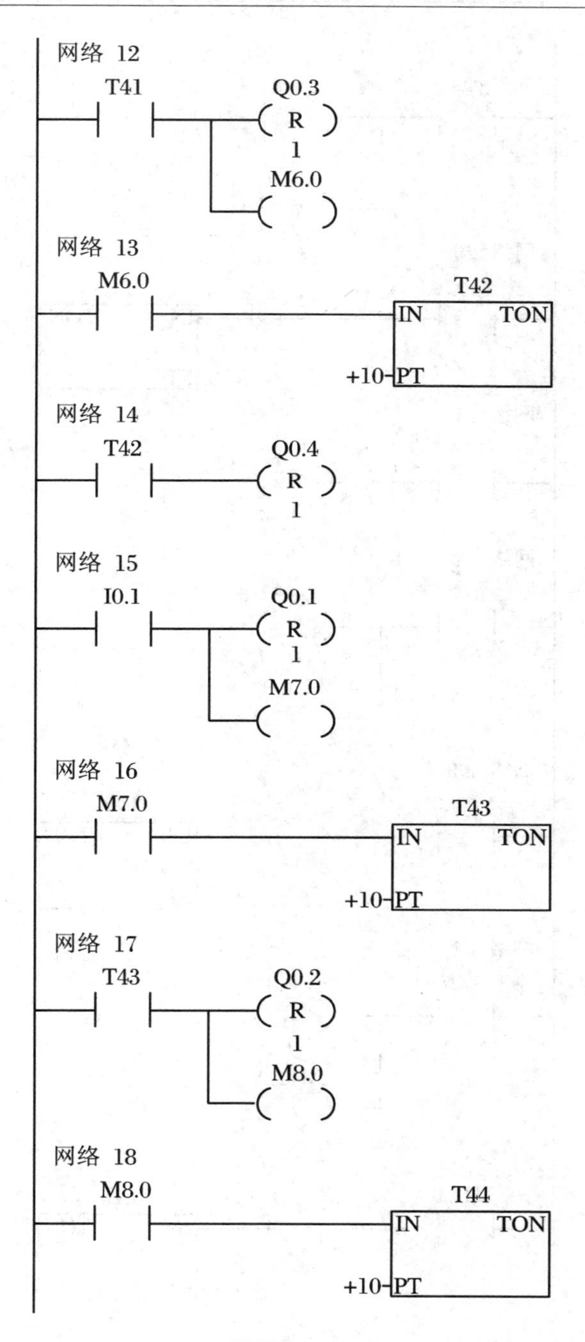
网络 12
T41
Q0.3
R
1
M6.0
网络 13
M6.0
T42
IN
TON
+10
PT
网络 14
T42
Q0.4
R
1
网络 15
I0.1
Q0.1
R
1
M7.0
网络 16
M7.0
T43
IN
TON
+10
PT
网络 17
T43
Q0.2
R
1
M8.0
网络 18
M8.0
T44
IN
TON
+10
PT

续图 2.14.2

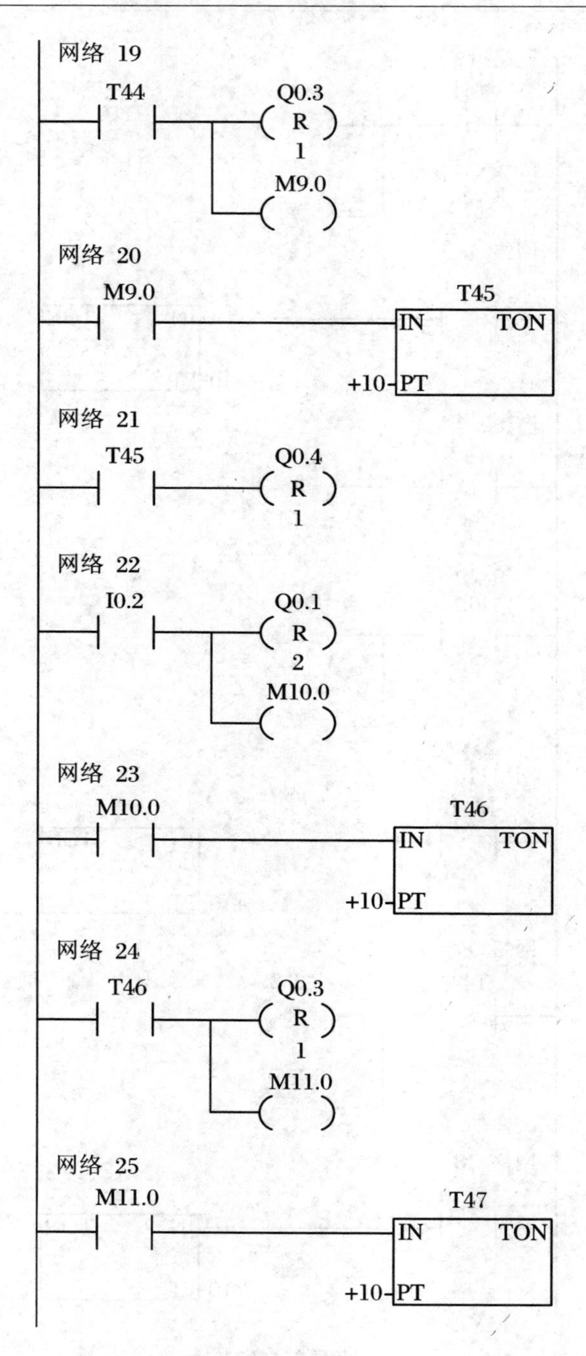
网络 19
T44
Q0.3
R
1
M9.0
网络 20
M9.0
T45
IN TON
+10-PT
网络 21
T45
Q0.4
R
1
网络 22
I0.2
Q0.1
R
2
M10.0
网络 23
M10.0
T46
IN TON
+10-PT
网络 24
T46
Q0.3
R
1
M11.0
网络 25
M11.0
T47
IN TON
+10-PT

续图 2.14.2

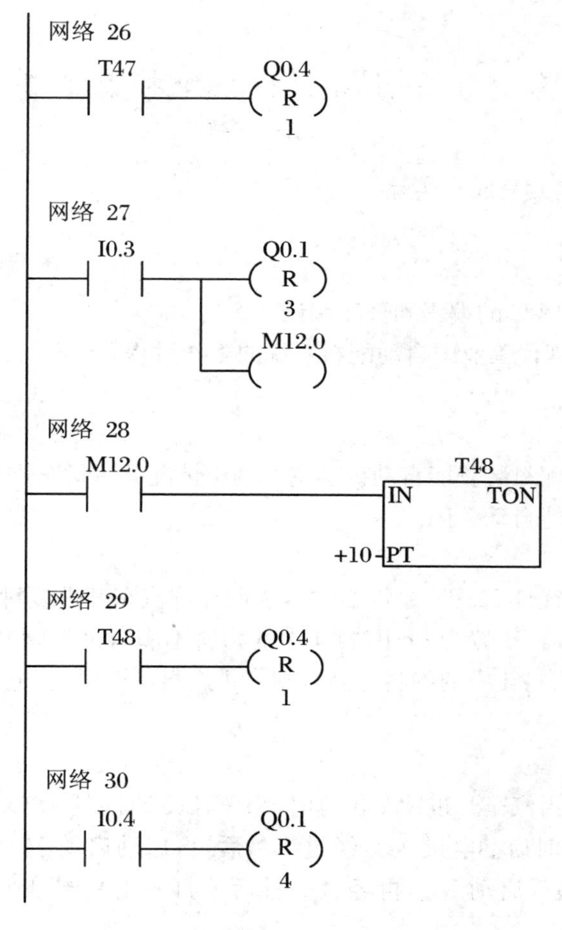

续图 2.14.2

五、实验报告要求

1. 说明本次实验的控制要求，绘制实验所用的输入/输出分配表和梯形图程序。

2. 记录程序运行产生的实验现象。

3. 对比控制要求和实验现象，分析总结此次实验。

六、思考题

分析程序，解释程序是如何实现控制要求的。

实验十五　自动配料系统控制的模拟

在自动配料单元完成本实验。

一、实验目的

1. 熟练掌握 PLC 的编程和程序调试。
2. 了解掌握现代工业中自动配料系统的工作过程和编程方法。

二、实验说明

系统启动后，配料装置能自动识别货车到位情况并对货车进行自动配料，当车装满时，配料系统能自动关闭。

1. 初始状态

系统启动后，红灯 L2 灭，绿灯 L1 亮，表明允许汽车开进装料。料斗出料口 D2 关闭，若料位传感器 S1 置为 OFF(料斗中的物料不满)，进料阀开启进料(D4 亮)。当 S1 置为 ON 时(料斗中的物料已满)，则停止进料(D4 灭)。电动机 M1、M2、M3 和 M4 均为 OFF。

2. 装车控制

装车过程中，当汽车开进装车位置时，限位开关 SQ1 置为 ON，红灯信号灯 L2 亮，绿灯 L1 灭；同时启动电机 M4，经过 1 秒后，再启动启动 M3，再经 2 秒后启动 M2，再经过 1 秒最后启动 M1，再经过 1 秒后才打开出料阀(D2 亮)，物料经料斗出料。

当车装满时，限位开关 SQ2 为 ON，料斗关闭，1 秒后 M1 停止，M2 在 M1 停止 1 秒后停止，M3 在 M2 停止 1 秒后停止，M4 在 M3 停止 1 秒后最后停止。同时红灯 L2 灭，绿灯 L1 亮，表明汽车可以开走。

3. 停机控制

按下停止按钮 SB2，自动配料装车的整个系统终止运行。

三、实验设备

THSMS-A 型可编程控制器、电脑(安装 STEP7-Micro/Win 软件)。

四、实验内容

1. 实验面板如图 2.15.1 所示。

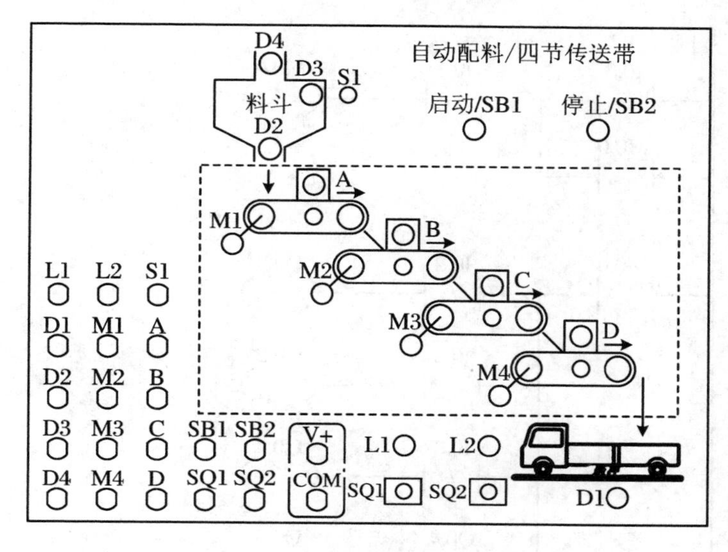

图 2.15.1　自动配料控制模拟实验面板

2. 输入/输出分配见表 2.15.1。

表 2.15.1

按钮	SB1	SB2	S1	SQ1	SQ2
功能	启动	停止	料斗满	车未到位	车装满
输入	I0.0	I0.1	I0.2	I0.3	I0.4

指示灯	D1	D2	D3	D4
功能	车装满	料斗下口下料	料斗满	料斗上口下料
输出	Q0.0	Q0.1	Q0.2	Q0.3

指示灯	L1	L2	M1	M2	M3	M4
功能	车未到位	车到位	电机 M1	电机 M2	电机 M3	电机 M4
输出	Q0.4	Q0.5	Q0.6	Q0.7	Q1.0	Q1.1

3. 打开主机电源开关，将程序下载到主机中。
4. 启动并运行程序，观察实验现象。
5. 梯形图参考程序如图 2.15.2 所示。

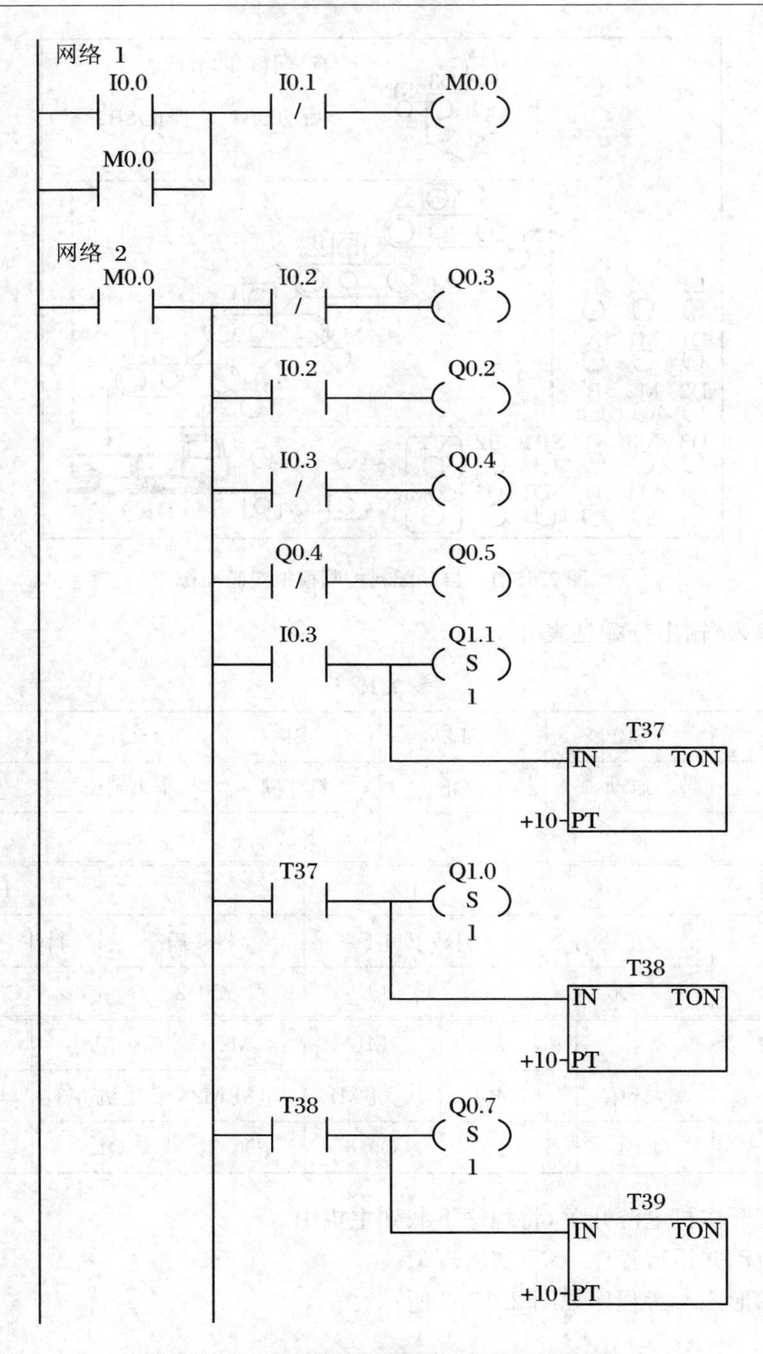

图 2.15.2　自动配料控制模拟梯形图参考程序

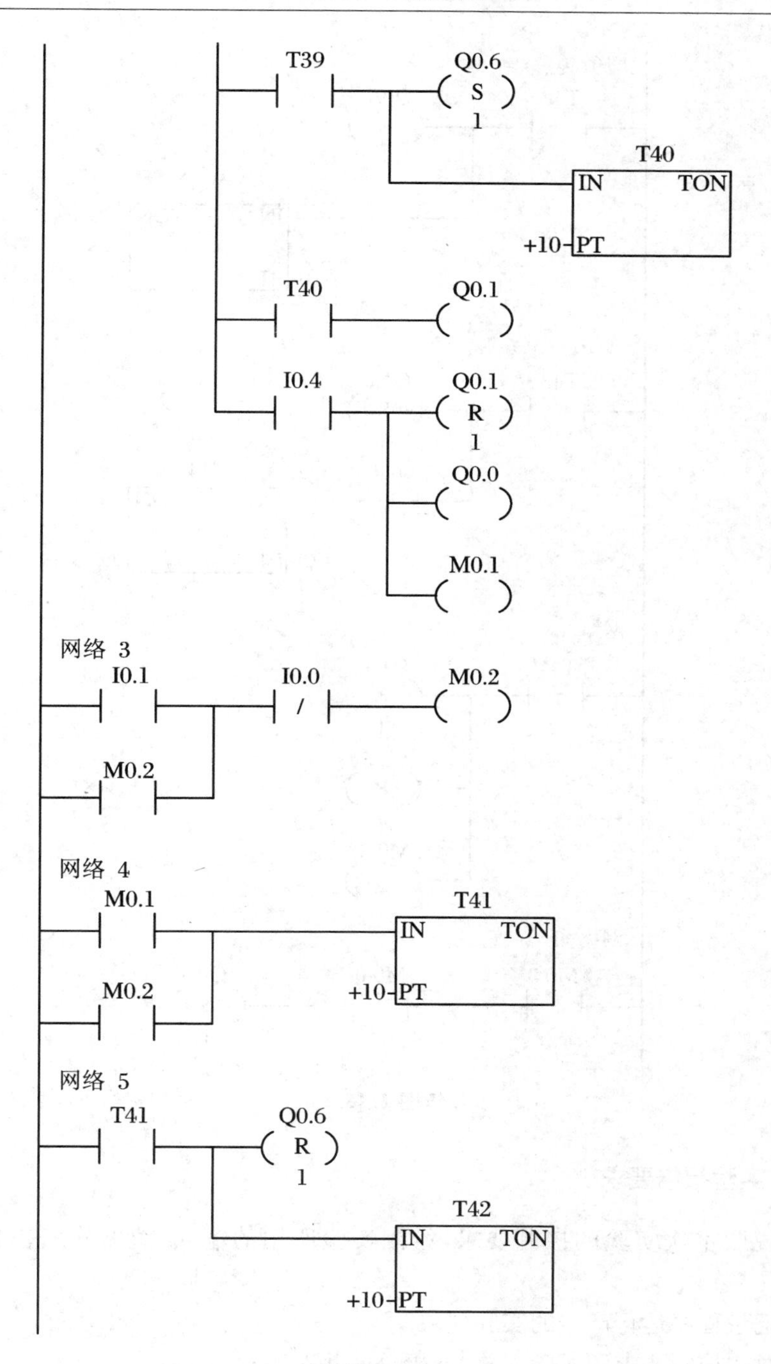
T39
Q0.6
S
1
T40
IN
TON
+10
PT
T40
Q0.1
I0.4
Q0.1
R
1
Q0.0
M0.1
网络 3
I0.1
I0.0
/
M0.2
M0.2
网络 4
M0.1
T41
IN
TON
M0.2
+10
PT
网络 5
T41
Q0.6
R
1
T42
IN
TON
+10
PT

续图 2.15.2

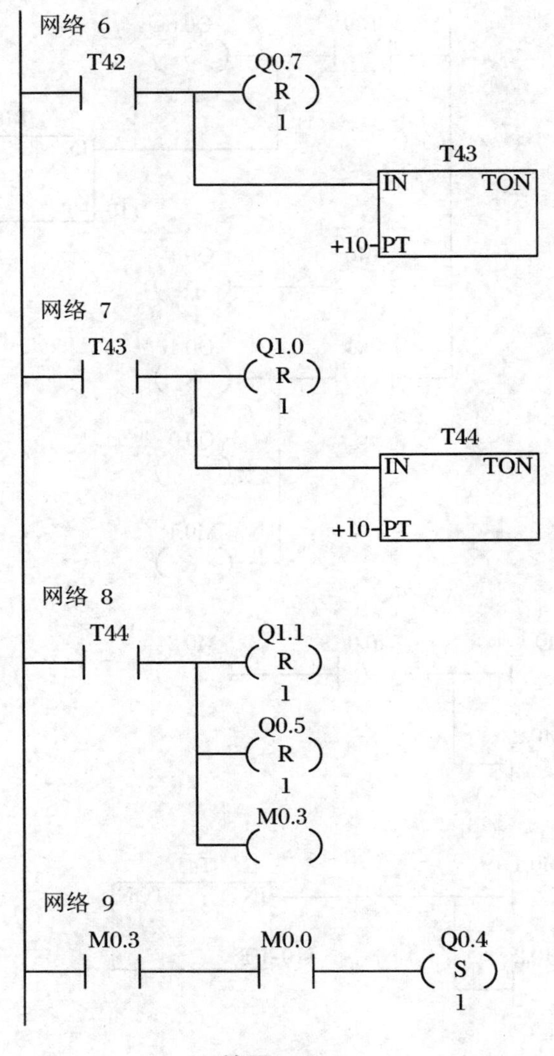

续图 2.15.2

五、实验报告要求

1. 说明本次实验的控制要求,绘制实验所用的输入/输出分配表和梯形图程序。

2. 记录程序运行产生的实验现象。

3. 对比控制要求和实验现象,分析总结此次实验。

六、思考题

1. 分析程序，解释程序是如何实现控制要求的。
2. 试用 SCR 指令编写程序实现控制要求。
3. 试用置位复位指令编写程序实现控制要求。
4. 试用 SHRB 指令编写程序实现控制要求。

实验十六　邮件分拣系统模拟

在邮件分拣单元完成本实验。

一、实验目的

用 PLC 构成邮件分拣控制系统，熟练掌握 PLC 编程和程序调试方法。

二、实验说明

启动后绿灯 L1 亮表示可以进邮件，S1 为 ON 表示模拟检测到了邮件，拨码器模拟邮件的邮码，从拨码器读到的邮码的正常值为 1、2、3、4、5，若是此 5 个数字中的任一个，则红灯 L2 亮，电机 M5 运行，L1 灭。将邮件分拣至邮箱内，完后 L2 灭，L1 亮，表示可以继续分拣邮件。若读到的邮码不是该 5 个数字，则红灯 L2 闪烁，表示出错，电机 M5 不能运行，L1 灭。需复位后重新启动，才能重新分拣。（注：启动开关按自复位按钮使用，即启动过程为接通后断开。）

三、实验设备

THSMS-A 型可编程控制器、电脑（安装 STEP7-Micro/Win 软件）。

四、实验内容

1. 实验面板如图 2.16.1 所示。
2. 输入/输出分配见表 2.16.1。

表 2.16.1

输入	SD	S1	A	B	C	D	复位	
	I0.0	I0.1	I0.2	I0.3	I0.4	I0.5	I0.6	
输出	L1	L2	M5	M1	M2	M3	M4	5
	Q0.0	Q0.1	Q0.2	Q0.3	Q0.4	Q0.5	Q0.6	Q0.7

3. 打开主机电源，将程序下载到主机中。
4. 启动并运行程序，观察实验现象。
5. 梯形图参考程序如图 2.16.2 所示。

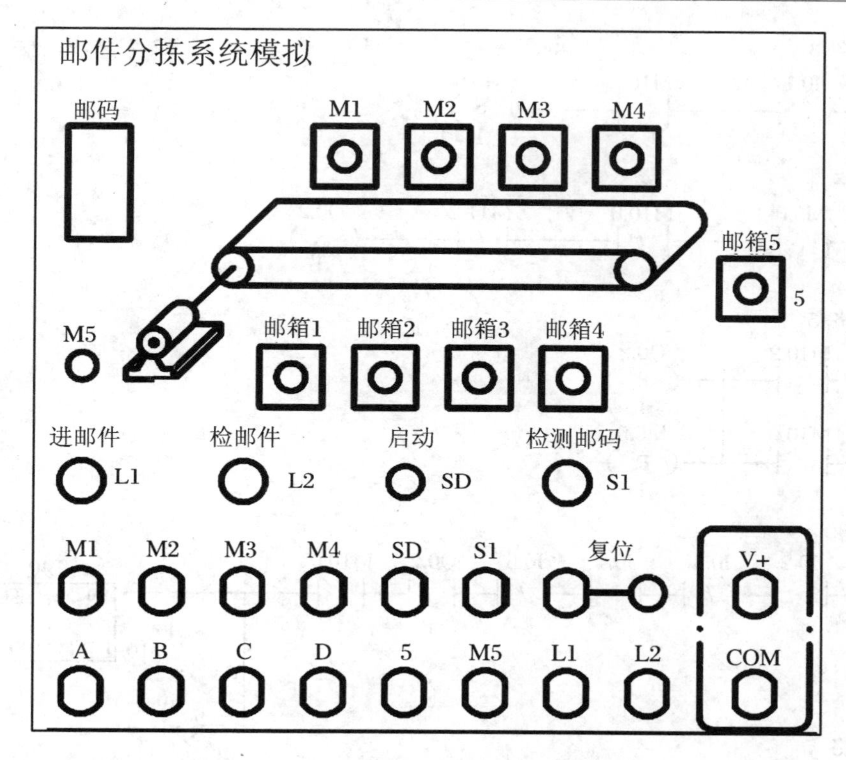

图 2.16.1　邮件分拣系统模拟实验面板

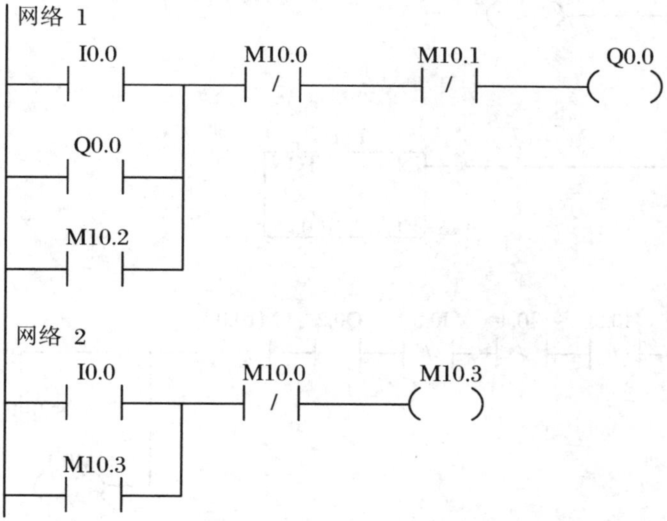

网络 1

I0.0　M10.0　M10.1　Q0.0

Q0.0

M10.2

网络 2

I0.0　M10.0　M10.3

M10.3

图 2.16.2　邮件分拣系统模拟梯形图参考程序

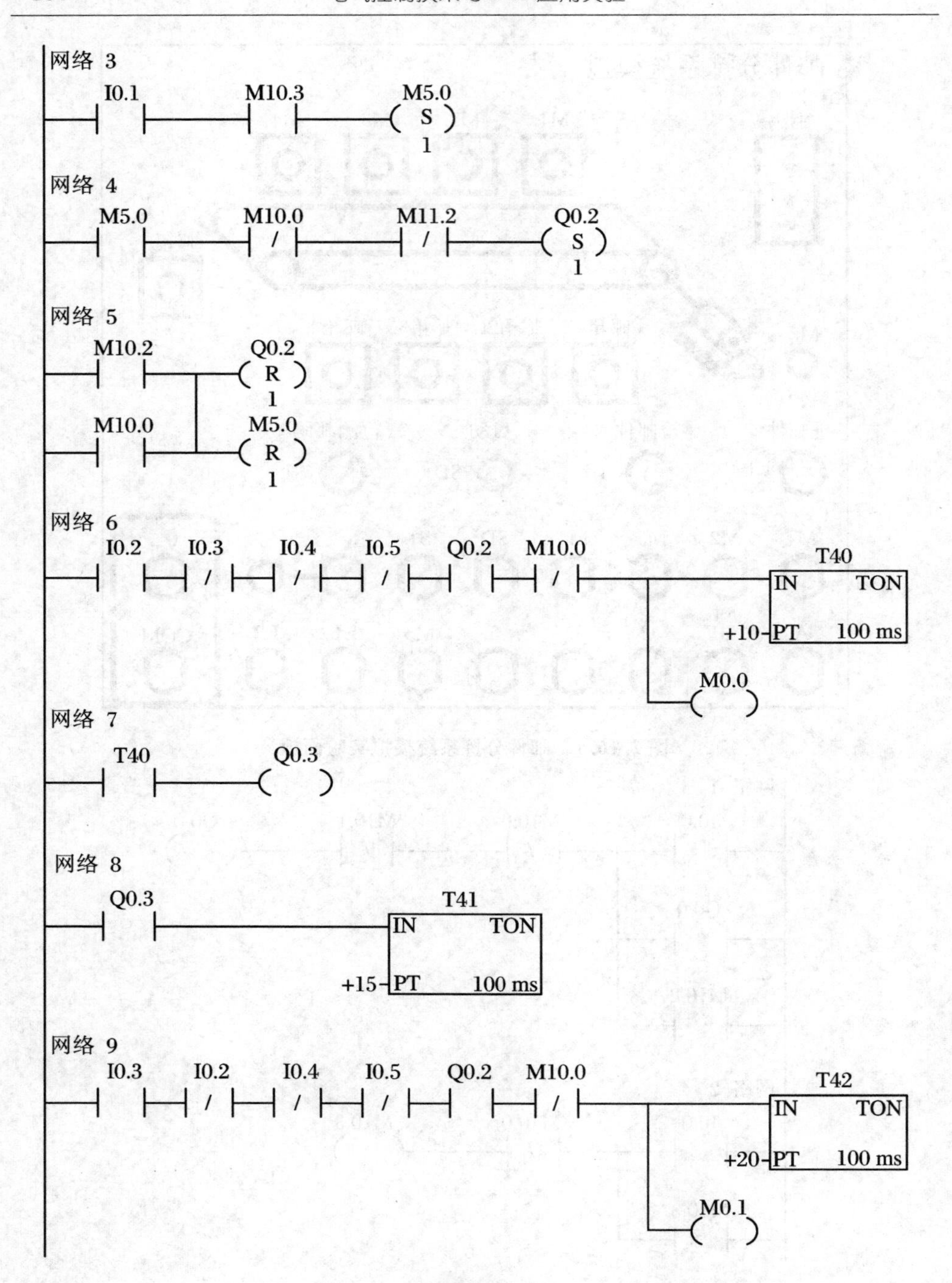
网络 3
I0.1
M10.3
M5.0
S
1
网络 4
M5.0
M10.0
M11.2
Q0.2
S
1
网络 5
M10.2
Q0.2
R
1
M10.0
M5.0
R
1
网络 6
I0.2
I0.3
I0.4
I0.5
Q0.2
M10.0
T40
IN
TON
+10
PT
100 ms
M0.0
网络 7
T40
Q0.3
网络 8
Q0.3
T41
IN
TON
+15
PT
100 ms
网络 9
I0.3
I0.2
I0.4
I0.5
Q0.2
M10.0
T42
IN
TON
+20
PT
100 ms
M0.1

续图 2.16.2

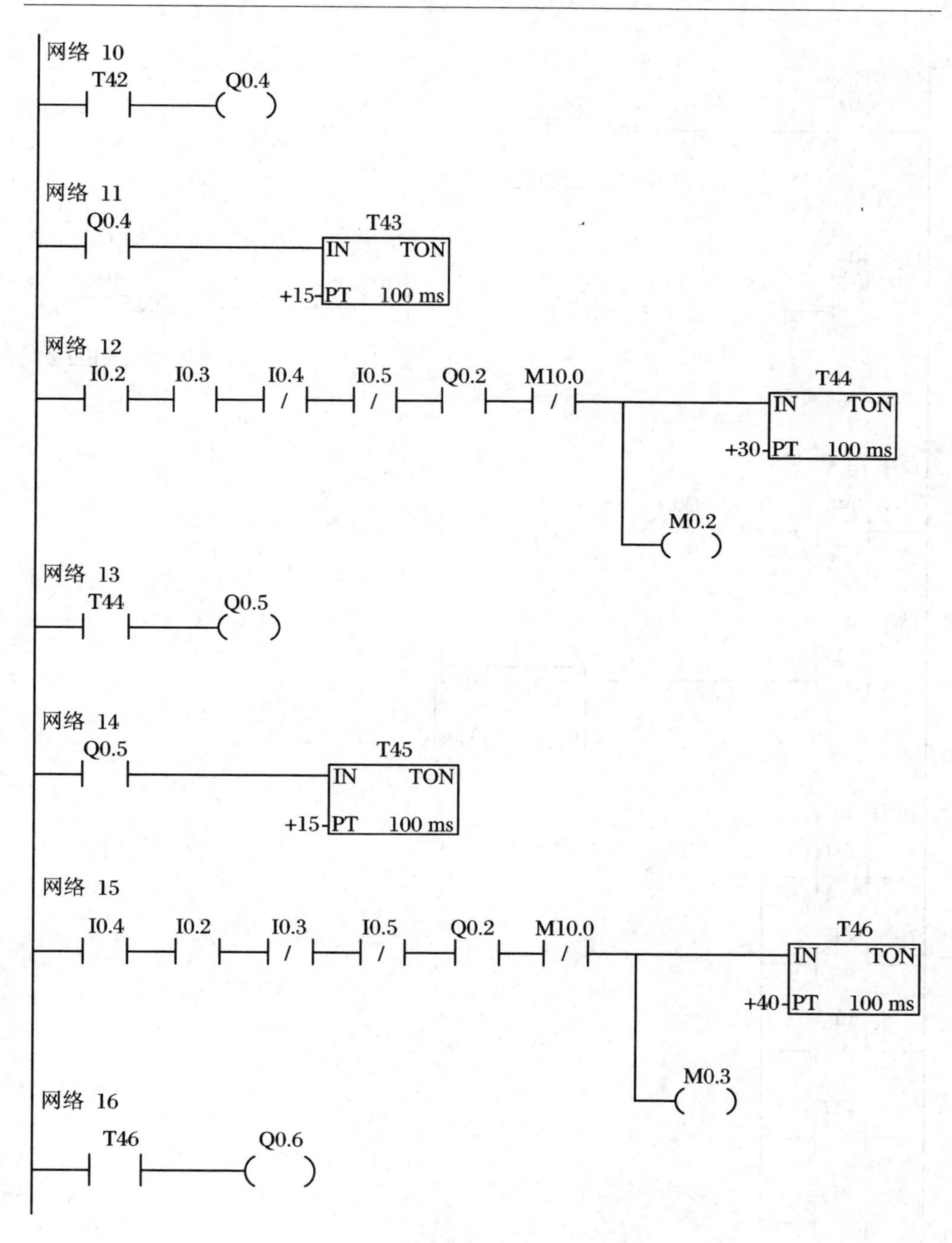
网络 10
T42
Q0.4
网络 11
Q0.4
T43
IN TON
+15 PT 100 ms
网络 12
I0.2
I0.3
I0.4
I0.5
Q0.2
M10.0
T44
IN TON
+30 PT 100 ms
M0.2
网络 13
T44
Q0.5
网络 14
Q0.5
T45
IN TON
+15 PT 100 ms
网络 15
I0.4
I0.2
I0.3
I0.5
Q0.2
M10.0
T46
IN TON
+40 PT 100 ms
M0.3
网络 16
T46
Q0.6

续图 2.16.2

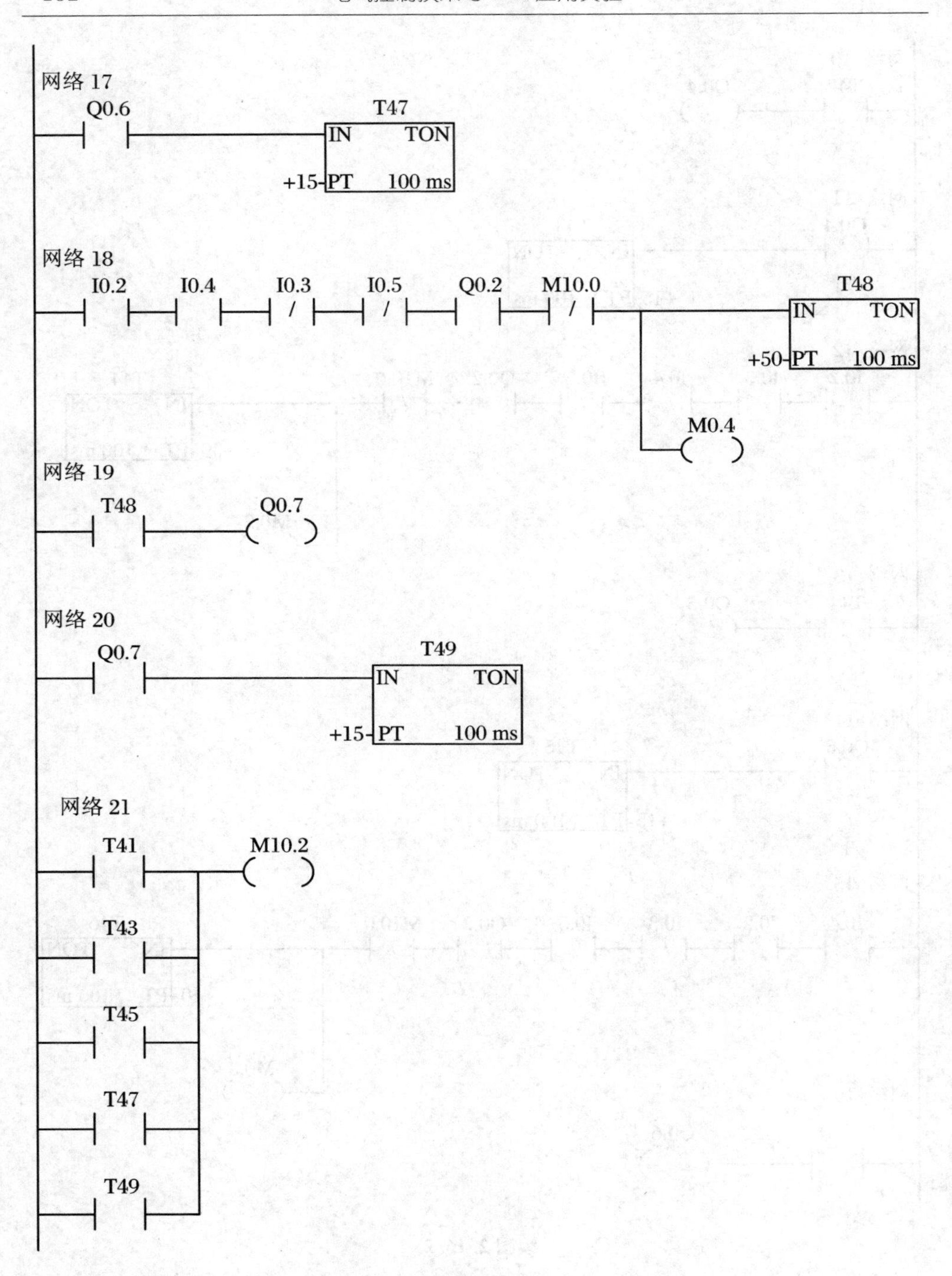
网络 17
Q0.6
T47
IN TON
+15-PT 100 ms
网络 18
I0.2
I0.4
I0.3
I0.5
Q0.2
M10.0
T48
IN TON
+50-PT 100 ms
M0.4
网络 19
T48
Q0.7
网络 20
Q0.7
T49
IN TON
+15-PT 100 ms
网络 21
T41
M10.2
T43
T45
T47
T49

续图 2.16.2

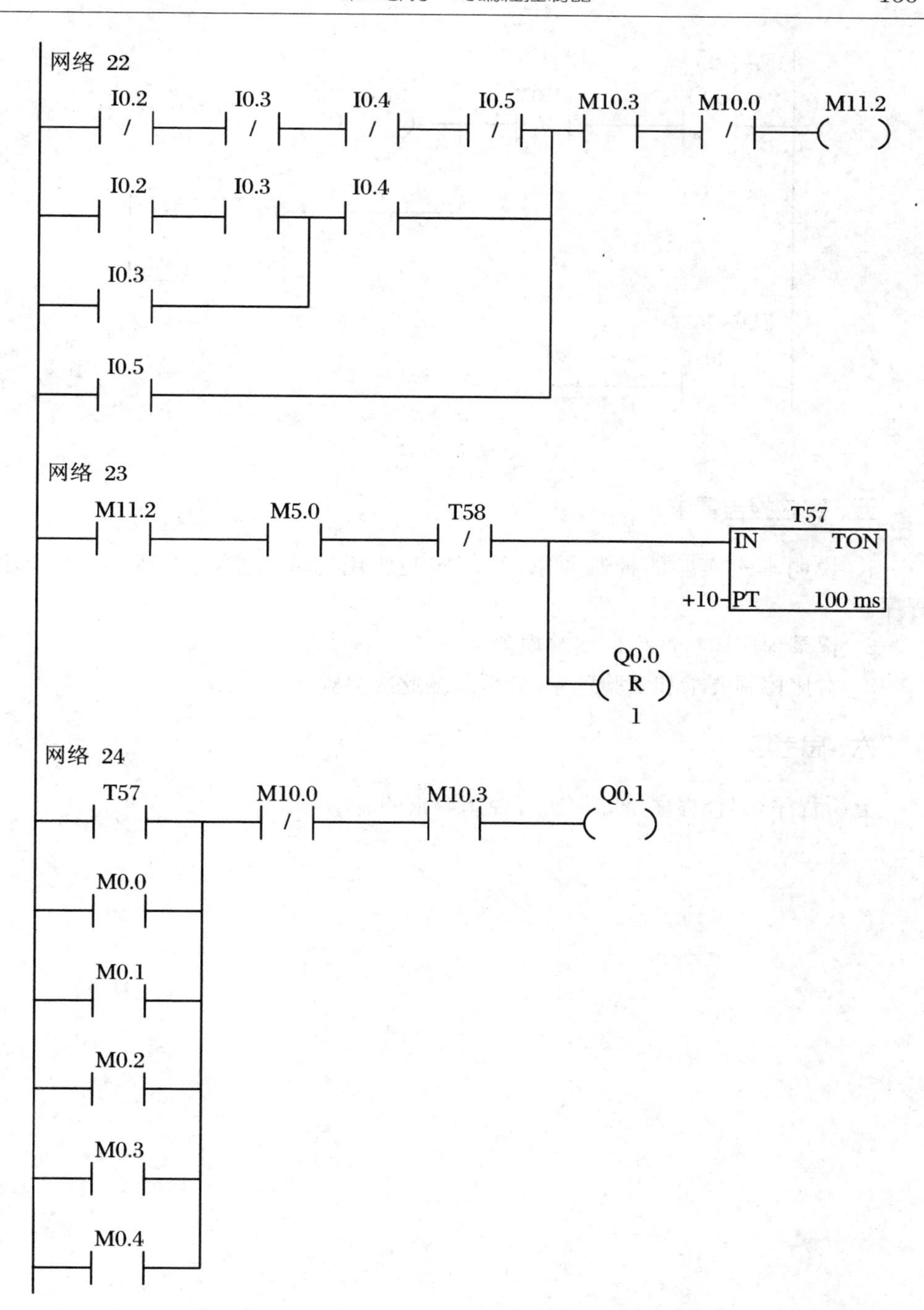
网络 22
I0.2
I0.3
I0.4
I0.5
M10.3
M10.0
M11.2
I0.2
I0.3
I0.4
I0.3
I0.5
网络 23
M11.2
M5.0
T58
T57
IN
TON
+10-PT
100 ms
Q0.0
R
1
网络 24
T57
M10.0
M10.3
Q0.1
M0.0
M0.1
M0.2
M0.3
M0.4

续图 2.16.2

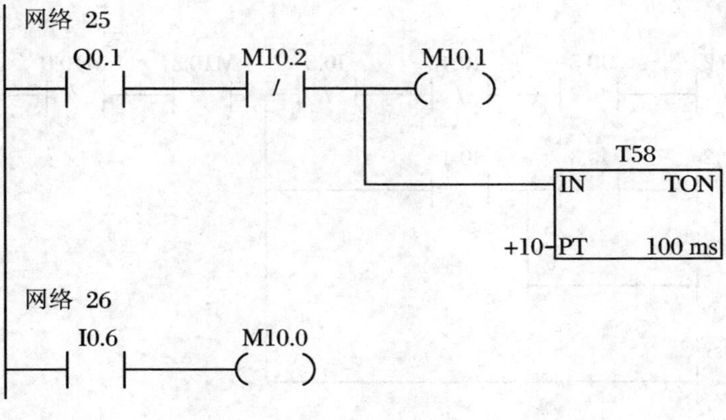

网络 25

Q0.1　M10.2　M10.1

T58

IN　TON

+10-PT　100 ms

网络 26

I0.6　M10.0

续图 2.16.2

五、实验报告要求

1. 说明本次实验的控制要求，绘制实验所用的输入/输出分配表和梯形图程序。

2. 记录程序运行产生的实验现象。

3. 对比控制要求和实验现象，分析总结此次实验。

六、思考题

分析程序，解释程序是如何实现控制要求的。

实验十七 自动售货机的模拟控制

在自动售货机单元完成本实验。

一、实验目的

了解并掌握可逆计数器 CTUD 在控制系统中的应用，灵活运用定时器 TON 实现脉冲的功能。

二、实验说明

M1、M2、M3 三个复位按钮表示投入自动售货机的人民币面值，Y0 为货币指示（例如：按下 M1 则 Y0 显示 1），自动售货机里有汽水（3 元/瓶）和咖啡（5 元/瓶）两种饮料，当 Y0 所显示的值大于或等于这两种饮料的价格时，C 或 D 发光二极管会点亮，表明可以购买饮料；按下汽水按钮或咖啡按钮表明购买饮料，此时 A 或 B 发光二极管会点亮，E 或 F 发光二极管会点亮，表明饮料已从售货机取出；按下 ZL 按钮表示找零，此时 Y0 清零，找零出口 G 发光二极管点亮，延时 1 秒后，找零出口 G 发光二级管灭。

三、实验设备

THSMS-A 型可编程控制器、电脑（安装 STEP7-Micro/Win 软件）。

四、实验内容

1. 实验面板如图 2.17.1 所示。
2. 输入/输出分配见表 2.17.1。

图 2.17.1

输入	M1	M2	M3	QS	CF	ZL		
	I0.0	I0.1	I0.2	I0.3	I0.4	I0.5		
输出	Y0	A	B	C	D	E	F	G
	Q0.0	Q0.1	Q0.2	Q0.3	Q0.4	Q0.5	Q0.6	Q0.7

3. 打开主机电源，将程序下载到主机中。
4. 启动并运行程序，观察现象。
5. 梯形图参考程序如图 2.17.2 所示。

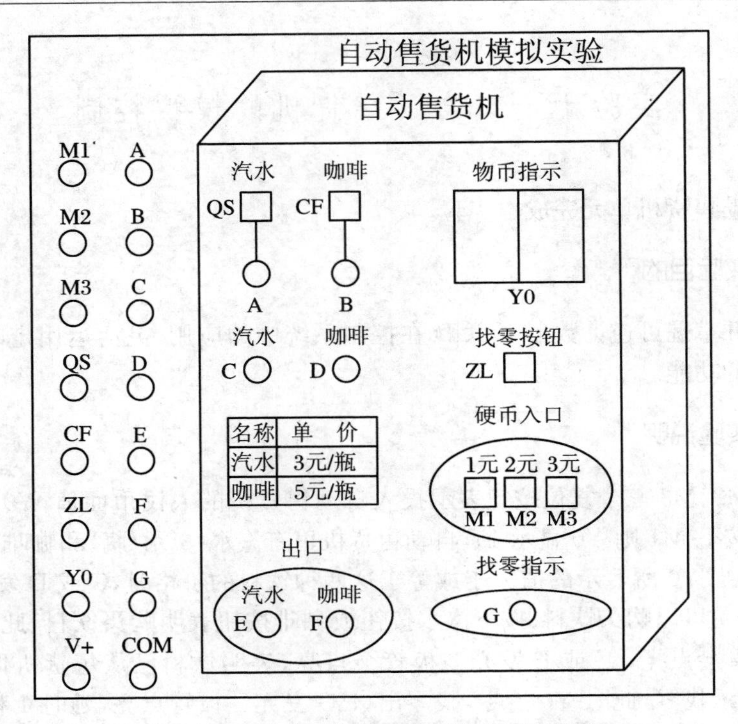

图 2.17.1 自动售货机控制模拟实验面板

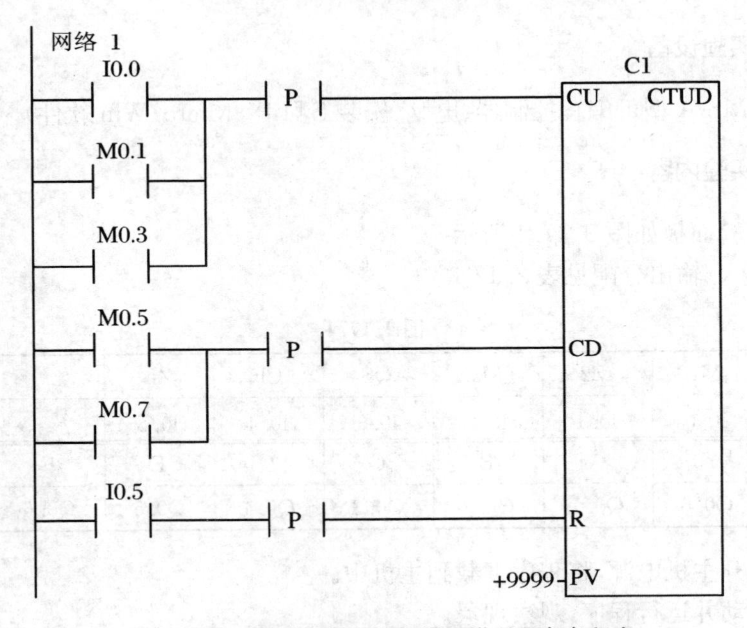

图 2.17.2 自动售货机控制模拟梯形图参考程序

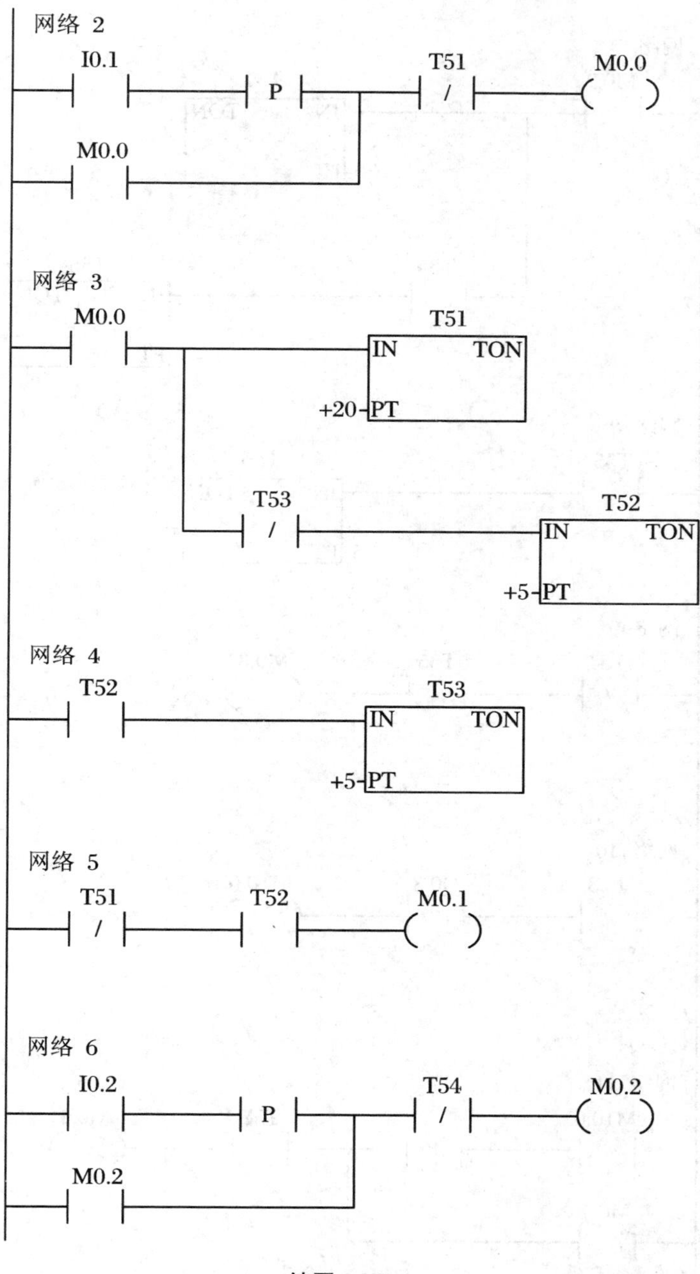
网络 2
I0.1
P
T51
/
M0.0
M0.0
网络 3
M0.0
T51
IN TON
+20 PT
T53
/
T52
IN TON
+5 PT
网络 4
T52
T53
IN TON
+5 PT
网络 5
T51
/
T52
M0.1
网络 6
I0.2
P
T54
/
M0.2
M0.2

续图 2.17.2

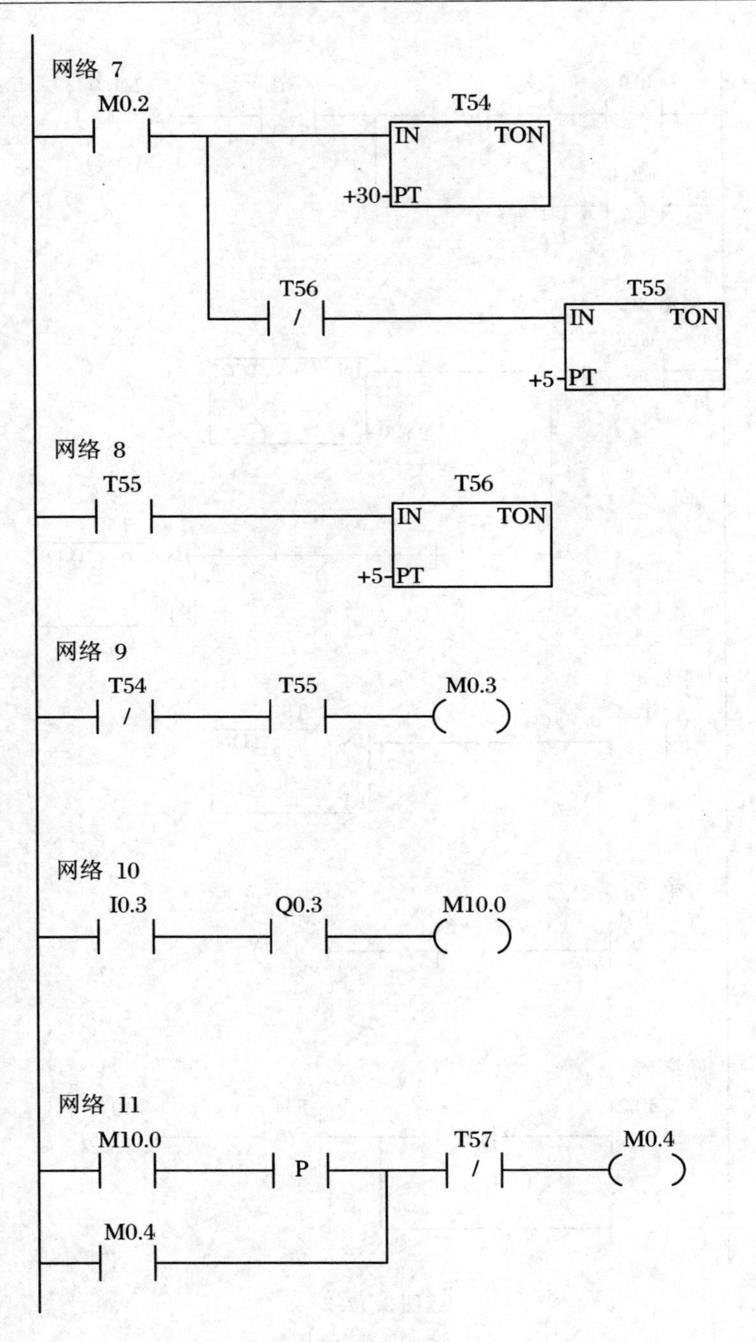
网络 7
M0.2
T54
IN TON
+30 PT
T56
/
T55
IN TON
+5 PT
网络 8
T55
T56
IN TON
+5 PT
网络 9
T54
/
T55
M0.3
网络 10
I0.3
Q0.3
M10.0
网络 11
M10.0
P
T57
/
M0.4
M0.4

续图 2.17.2

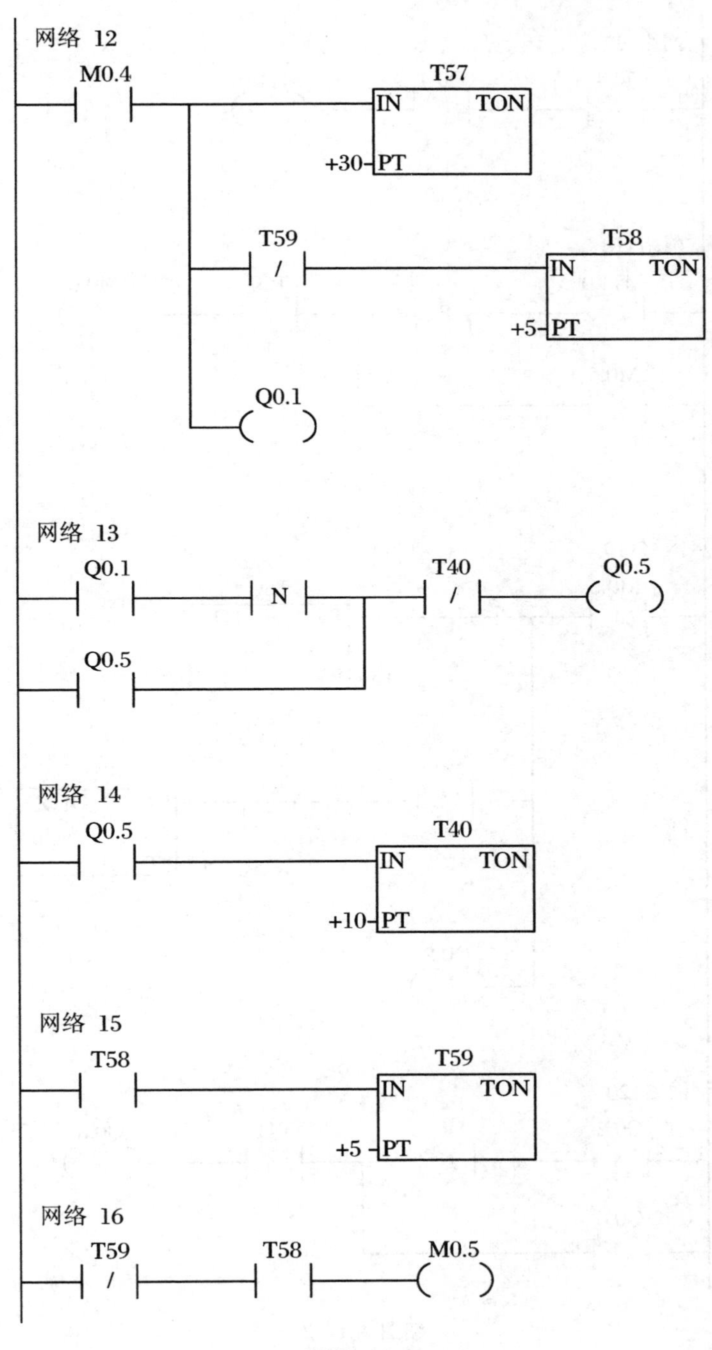

网络 12
M0.4
T57
IN
TON
+30
PT
T59
T58
IN
TON
+5
PT
Q0.1
网络 13
Q0.1
N
T40
Q0.5
Q0.5
网络 14
Q0.5
T40
IN
TON
+10
PT
网络 15
T58
T59
IN
TON
+5
PT
网络 16
T59
T58
M0.5

续图 2.17.2

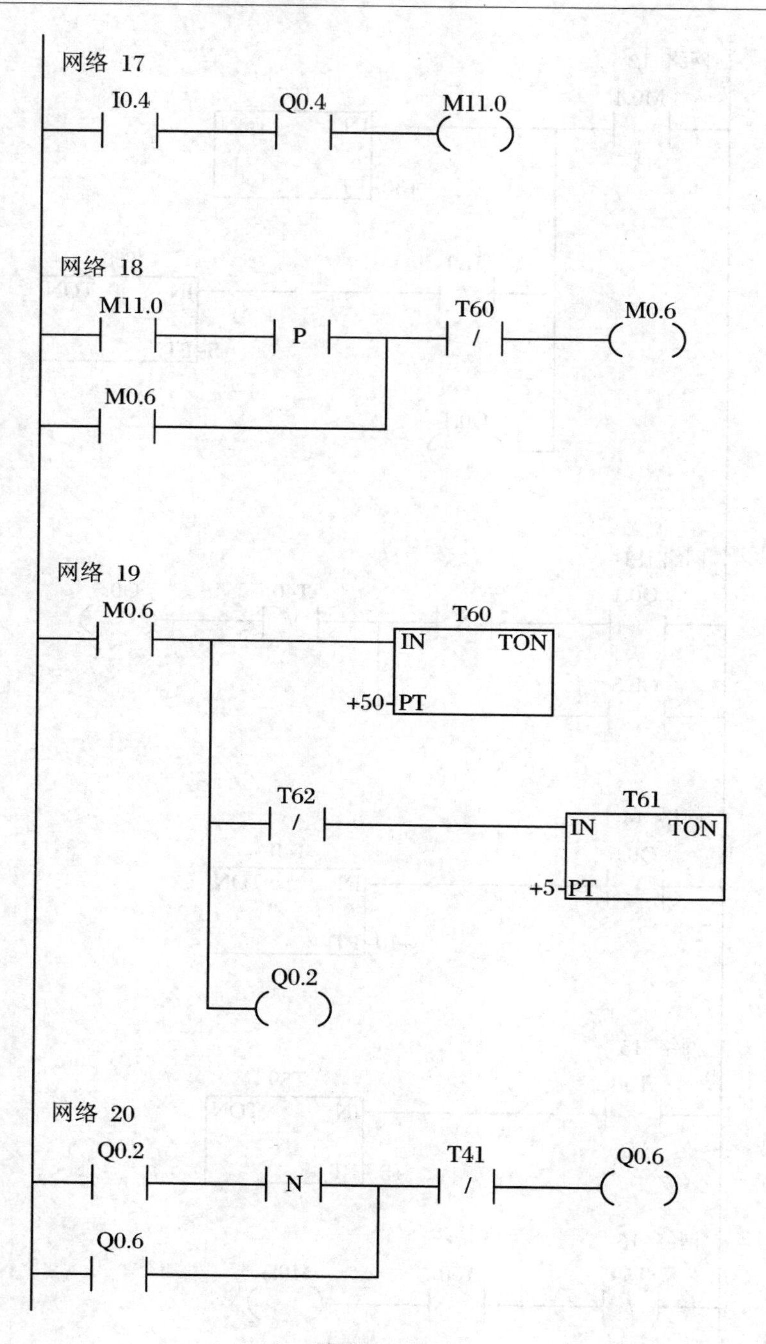
网络 17
I0.4
Q0.4
M11.0
网络 18
M11.0
P
T60
/
M0.6
M0.6
网络 19
M0.6
T60
IN
TON
+50-PT
T62
/
T61
IN
TON
+5-PT
Q0.2
网络 20
Q0.2
N
T41
/
Q0.6
Q0.6

续图 2. 17. 2

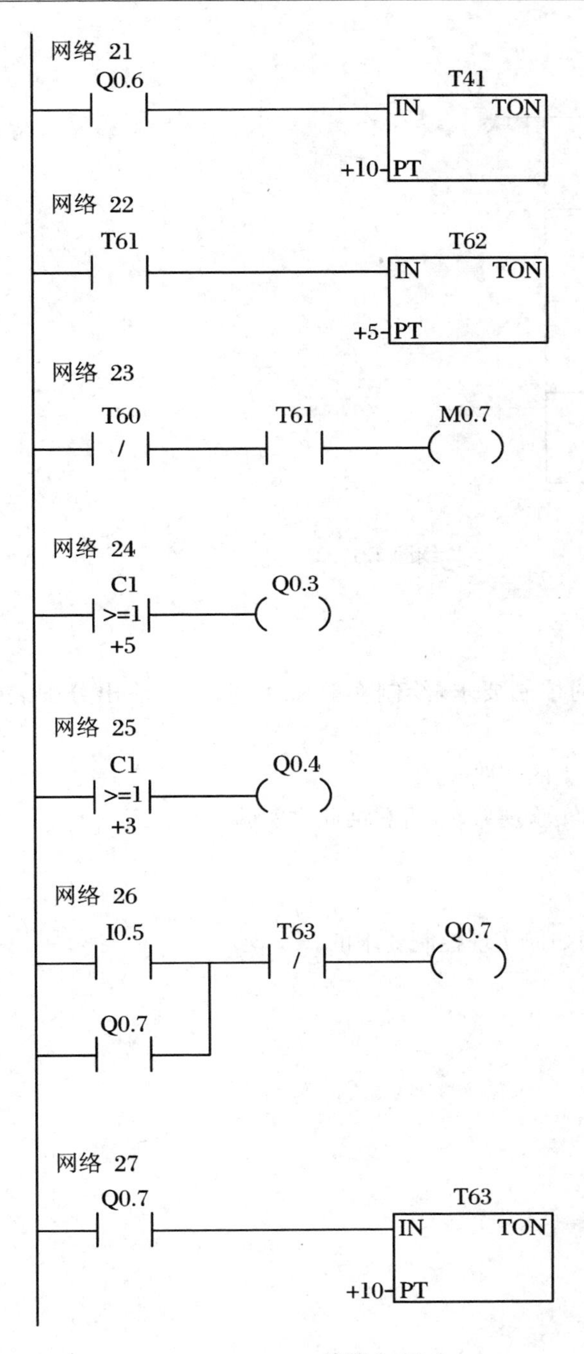
网络 21
Q0.6
T41
IN
TON
+10
PT
网络 22
T61
T62
IN
TON
+5
PT
网络 23
T60
/
T61
M0.7
网络 24
C1
>=1
+5
Q0.3
网络 25
C1
>=1
+3
Q0.4
网络 26
I0.5
T63
/
Q0.7
Q0.7
网络 27
Q0.7
T63
IN
TON
+10
PT

续图 2.17.2

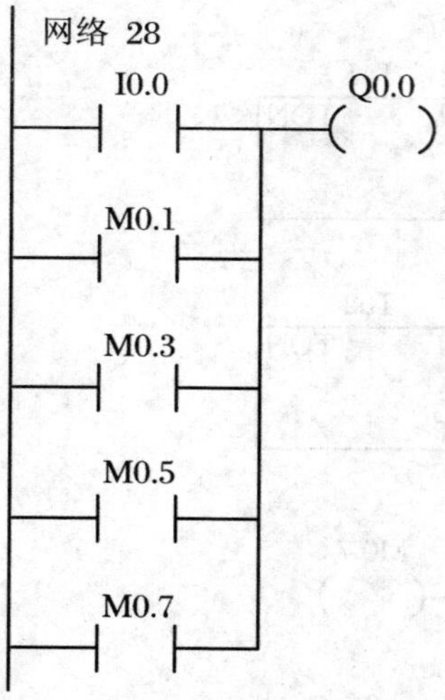

网络 28

I0.0 Q0.0
M0.1
M0.3
M0.5
M0.7

续图 2.17.2

五、实验报告要求

1. 说明本次实验的控制要求，绘制实验所用的输入/输出分配表和梯形图程序。

2. 记录程序运行产生的实验现象。

3. 对比控制要求和实验现象，分析总结此次实验。

六、思考题

分析程序，解释程序如何实现控制要求的。

实验十八　直线运动控制系统(实物)

在直线运动单元完成本实验。

一、实验目的

熟练掌握并灵活运用移位寄存器、定时器指令。

二、实验要求

要求系统启动后，滑块以 S1→S7→S1→S5→S3→S7→S5→S7→S1 为一个运行周期而重复往返运行，断开启动开关程序停止运行；其中 M1 发光二机管点亮表明电机正转，M2 发光二极管点亮表明电机反转；S1、S3、S5、S7 表示直线运动控制指示灯，S2、S4、S6 表示滑块定位指示灯。

三、实验设备

THSMS-A 型可编程控制器、电脑(安装 STEP7-Micro/Win 软件)。

四、实验内容参考

1. 实验面板如图 2.18.1 所示。

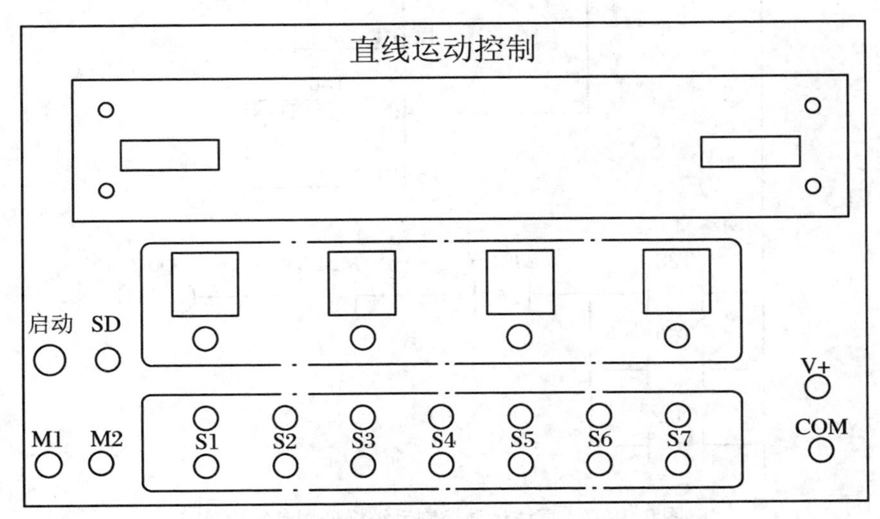

图 2.18.1　直线运动控制系统实验面板

2. 输入/输出分配见表 2.18.1。

表 2.18.1

输入	SD	S1	S3	S5	S7
	I0.0	I0.1	I0.2	I0.3	I0.4
输出	M1	M2	S2	S4	S6
	Q0.0	Q0.1	Q0.2	Q0.3	Q0.4

3. 梯形图参考程序如图 2.18.2 所示。

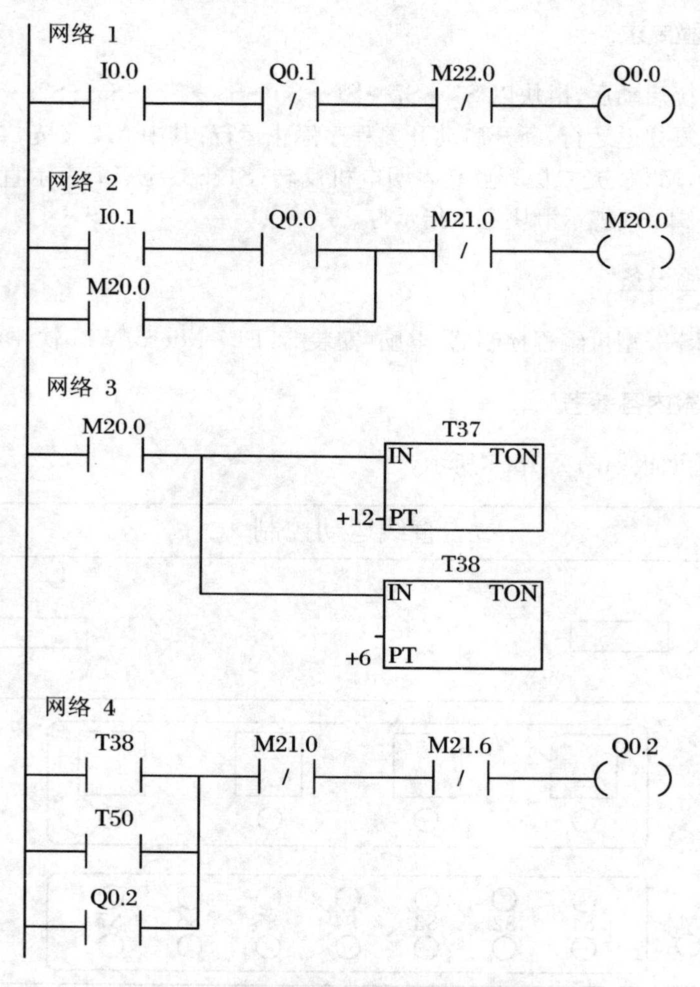

图 2.18.2 直线运动控制系统梯形图参考程序

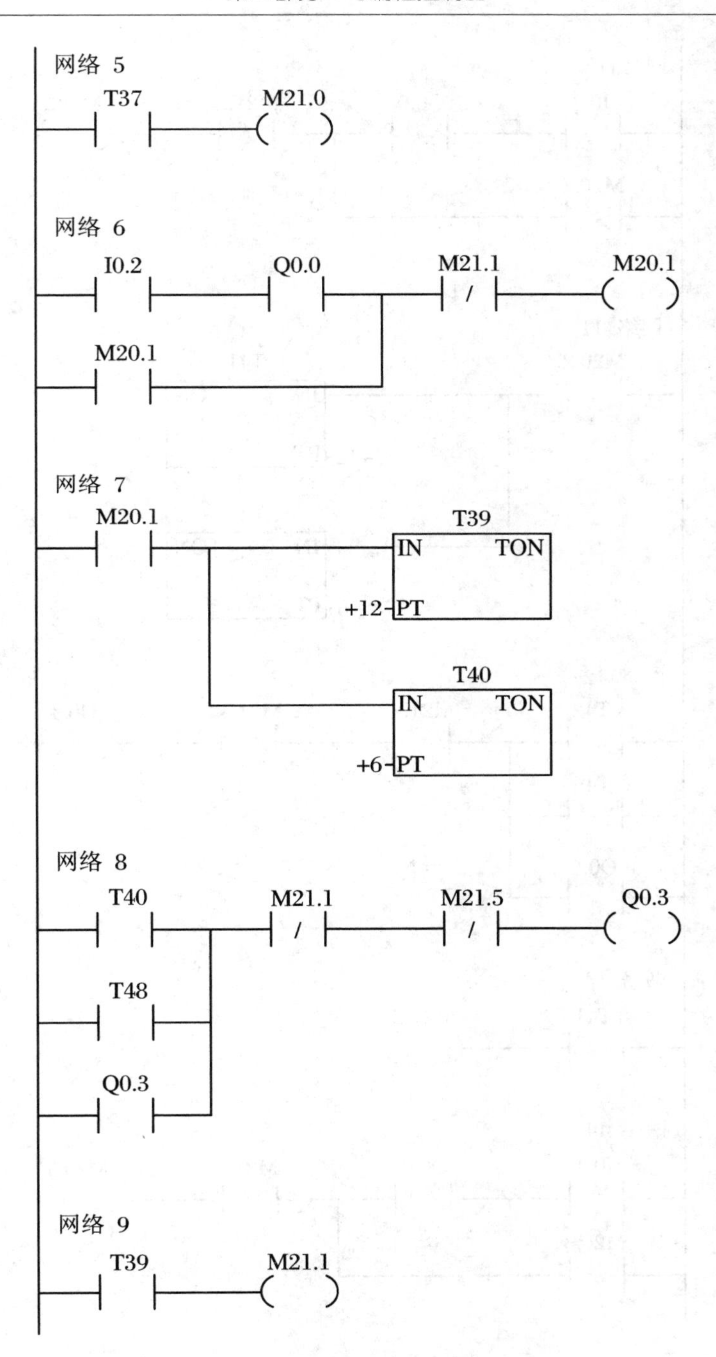
网络 5
T37
M21.0
网络 6
I0.2
Q0.0
M21.1
M20.1
M20.1
网络 7
M20.1
T39
IN
TON
+12
PT
T40
IN
TON
+6
PT
网络 8
T40
M21.1
M21.5
Q0.3
T48
Q0.3
网络 9
T39
M21.1

续图 2.18.2

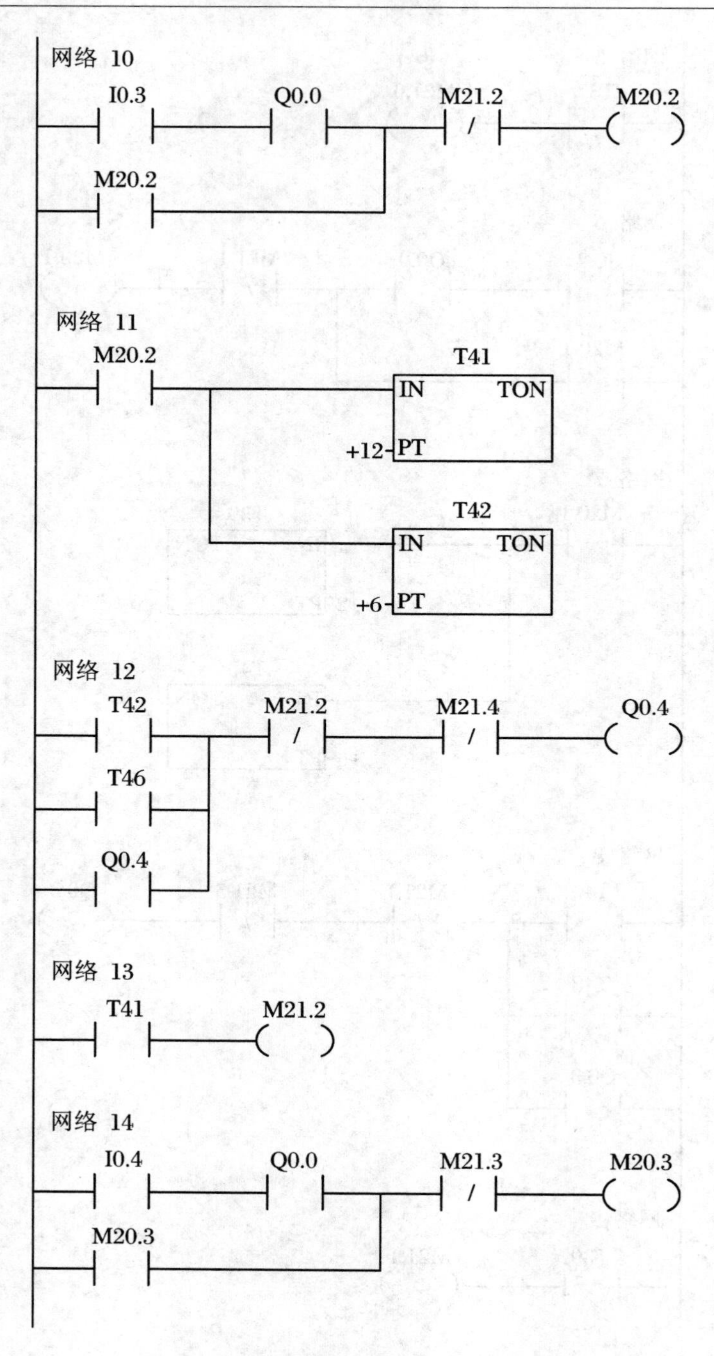
网络 10
I0.3
Q0.0
M21.2
M20.2
M20.2
网络 11
M20.2
T41
IN
TON
+12
PT
T42
IN
TON
+6
PT
网络 12
T42
M21.2
M21.4
Q0.4
T46
Q0.4
网络 13
T41
M21.2
网络 14
I0.4
Q0.0
M21.3
M20.3
M20.3

续图 2.18.2

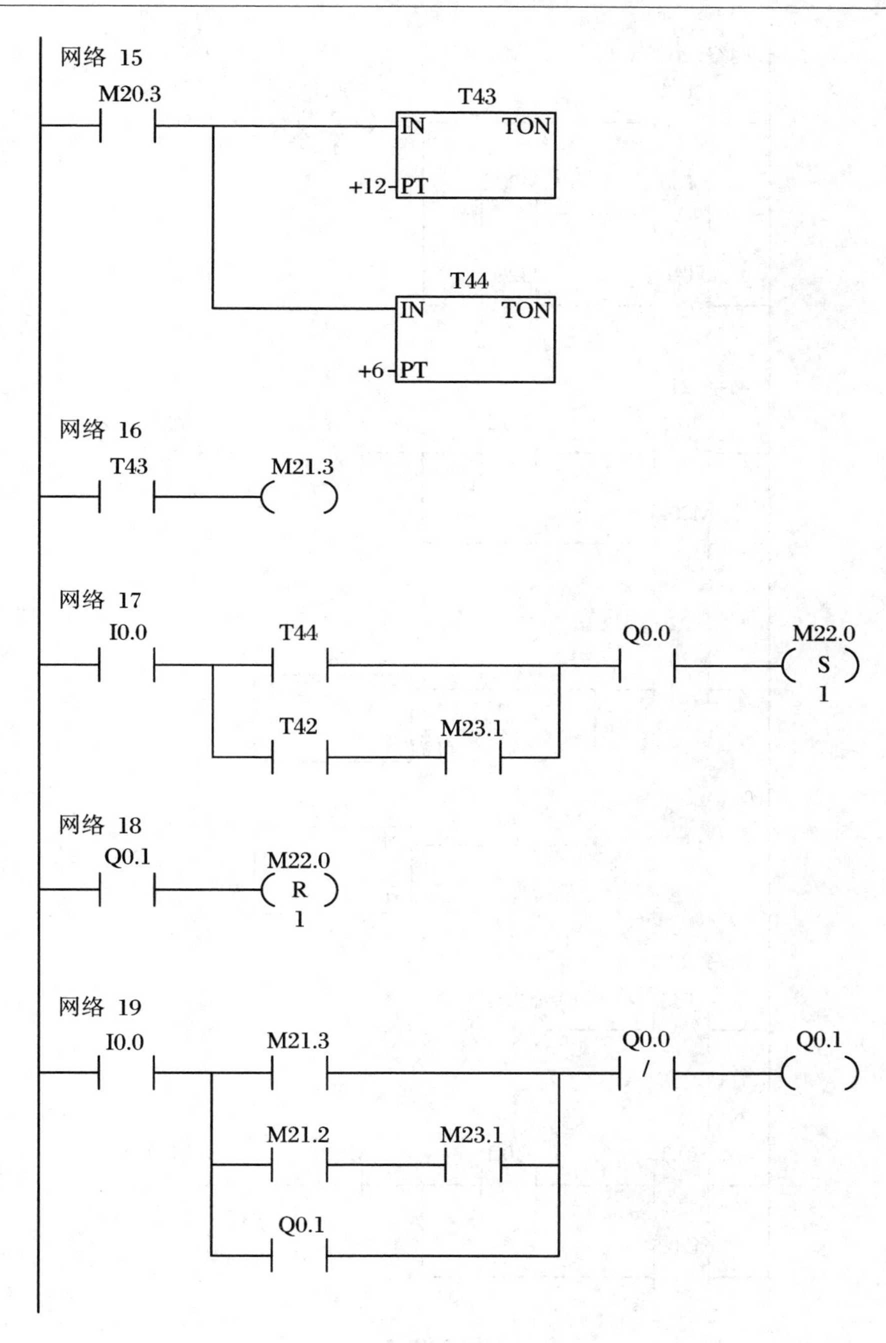
网络 15
M20.3
T43
IN TON
+12 PT
T44
IN TON
+6 PT
网络 16
T43
M21.3
网络 17
I0.0
T44
Q0.0
M22.0
S
1
T42
M23.1
网络 18
Q0.1
M22.0
R
1
网络 19
I0.0
M21.3
Q0.0
/
Q0.1
M21.2
M23.1
Q0.1

续图 2.18.2

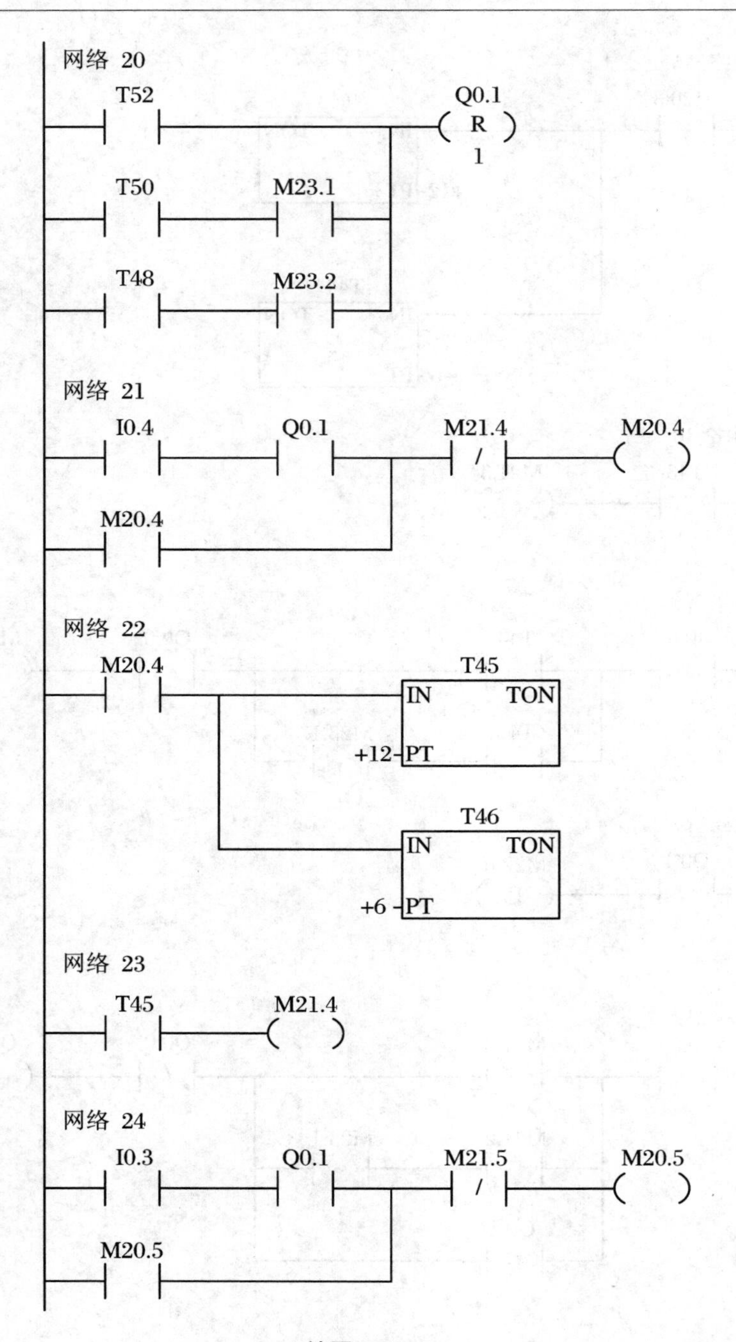
网络 20
T52
Q0.1
R
1
T50
M23.1
T48
M23.2
网络 21
I0.4
Q0.1
M21.4
/
M20.4
M20.4
网络 22
M20.4
T45
IN
TON
+12-PT
T46
IN
TON
+6 -PT
网络 23
T45
M21.4
网络 24
I0.3
Q0.1
M21.5
/
M20.5
M20.5

续图 2.18.2

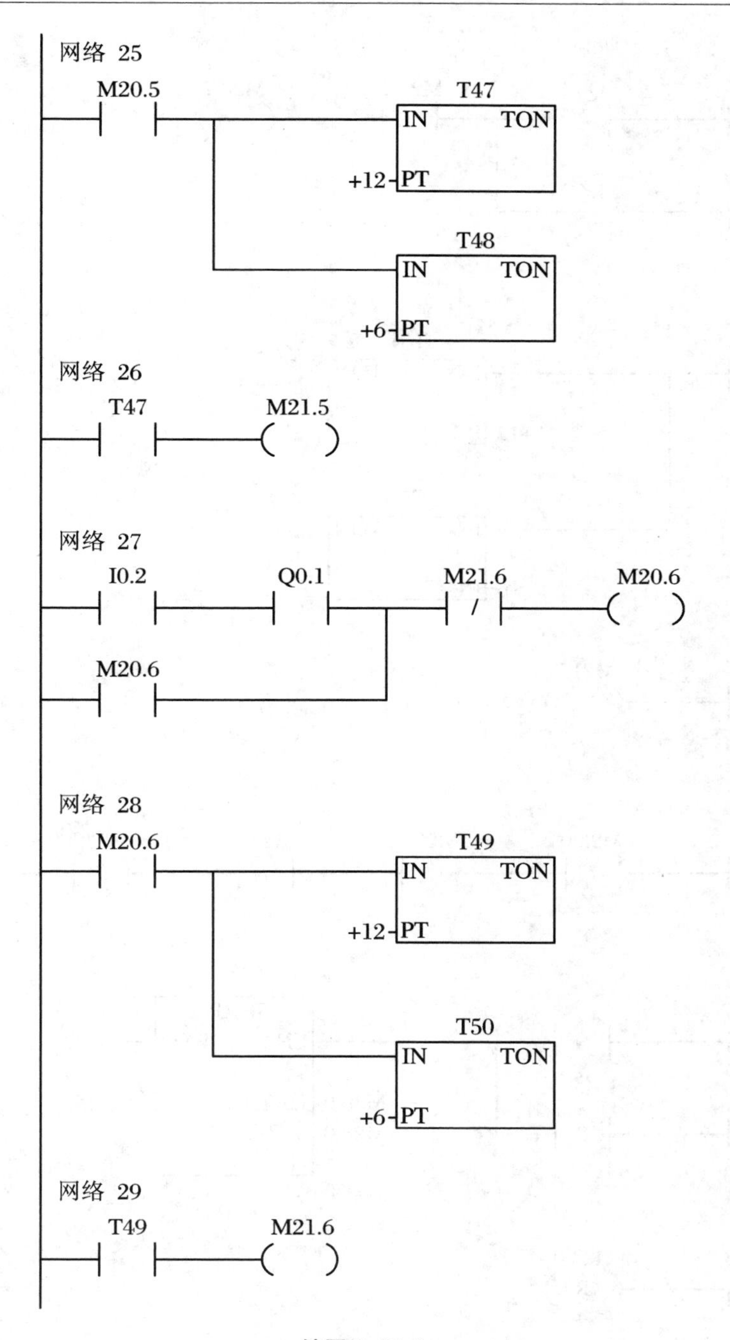
网络 25
M20.5
T47
IN TON
+12 PT
T48
IN TON
+6 PT
网络 26
T47
M21.5
网络 27
I0.2
Q0.1
M21.6
M20.6
M20.6
网络 28
M20.6
T49
IN TON
+12 PT
T50
IN TON
+6 PT
网络 29
T49
M21.6

续图 2.18.2

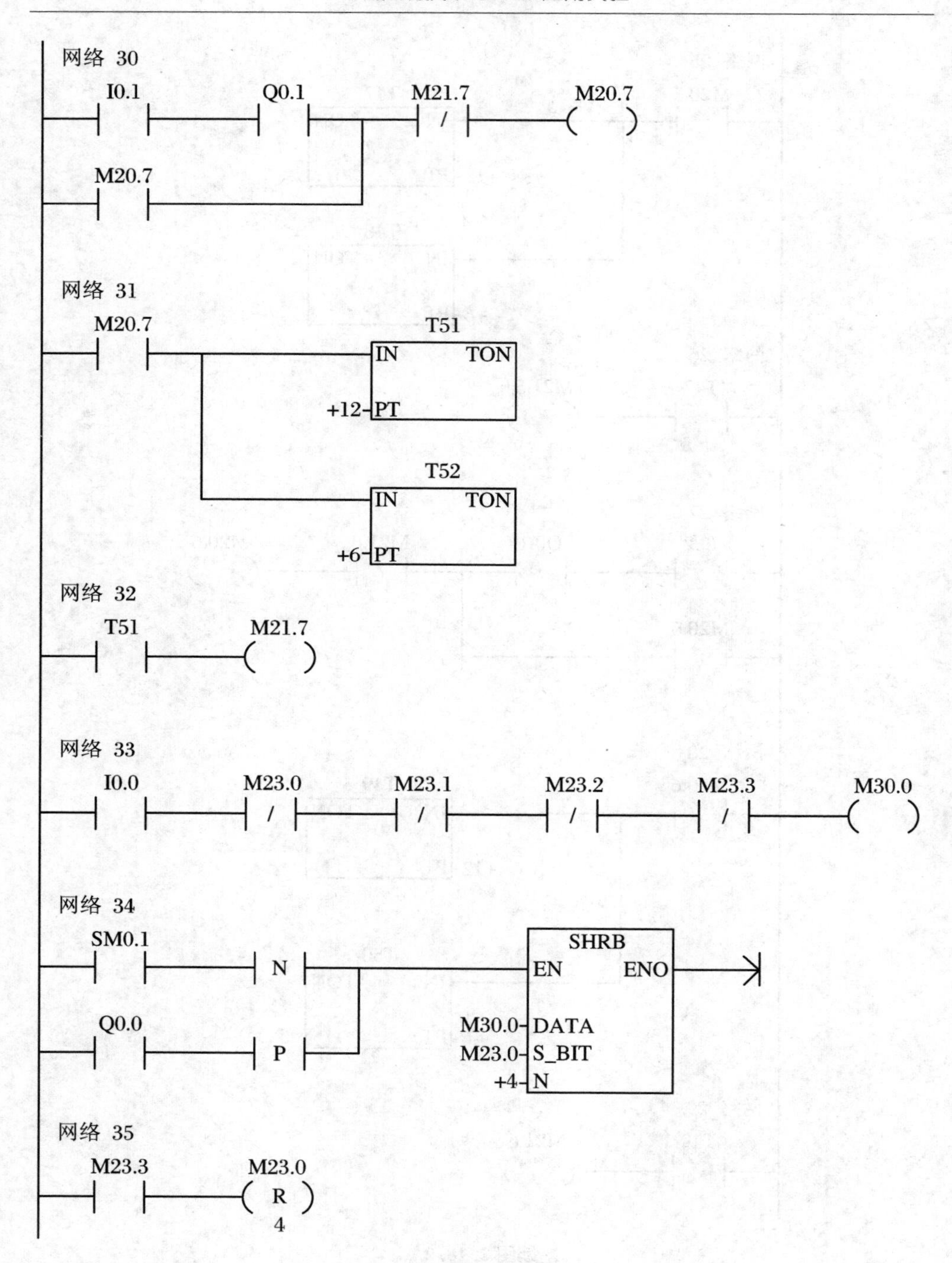
网络 30
I0.1
Q0.1
M21.7
M20.7
M20.7
网络 31
M20.7
T51
IN TON
+12 PT
T52
IN TON
+6 PT
网络 32
T51
M21.7
网络 33
I0.0
M23.0
M23.1
M23.2
M23.3
M30.0
网络 34
SM0.1
N
SHRB
EN ENO
Q0.0
P
M30.0 DATA
M23.0 S_BIT
+4 N
网络 35
M23.3
M23.0
R
4

续图 2.18.2

五、实验报告要求

1. 说明本次实验的控制要求,绘制实验所用的输入/输出分配表和梯形图程序。

2. 记录程序运行产生的实验现象。

3. 对比控制要求和实验现象,分析总结此次实验。

六、思考题

分析程序,解释程序是如何实现控制要求的。

实验十九 运料小车控制模拟

在运料小车单元完成本实验。

一、实验指导思想

用PLC构成运料小车控制系统，掌握多种方式控制的编程。

二、实验要求

系统启动后，选择手动方式(按下微动按钮A4)，通过ZL、XL、RX、LX四个开关的状态决定小车的运行方式。装料开关ZL为ON，系统进入装料状态，灯S1亮，ZL为OFF，右行开关RX为ON，灯R1、R2、R3依次点亮，模拟小车右行，卸料开关XL为ON，小车进入卸料状态，XL为OFF，左行开关LX为ON，灯L1、L2、L3依次点亮，模拟小车左行。

选择自动方式(按下微动按钮A3)，系统进入装料→右行→卸料→装料→左行→卸料→装料循环状态。

选择单周期方式(按下微动按钮A2)，小车运行来回一次。

选择单步方式，按下微动按钮A1一次，小车运行一步。

三、实验设备

THSMS-A型可编程控制器、电脑(安装STEP7-Micro/Win软件)。

四、实验内容

1. 实验面板如图2.19.1所示。
2. 输入/输出分配见表2.19.1。

表2.19.1

输入	启动	装料	卸料	右行	左行	单步	单周期	自动	手动
	I0.0	I0.1	I0.2	I0.3	I0.4	I0.5	I0.6	I0.7	I1.0
输出	装料	卸料	R1	R2	R3	L1	L2	L3	
	Q0.0	Q0.1	Q0.2	Q0.3	Q0.4	Q0.5	Q0.6	Q0.7	

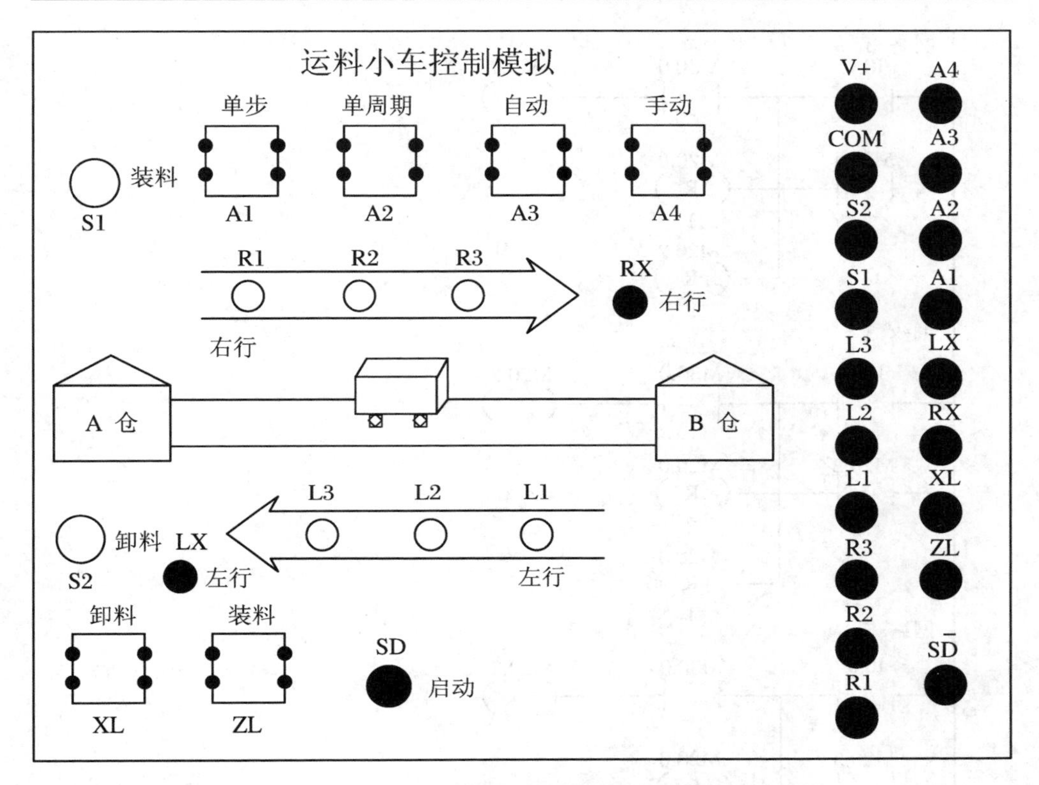

图 2.19.1　运料小车控制模拟实验面板

3. 梯形图参考程序如图 2.19.2 所示。

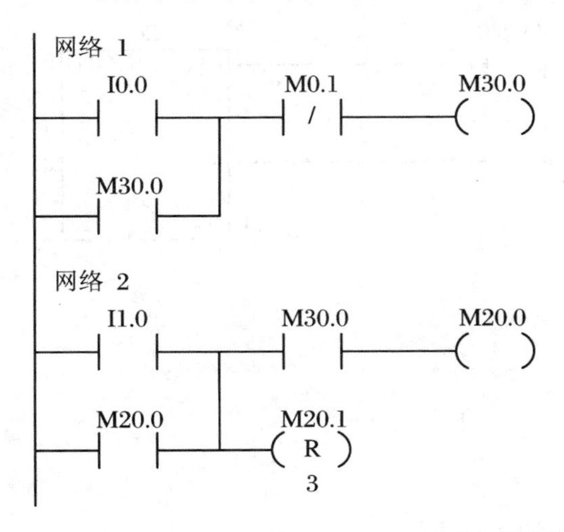

图 2.19.2　运料小车控制模拟梯形图参考程序

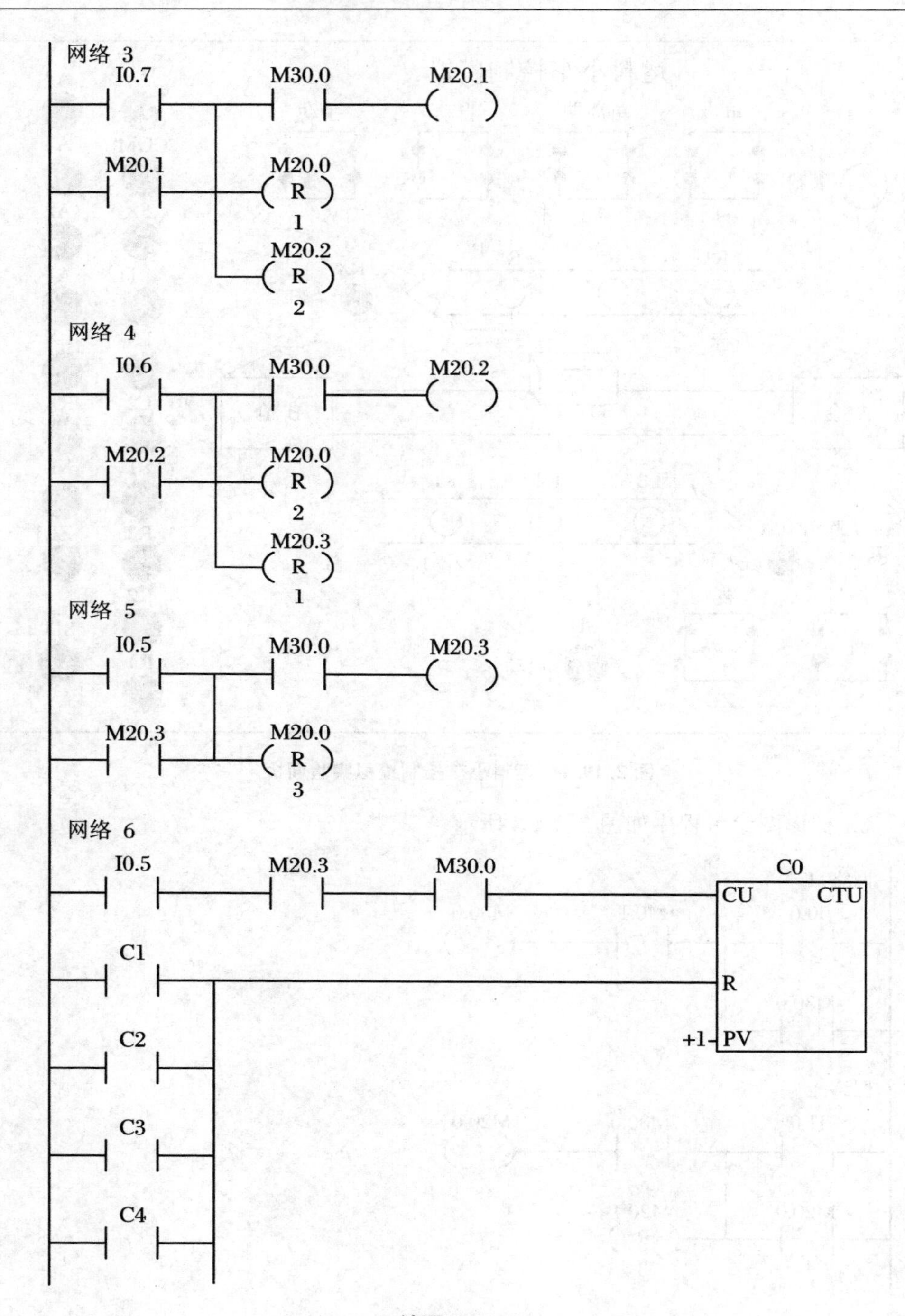
网络 3
I0.7
M30.0
M20.1
M20.1
M20.0
R
1
M20.2
R
2
网络 4
I0.6
M30.0
M20.2
M20.2
M20.0
R
2
M20.3
R
1
网络 5
I0.5
M30.0
M20.3
M20.3
M20.0
R
3
网络 6
I0.5
M20.3
M30.0
C0
CU
CTU
C1
R
C2
+1
PV
C3
C4

续图 2.19.2

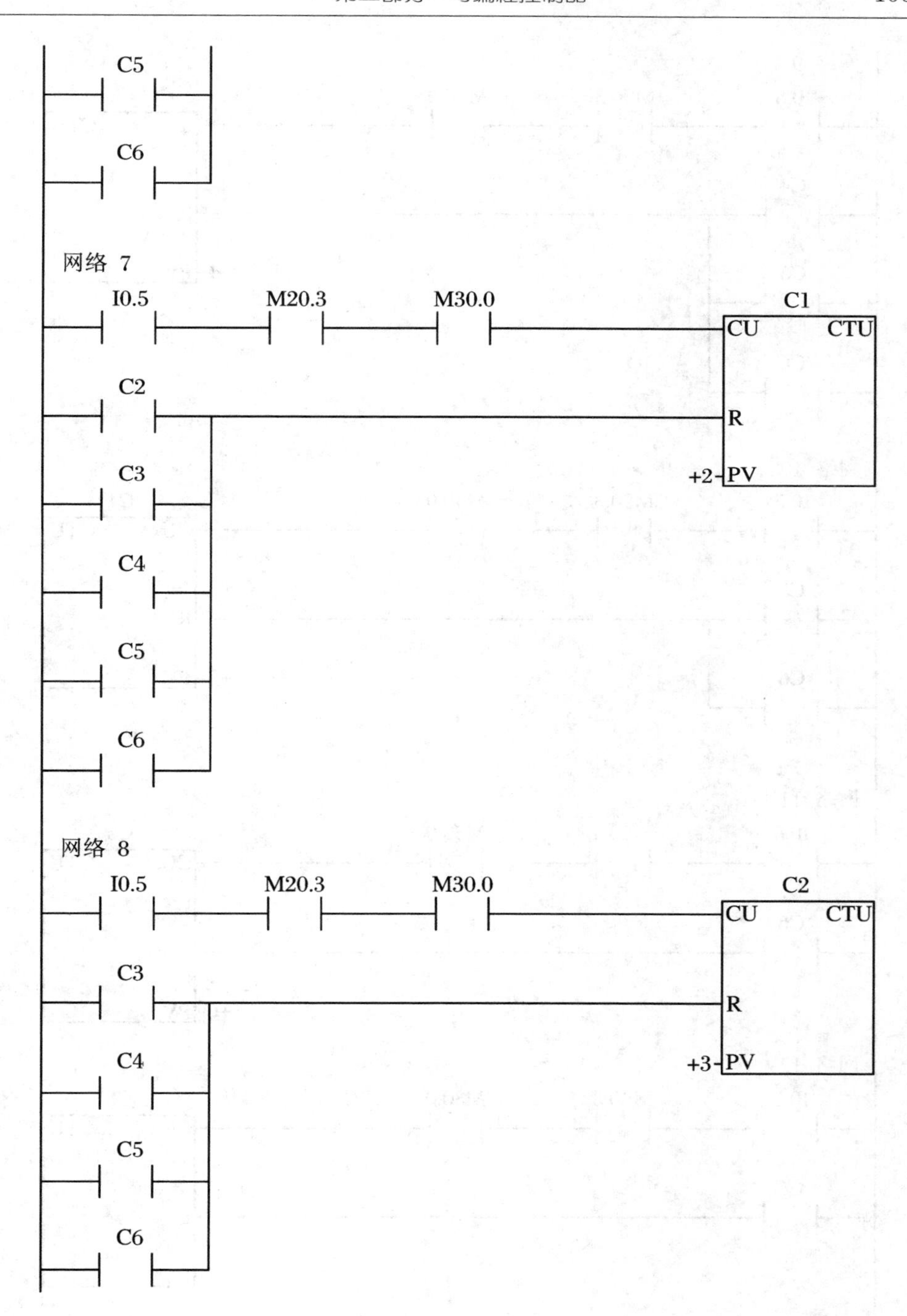
C5
C6
网络 7
I0.5
M20.3
M30.0
C1
CU
CTU
C2
R
C3
+2-PV
C4
C5
C6
网络 8
I0.5
M20.3
M30.0
C2
CU
CTU
C3
R
C4
+3-PV
C5
C6

续图 2.19.2

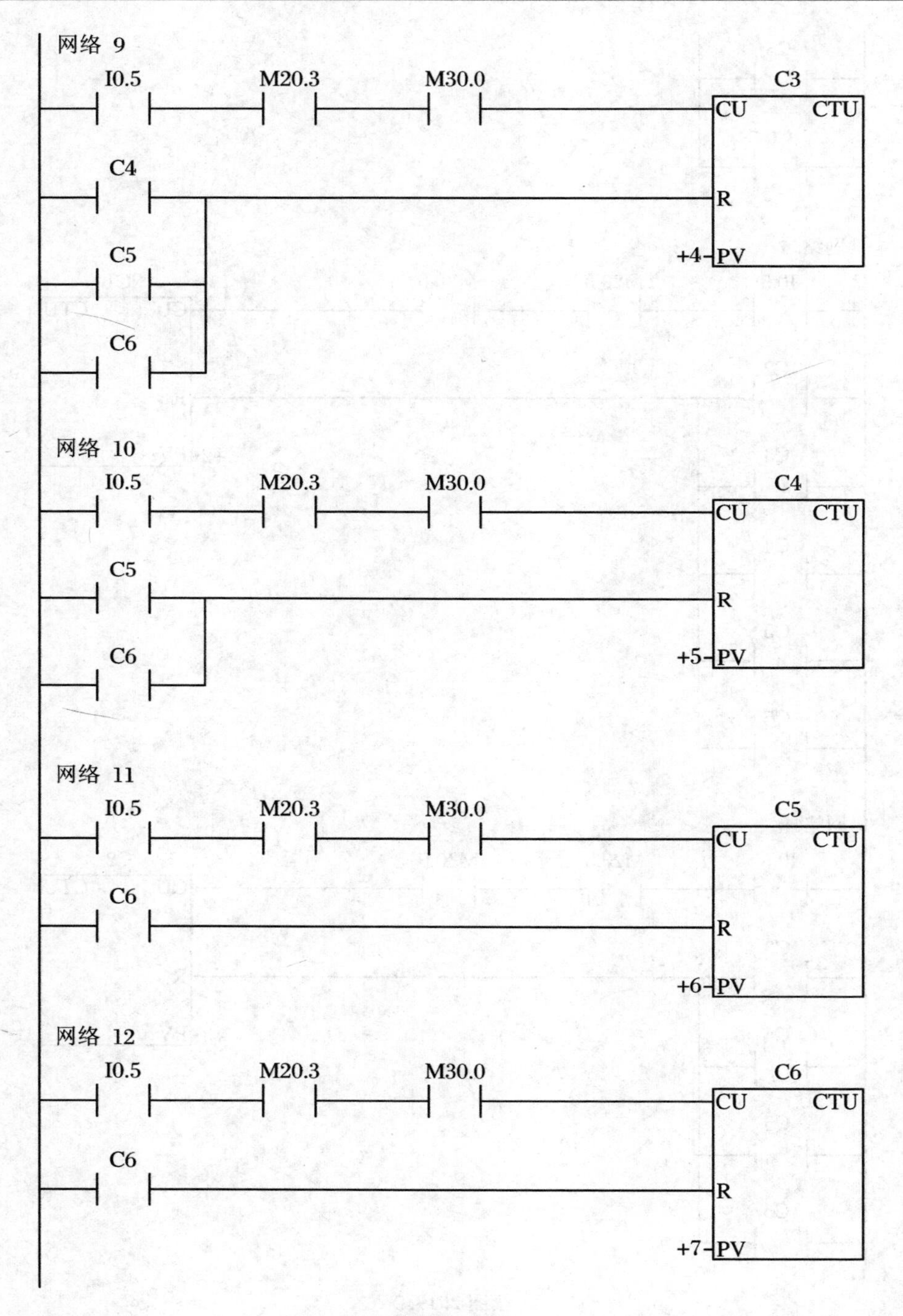
网络 9
I0.5
M20.3
M30.0
C3
CU
CTU
C4
R
C5
+4
PV
C6
网络 10
I0.5
M20.3
M30.0
C4
CU
CTU
C5
R
C6
+5
PV
网络 11
I0.5
M20.3
M30.0
C5
CU
CTU
C6
R
+6
PV
网络 12
I0.5
M20.3
M30.0
C6
CU
CTU
C6
R
+7
PV

续图 2.19.2

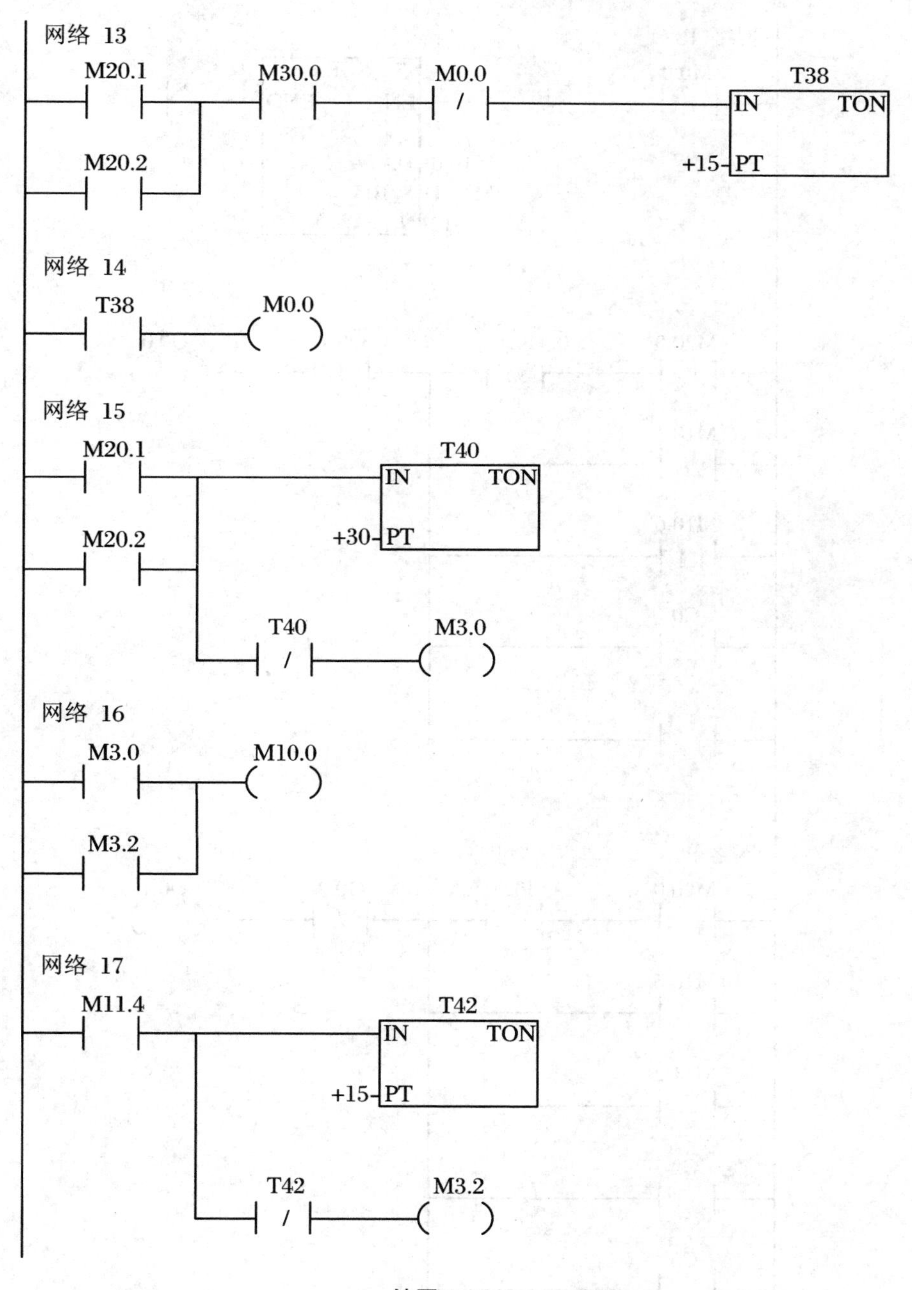
网络 13
M20.1
M30.0
M0.0
T38
IN
TON
M20.2
+15
PT
网络 14
T38
M0.0
网络 15
M20.1
T40
IN
TON
M20.2
+30
PT
T40
M3.0
网络 16
M3.0
M10.0
M3.2
网络 17
M11.4
T42
IN
TON
+15
PT
T42
M3.2

续图 2.19.2

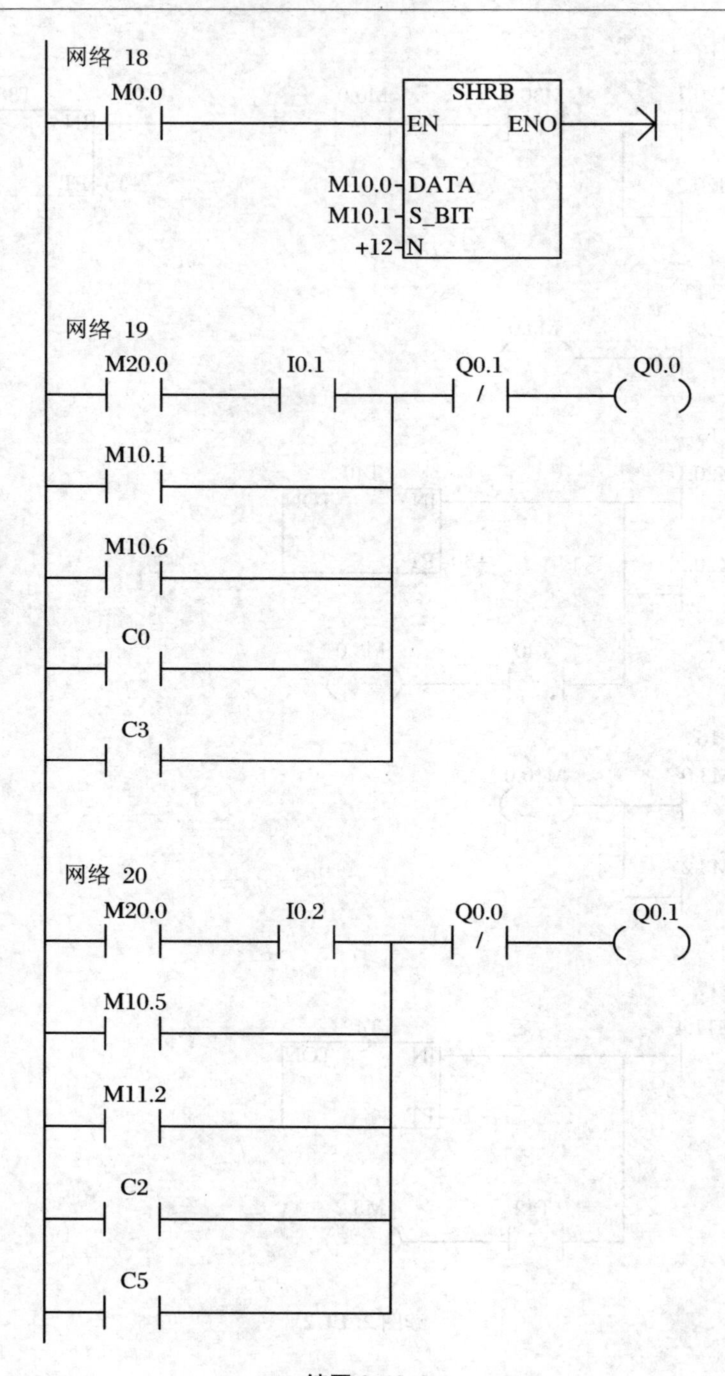
网络 18
M0.0
SHRB
EN
ENO
M10.0
DATA
M10.1
S_BIT
+12
N
网络 19
M20.0
I0.1
Q0.1
/
Q0.0
M10.1
M10.6
C0
C3
网络 20
M20.0
I0.2
Q0.0
/
Q0.1
M10.5
M11.2
C2
C5

续图 2.19.2

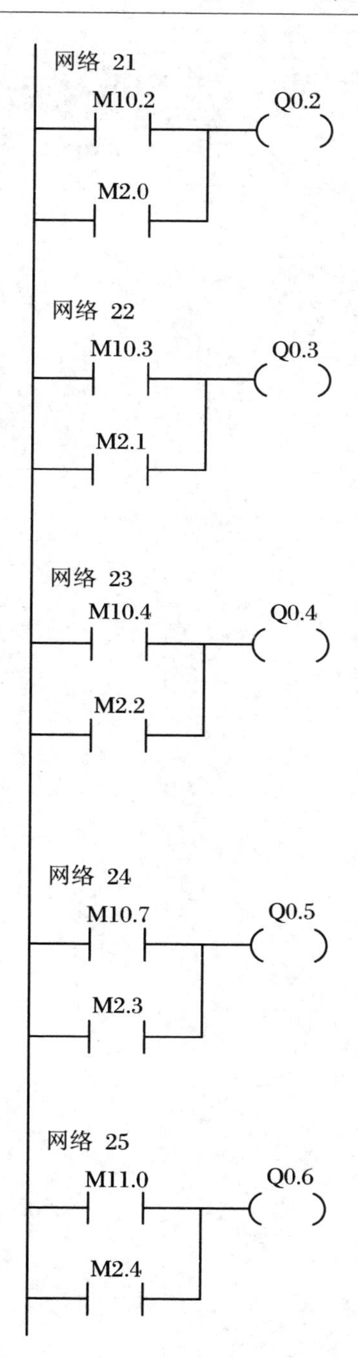
网络 21
M10.2
Q0.2
M2.0
网络 22
M10.3
Q0.3
M2.1
网络 23
M10.4
Q0.4
M2.2
网络 24
M10.7
Q0.5
M2.3
网络 25
M11.0
Q0.6
M2.4

续图 2.19.2

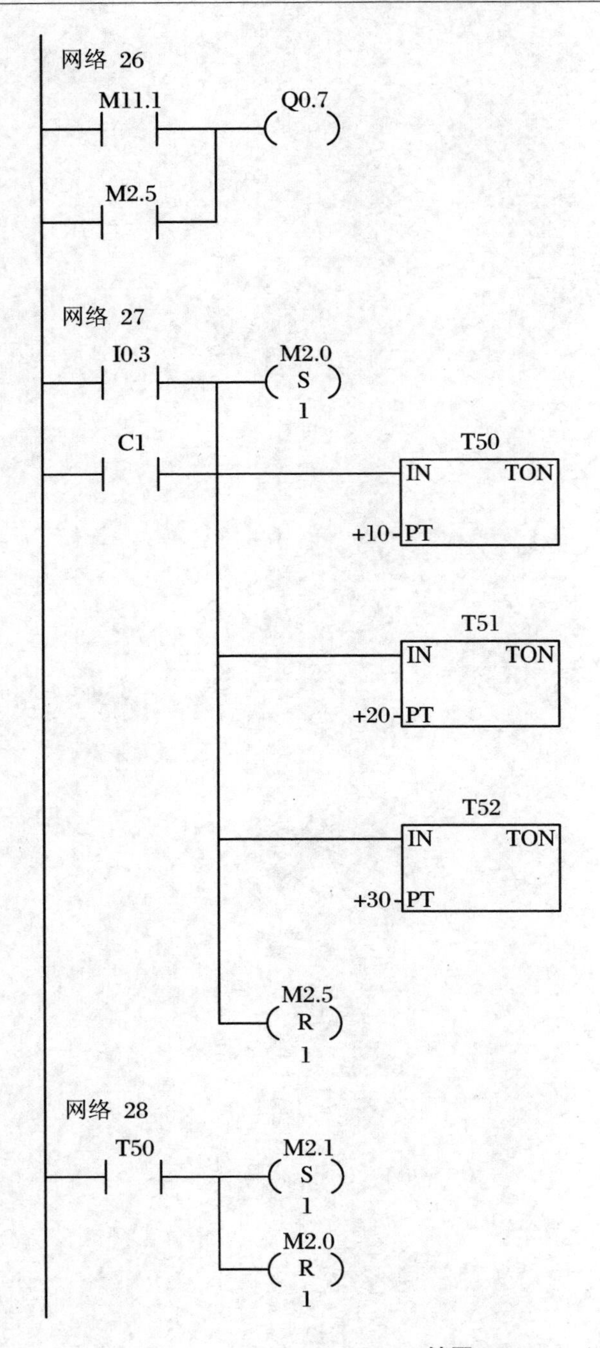
网络 26
M11.1
Q0.7
M2.5
网络 27
I0.3
M2.0
S
1
C1
T50
IN TON
+10 PT
T51
IN TON
+20 PT
T52
IN TON
+30 PT
M2.5
R
1
网络 28
T50
M2.1
S
1
M2.0
R
1

续图 2.19.2

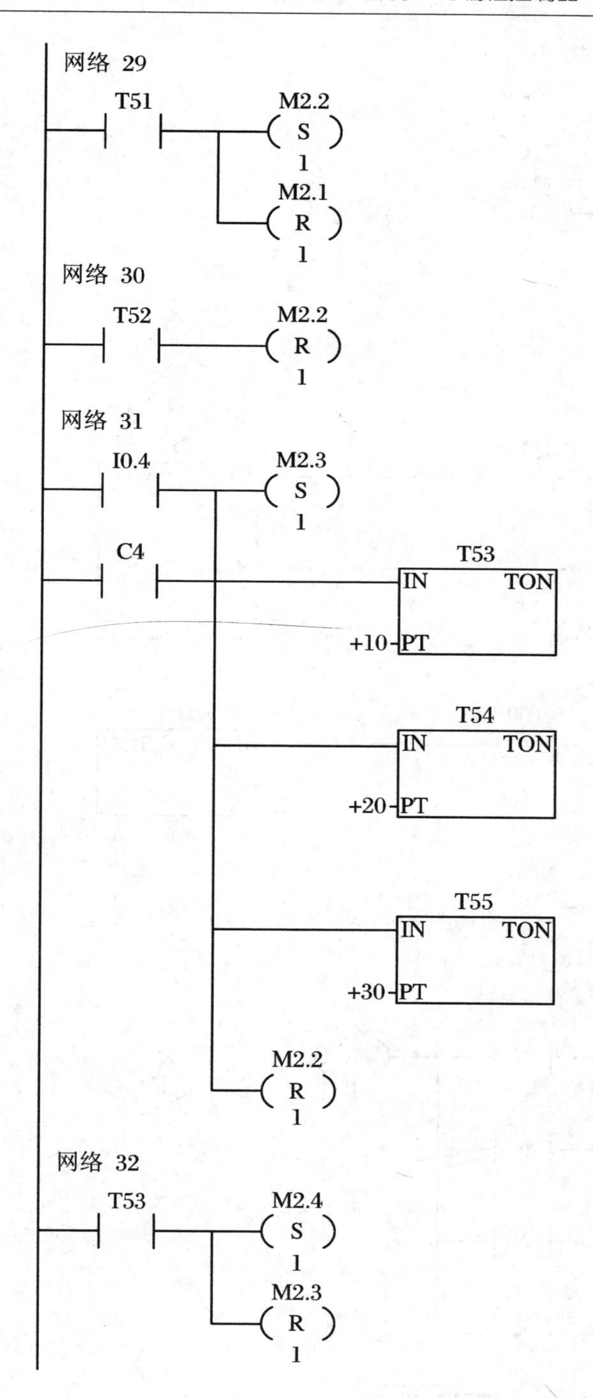
网络 29
T51
M2.2
S
1
M2.1
R
1
网络 30
T52
M2.2
R
1
网络 31
I0.4
M2.3
S
1
C4
T53
IN
TON
+10-PT
T54
IN
TON
+20-PT
T55
IN
TON
+30-PT
M2.2
R
1
网络 32
T53
M2.4
S
1
M2.3
R
1

续图 2.19.2

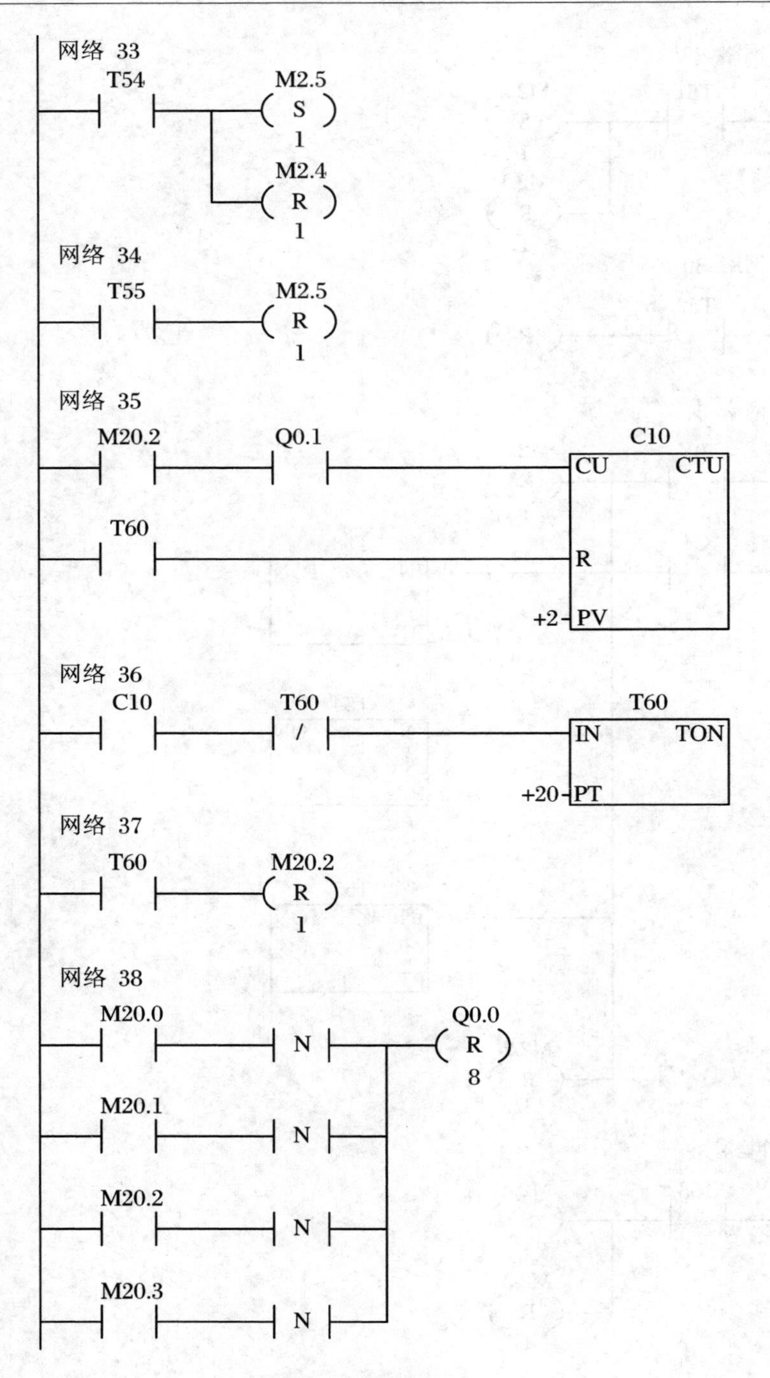
网络 33
T54
M2.5
S
1
M2.4
R
1
网络 34
T55
M2.5
R
1
网络 35
M20.2
Q0.1
C10
CU
CTU
T60
R
+2
PV
网络 36
C10
T60
/
T60
IN
TON
+20
PT
网络 37
T60
M20.2
R
1
网络 38
M20.0
N
Q0.0
R
8
M20.1
N
M20.2
N
M20.3
N

续图 2.19.2

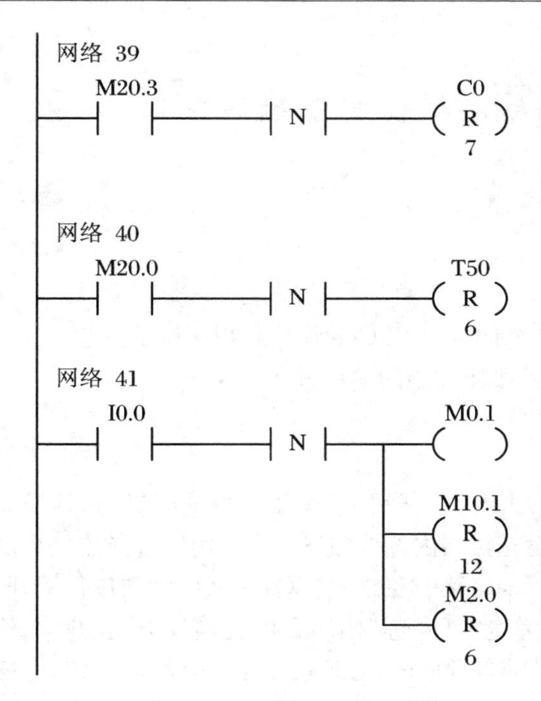

续图 2.19.2

五、实验报告要求

1. 说明本次实验的控制要求，绘制实验所用的输入/输出分配表和梯形图程序。

2. 记录程序运行产生的实验现象。

3. 对比控制要求和实验现象，分析总结此次实验。

六、思考题

分析程序，解释程序是如何实现控制要求的。

实验二十　三层电梯控制系统的模拟

在电梯控制单元完成本实验。

一、实验目的

1. 通过对工程实例的模拟，熟练地掌握 PLC 的编程和程序调试方法。
2. 熟悉三层楼电梯采用轿厢外按钮控制的编程方法。

二、实验说明

电梯由安装在各楼层厅门口的上升和下降呼叫按钮进行呼叫操纵，其操纵内容为电梯运行方向。电梯轿箱内设有楼层内选按钮 S1～S3，用以选择需停靠的楼层。L1 为一层指示、L2 为二层指示、L3 为三层指示，SQ1～SQ3 为到位行程开关。电梯上升途中只响应上升呼叫，下降途中只响应下降呼叫，任何反方向的呼叫均无效。例如，电梯停在一层，在二层轿箱外呼叫时，必须按二层上升呼叫按钮，电梯才响应呼叫（从一层运行到二层），按二层下降呼叫按钮无效；反之，若电梯停在三层，在二层轿箱外呼叫时，必须按二层下降呼叫按钮，电梯才响应呼叫（从三层运行到二层），按二层上升呼叫按钮无效。

三、实验设备

THSMS-A 型可编程控制器、电脑（安装 STEP7-Micro/Win 软件）。

四、实验内容

1. 实验面板如图 2.20.1 所示。
2. 输入/输出分配见表 2.20.1 和表 2.20.2。

(1) 输入

表 2.20.1

序号	名　称	输入点	序号	名　称	输入点
0	三层内选按钮 S3	I0.0	4	二层下呼按钮 D2	I0.4
1	二层内选按钮 S2	I0.1	5	一层上呼按钮 U1	I0.5
2	一层内选按钮 S1	I0.2	6	二层上呼按钮 U2	I0.6
3	三层下呼按钮 D3	I0.3	7	一层行程开关 SQ1	I0.7

续表

序号	名　　称	输入点	序号	名　　称	输入点
8	二层行程开关 SQ2	I1.0	10	复位 RST	I1.2
9	三层行程开关 SQ3	I1.1			

（2）输出

表 2.20.2

序号	名　　称	输入点	序号	名　　称	输入点
0	三层指示 L3	Q0.0	4	轿箱上升指示 UP	Q0.4
1	二层指示 L2	Q0.1	5	三层内选指示 SL3	Q0.5
2	一层指示 L1	Q0.2	6	二层内选指示 SL2	Q0.6
3	轿箱下降指示 DOWN	Q0.3	7	一层内选指示 SL1	Q0.7

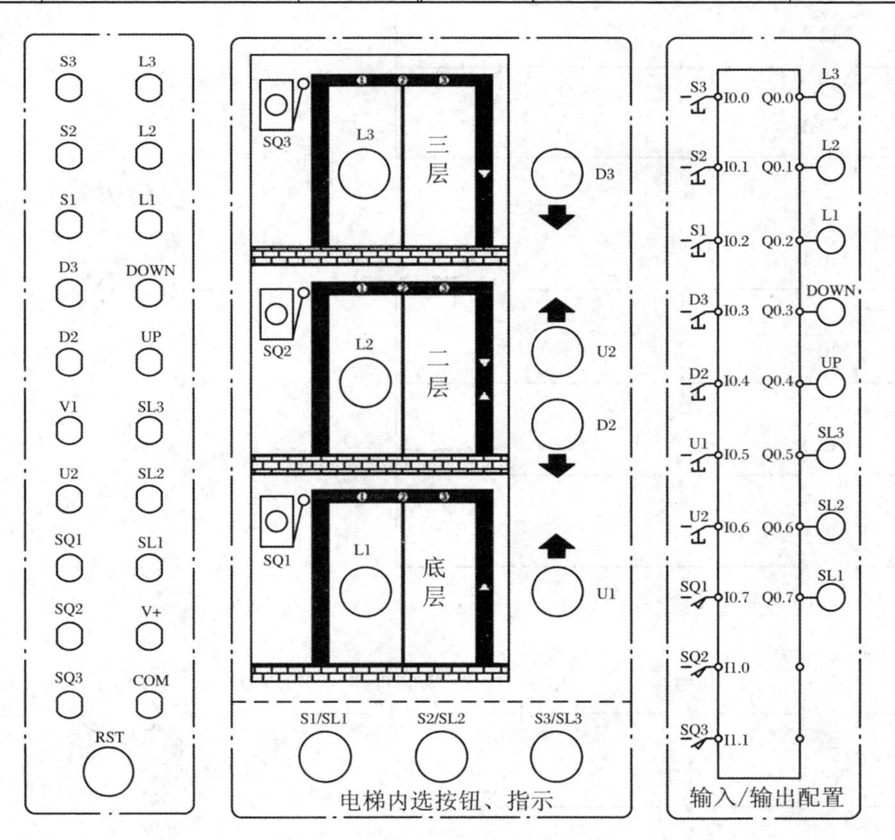

图 2.20.1　三层楼电梯控制系统模拟实验面板

3. 梯形图参考程序如图 2.20.2 所示。

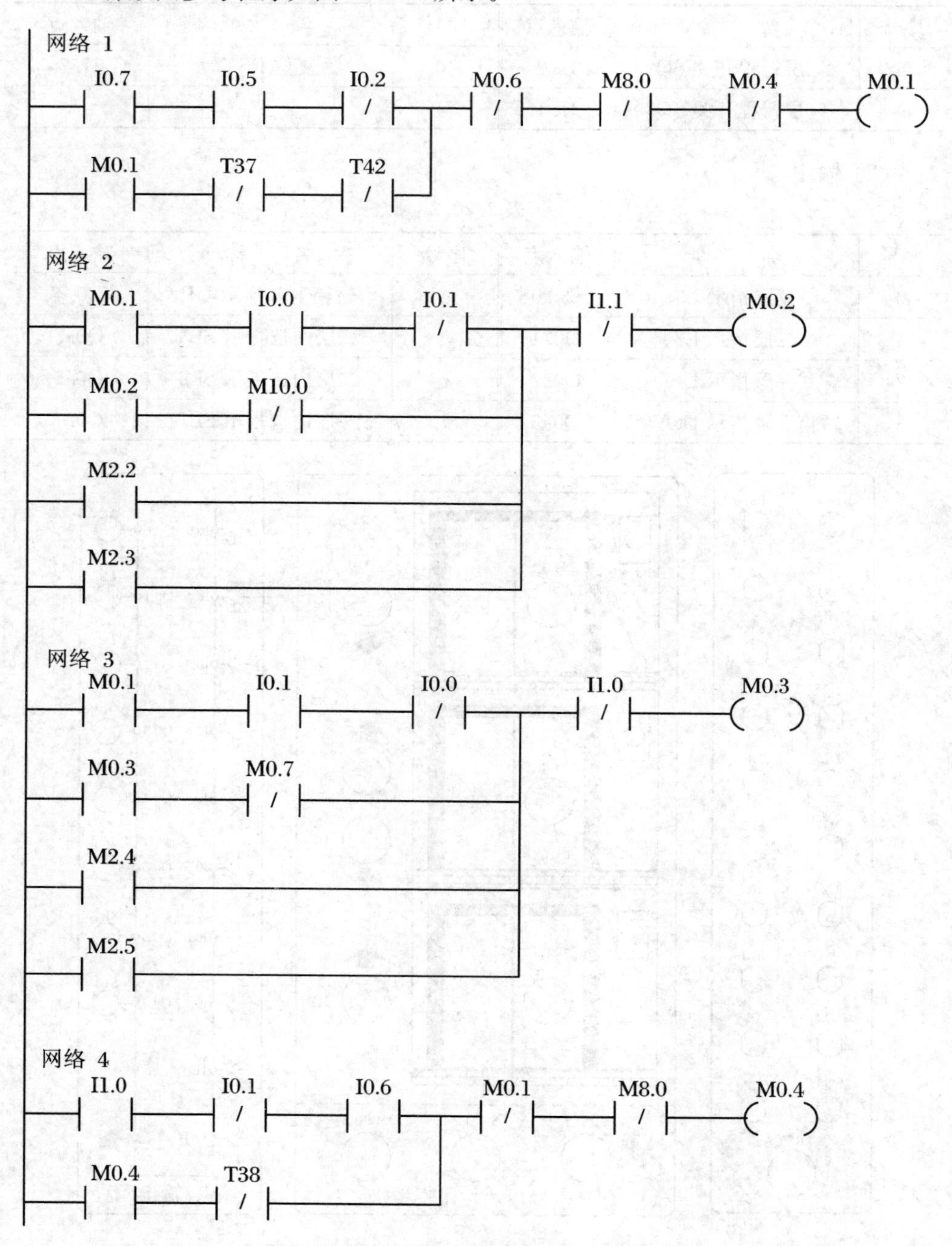

图 2.20.2 三层电梯控制系统模拟梯形图程序

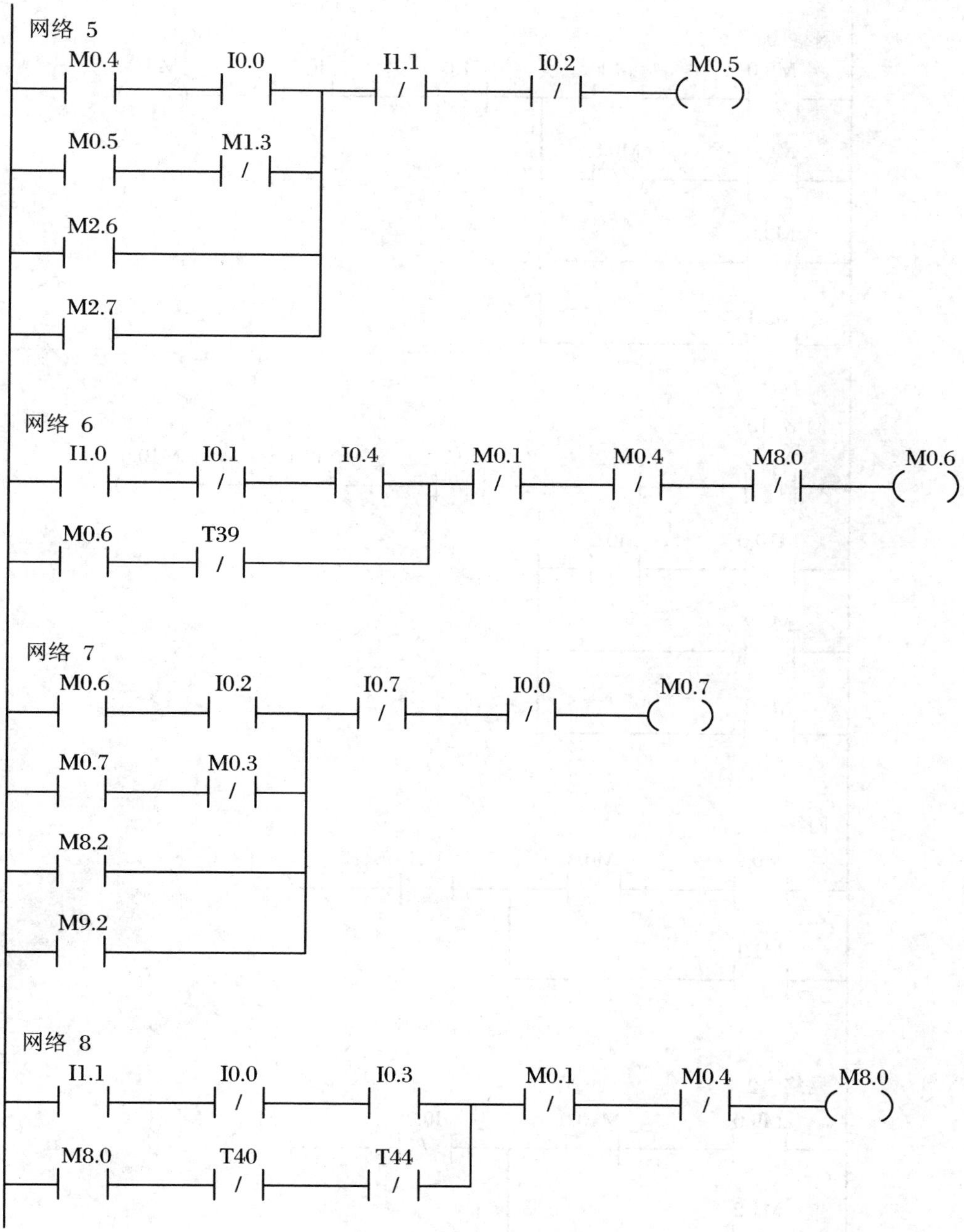

网络 5

M0.4 I0.0 I1.1 I0.2 M0.5
M0.5 M1.3
M2.6
M2.7

网络 6

I1.0 I0.1 I0.4 M0.1 M0.4 M8.0 M0.6
M0.6 T39

网络 7

M0.6 I0.2 I0.7 I0.0 M0.7
M0.7 M0.3
M8.2
M9.2

网络 8

I1.1 I0.0 I0.3 M0.1 M0.4 M8.0
M8.0 T40 T44

续图 2. 20. 2

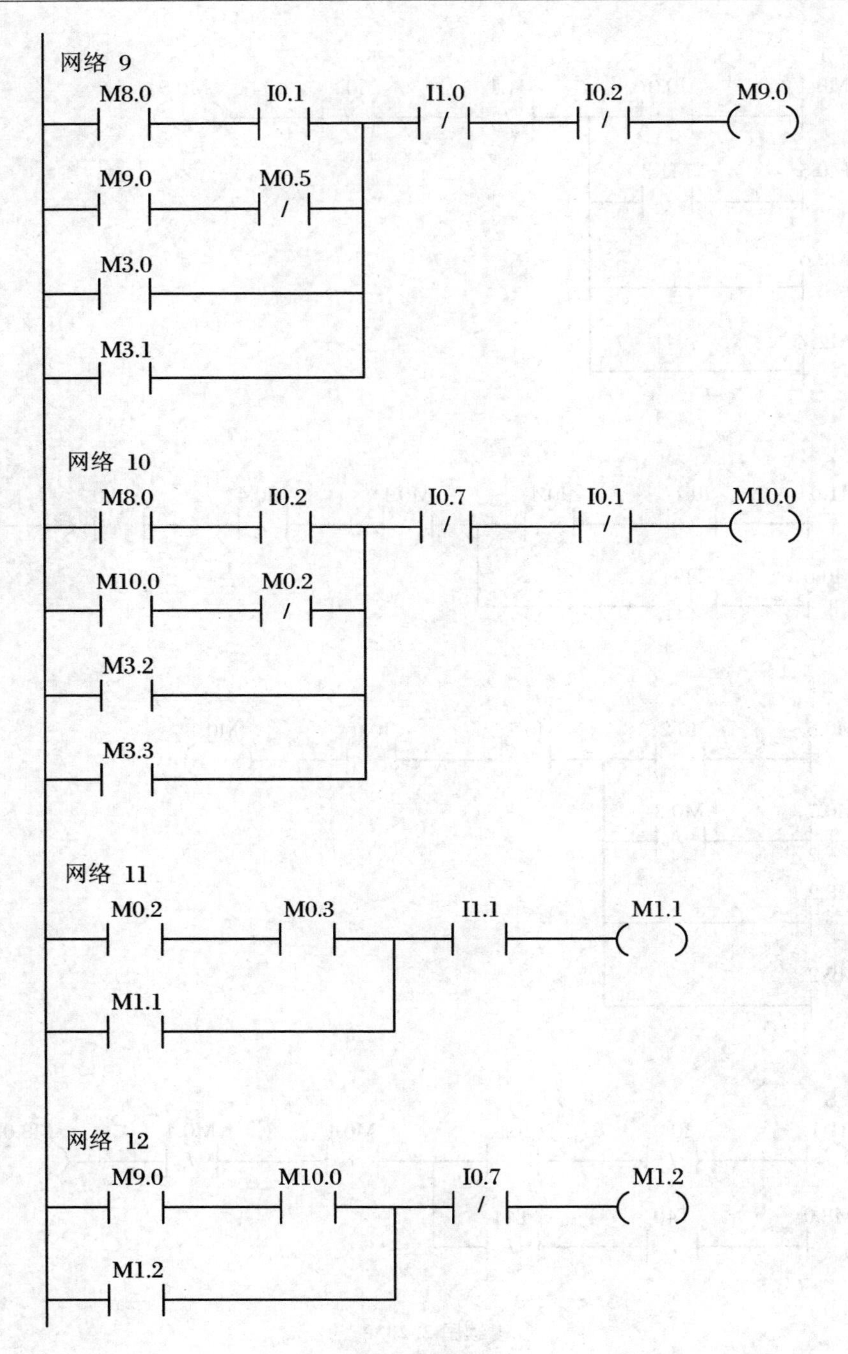
网络 9
M8.0
I0.1
I1.0
I0.2
M9.0
M9.0
M0.5
M3.0
M3.1
网络 10
M8.0
I0.2
I0.7
I0.1
M10.0
M10.0
M0.2
M3.2
M3.3
网络 11
M0.2
M0.3
I1.1
M1.1
M1.1
网络 12
M9.0
M10.0
I0.7
M1.2
M1.2

续图 2.20.2

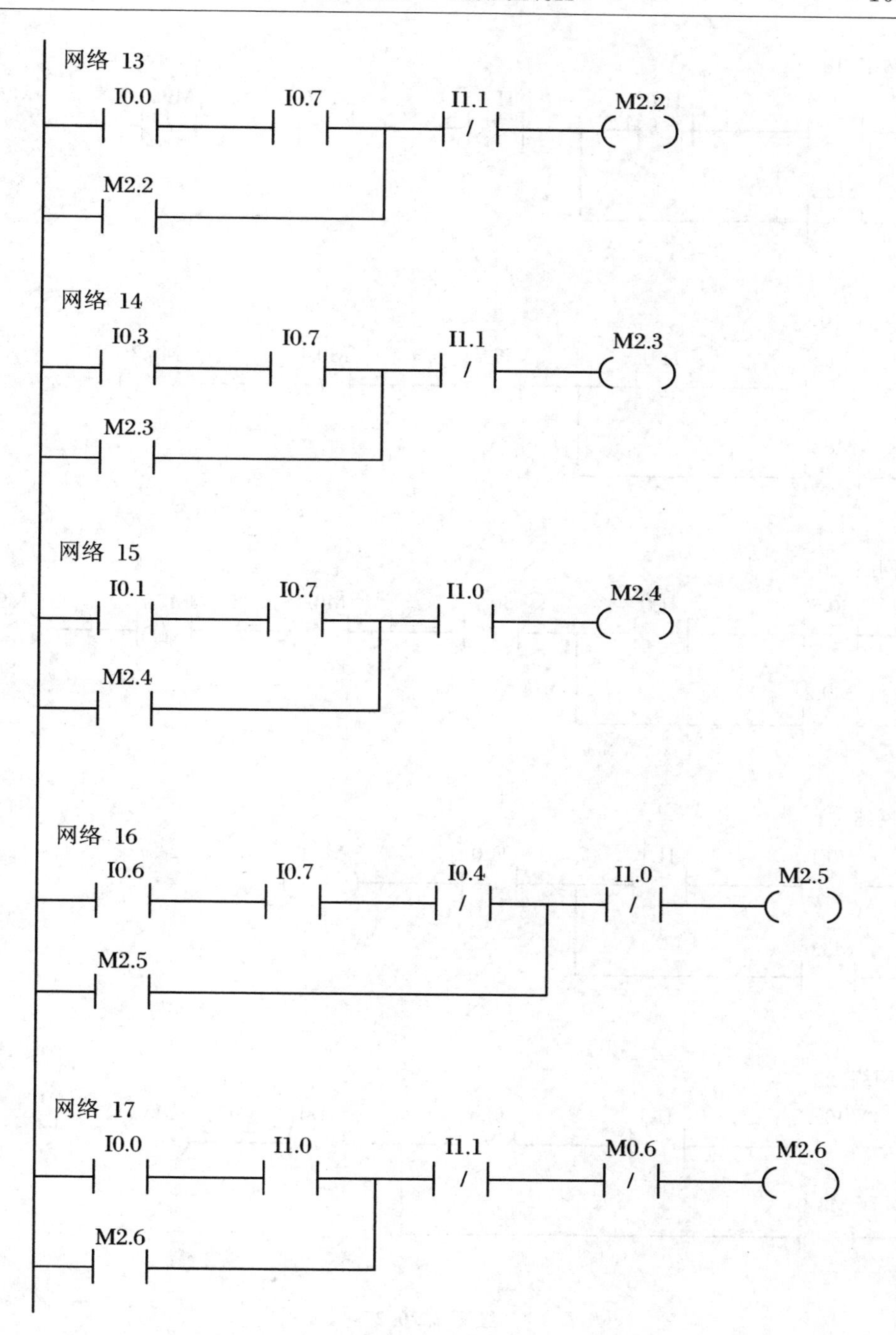
网络 13
I0.0
I0.7
I1.1
M2.2
M2.2
网络 14
I0.3
I0.7
I1.1
M2.3
M2.3
网络 15
I0.1
I0.7
I1.0
M2.4
M2.4
网络 16
I0.6
I0.7
I0.4
I1.0
M2.5
M2.5
网络 17
I0.0
I1.0
I1.1
M0.6
M2.6
M2.6

续图 2. 20. 2

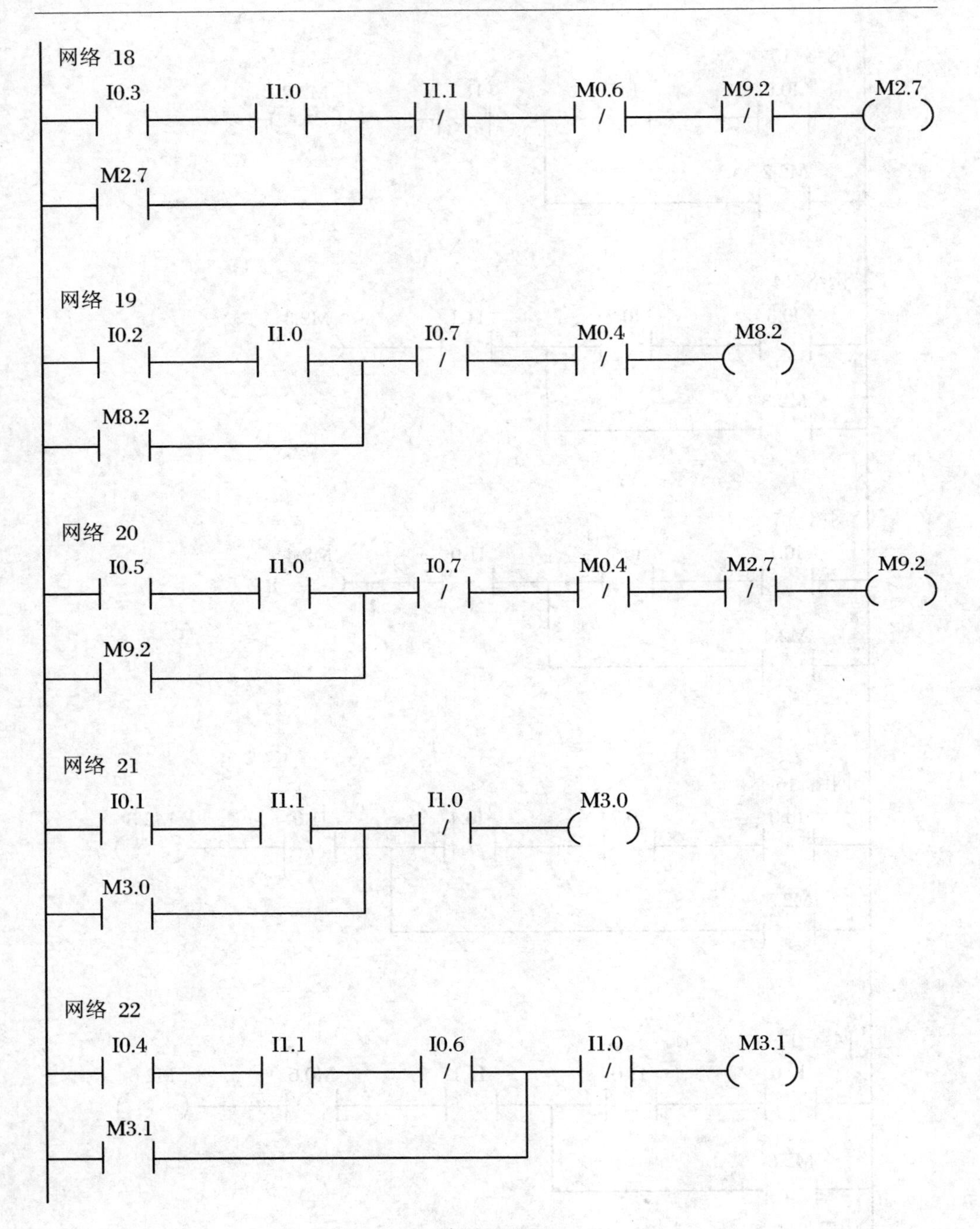
网络 18
I0.3
I1.0
I1.1
M0.6
M9.2
M2.7
M2.7
网络 19
I0.2
I1.0
I0.7
M0.4
M8.2
M8.2
网络 20
I0.5
I1.0
I0.7
M0.4
M2.7
M9.2
M9.2
网络 21
I0.1
I1.1
I1.0
M3.0
M3.0
网络 22
I0.4
I1.1
I0.6
I1.0
M3.1
M3.1

续图 2.20.2

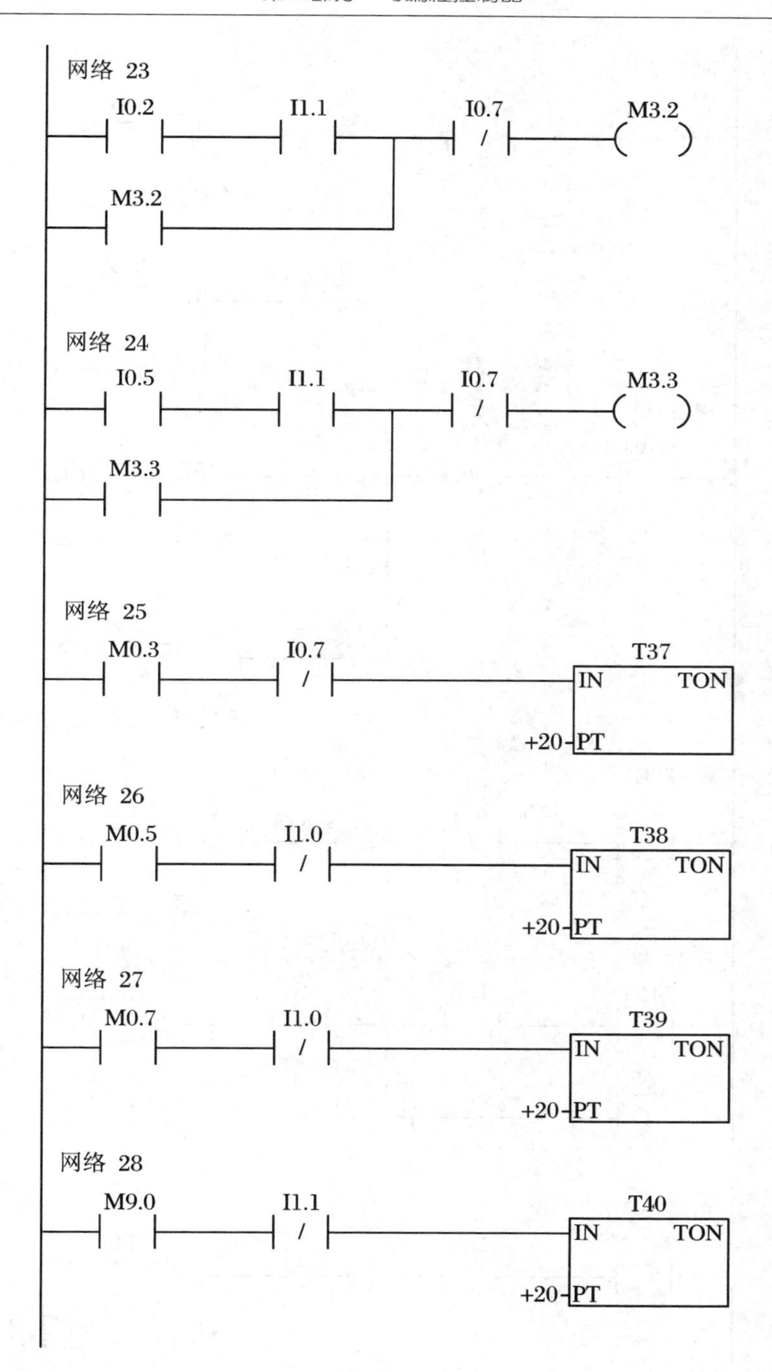
网络 23
I0.2
I1.1
I0.7
M3.2
M3.2
网络 24
I0.5
I1.1
I0.7
M3.3
M3.3
网络 25
M0.3
I0.7
T37
IN
TON
+20
PT
网络 26
M0.5
I1.0
T38
IN
TON
+20
PT
网络 27
M0.7
I1.0
T39
IN
TON
+20
PT
网络 28
M9.0
I1.1
T40
IN
TON
+20
PT

续图 2.20.2

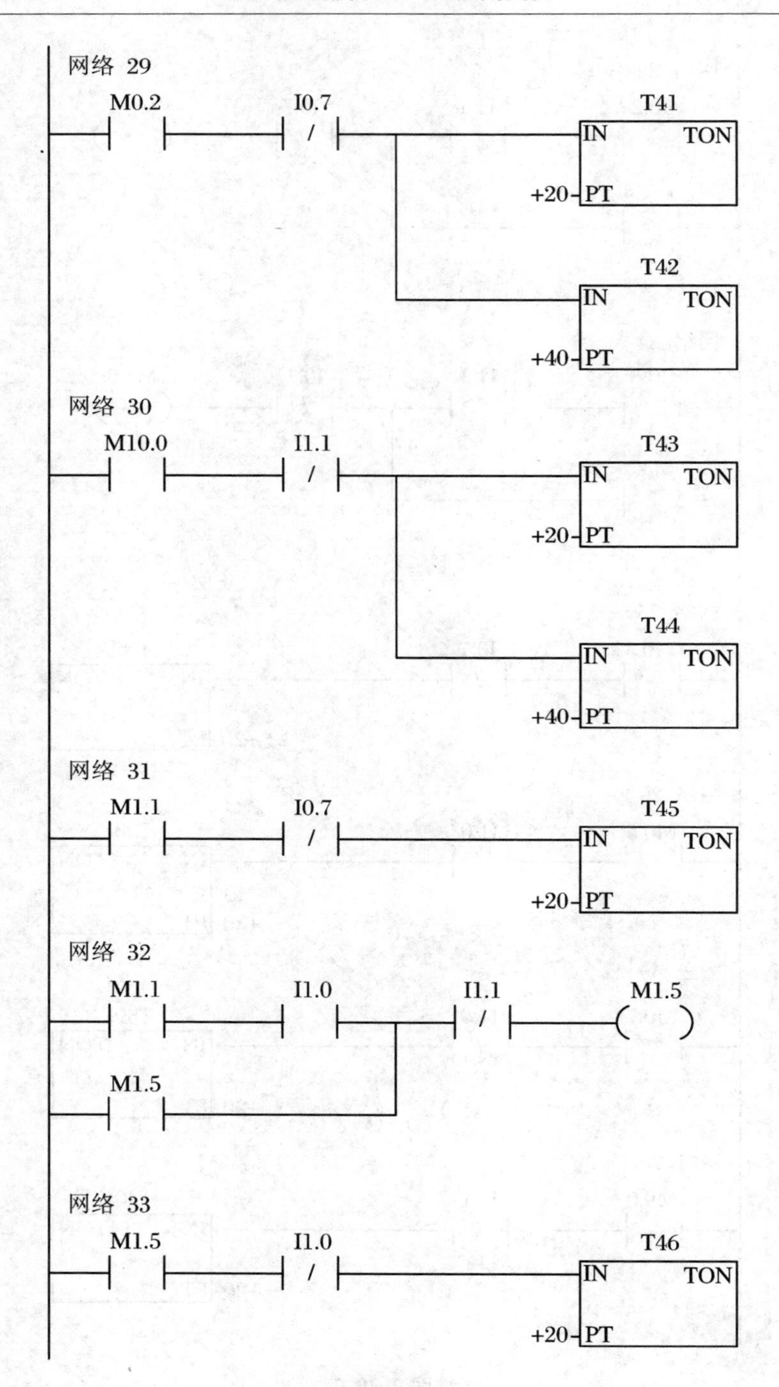
网络 29
M0.2
I0.7
T41
IN TON
+20 PT
T42
IN TON
+40 PT
网络 30
M10.0
I1.1
T43
IN TON
+20 PT
T44
IN TON
+40 PT
网络 31
M1.1
I0.7
T45
IN TON
+20 PT
网络 32
M1.1
I1.0
I1.1
M1.5
M1.5
网络 33
M1.5
I1.0
T46
IN TON
+20 PT

续图 2.20.2

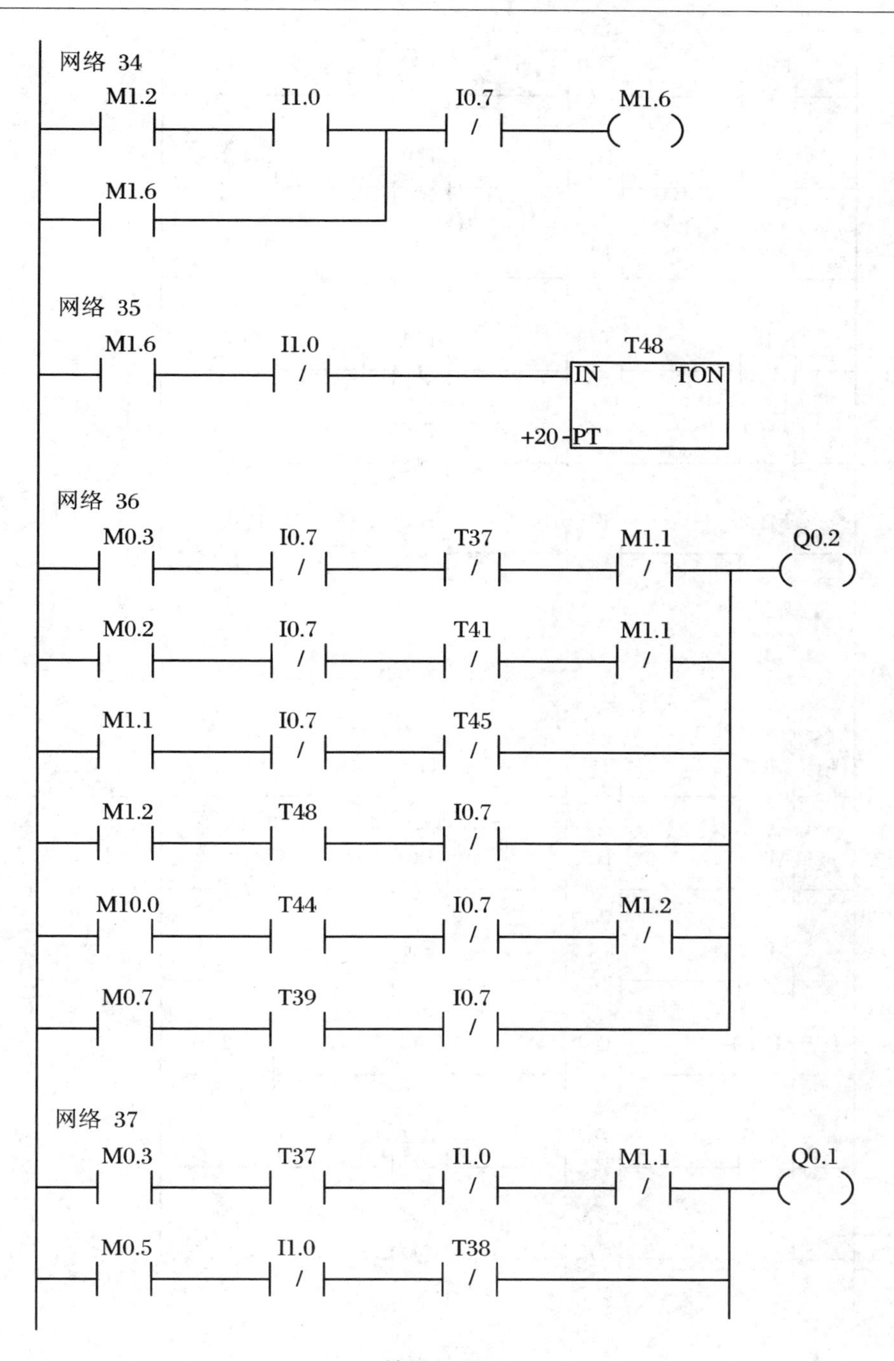
网络 34
M1.2
I1.0
I0.7
M1.6
M1.6
网络 35
M1.6
I1.0
T48
IN
TON
+20
PT
网络 36
M0.3
I0.7
T37
M1.1
Q0.2
M0.2
I0.7
T41
M1.1
M1.1
I0.7
T45
M1.2
T48
I0.7
M10.0
T44
I0.7
M1.2
M0.7
T39
I0.7
网络 37
M0.3
T37
I1.0
M1.1
Q0.1
M0.5
I1.0
T38

续图 2.20.2

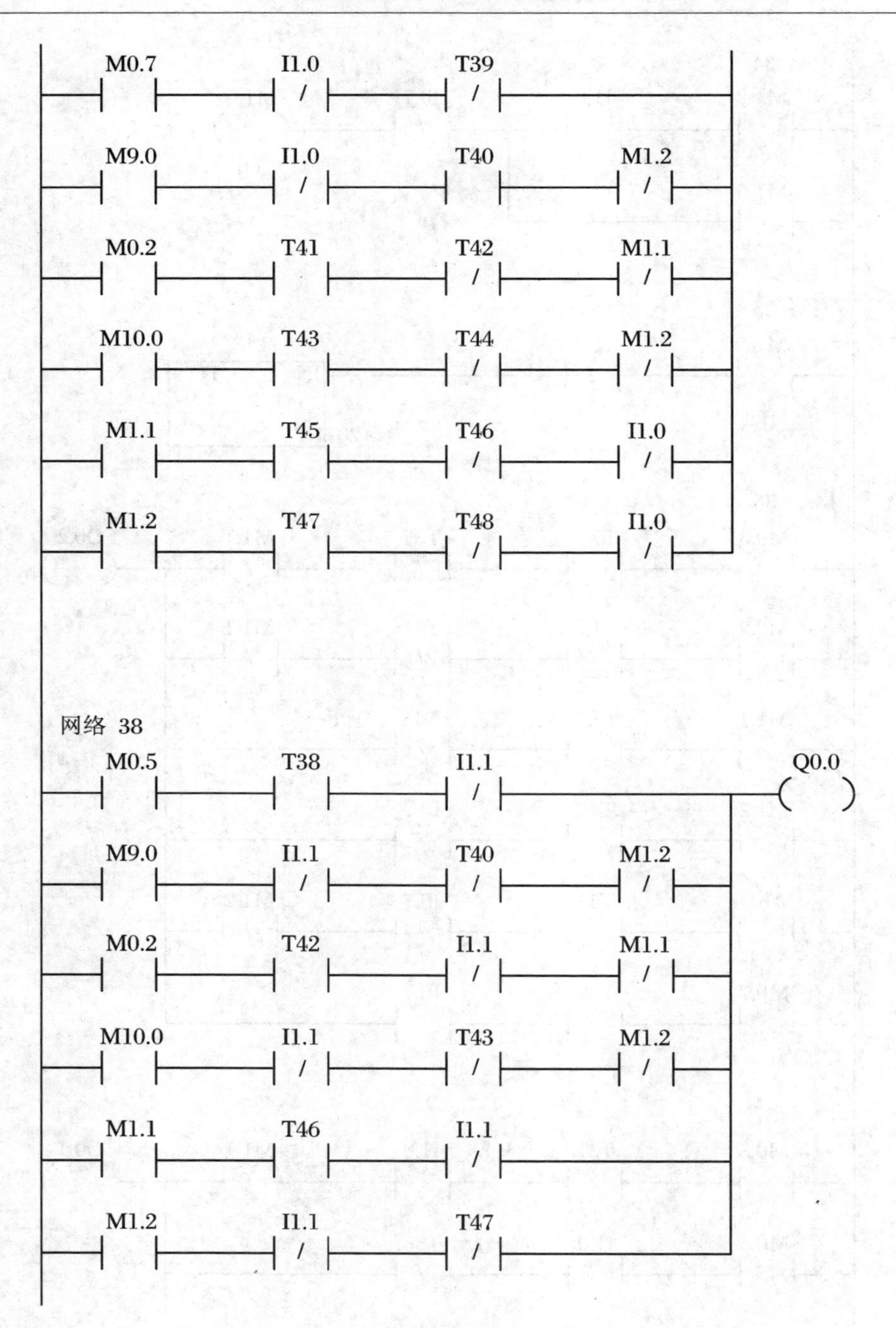
M0.7
I1.0
T39
M9.0
I1.0
T40
M1.2
M0.2
T41
T42
M1.1
M10.0
T43
T44
M1.2
M1.1
T45
T46
I1.0
M1.2
T47
T48
I1.0
网络 38
M0.5
T38
I1.1
Q0.0
M9.0
I1.1
T40
M1.2
M0.2
T42
I1.1
M1.1
M10.0
I1.1
T43
M1.2
M1.1
T46
I1.1
M1.2
I1.1
T47

续图 2.20.2

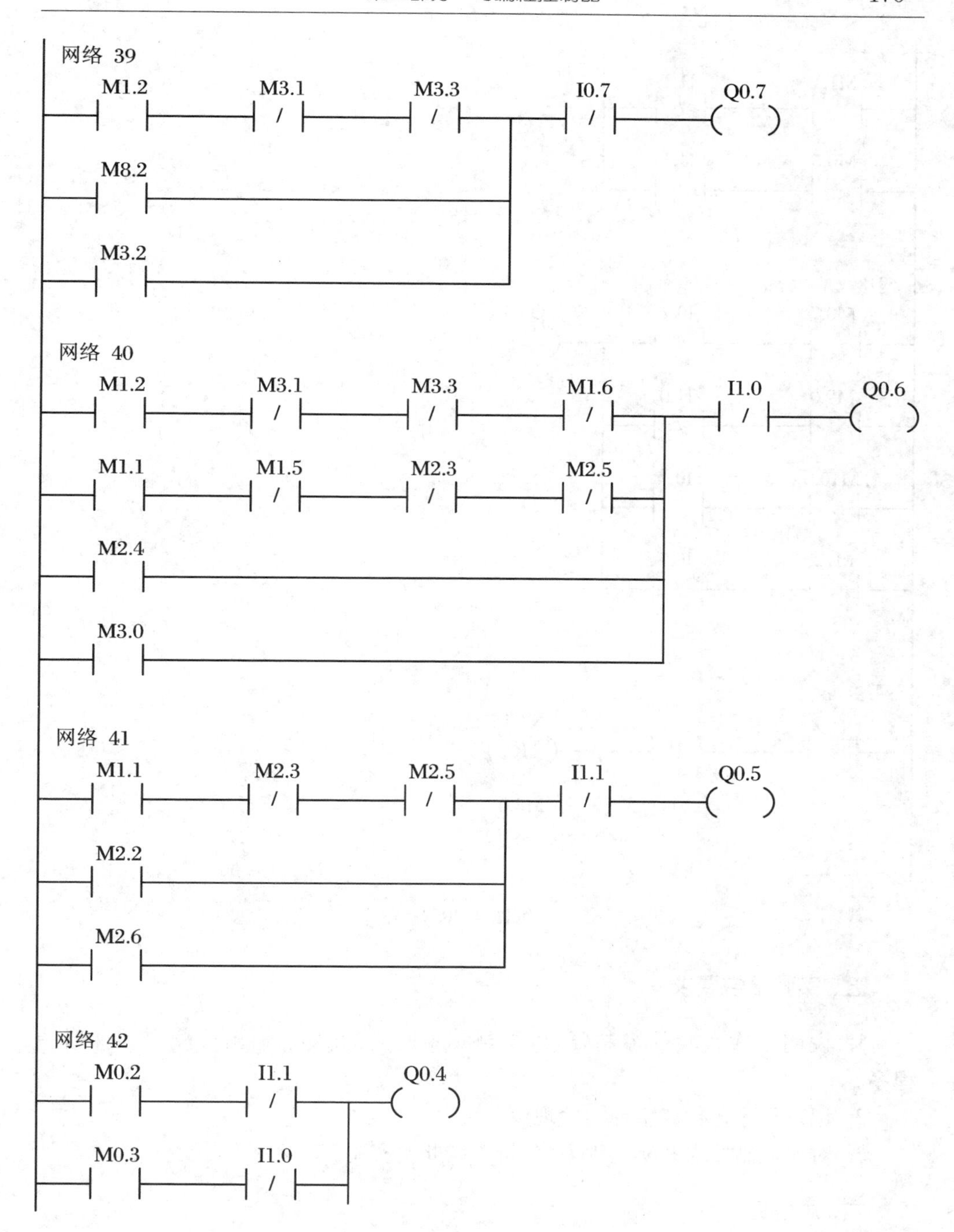
网络 39
M1.2
M3.1
M3.3
I0.7
Q0.7
M8.2
M3.2
网络 40
M1.2
M3.1
M3.3
M1.6
I1.0
Q0.6
M1.1
M1.5
M2.3
M2.5
M2.4
M3.0
网络 41
M1.1
M2.3
M2.5
I1.1
Q0.5
M2.2
M2.6
网络 42
M0.2
I1.1
Q0.4
M0.3
I1.0

续图 2.20.2

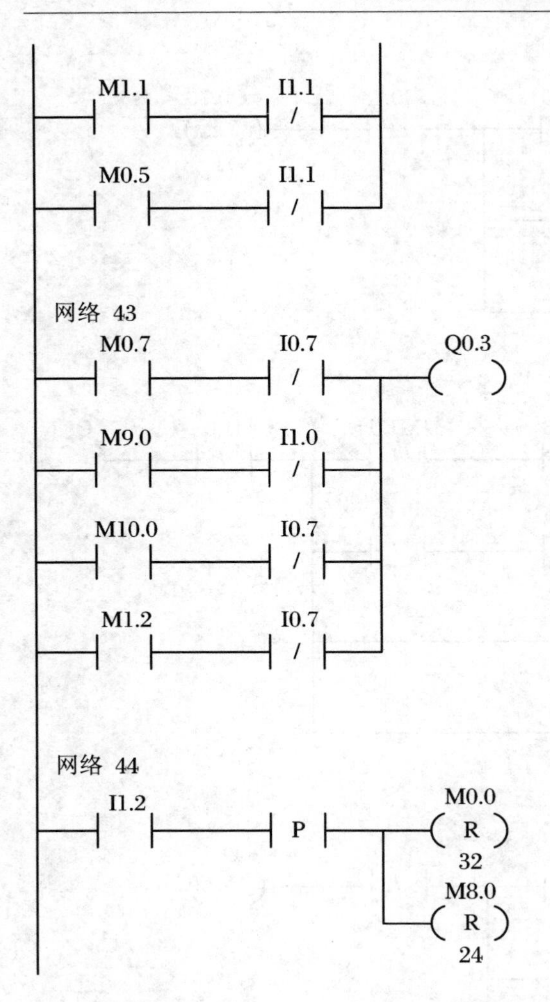

续图 2.20.2

五、实验报告要求

1. 说明本次实验的控制要求,绘制实验所用的输入/输出分配表和梯形图程序。

2. 记录程序运行产生的实验现象。

3. 对比控制要求和实验现象,分析总结此次实验。

六、思考题

分析程序,解释程序是如何实现控制要求的。

实验二十一　加工中心的模拟控制

在加工中心单元完成本实验。

一、实验目的

通过对加工中心实验的模拟，掌握运用PLC解决实际问题的方法。

二、实验说明

T1、T2为钻头，用其实现钻功能；T3、T4为铣刀，用其实现铣刀功能。X轴、Y轴、Z轴模拟加工中心三坐标的六个方向上的运动。围绕T1～T4刀具，分别运用X轴的左右运动、Y轴的前后运动、Z轴的上下运动实现整个加工过程的演示。在X、Y、Z轴运动中，用DECX、DECY、DECZ按钮模拟伺服电机的反馈控制。

用X左、X右拨动开关模拟X轴的左、右方向限位；用Y前、Y后模拟Y轴的前、后限位；用Z上、Z下模拟刀具的退刀和进刀过程中的限位现象。

本次实验分自动演示循环工作过程和现场工作过程两种。

三、实验设备

THSMS～A型可编程控制器、电脑（安装STEP7-Micro/Win软件）。

四、实验内容

1. 实验面板如图2.21.1所示。

● 自动演示循环工作过程实验

（1）自动演示循环工作过程分析如图2.21.2所示。

接通运行控制开关后，系统按照图2.21.2所示过程启动自动演示循环工作过程。断开运行控制开关，停止自动演示循环工作过程。

（2）自动演示过程的输入/输出分配见表2.21.1。

表2.21.1

运行控制	运行指示	X灯	Y灯	Z灯	T1	T2	T3	T4
I0.0	Q0.7	Q0.0	Q0.3	Q0.1	Q0.2	Q0.4	Q0.5	Q0.6

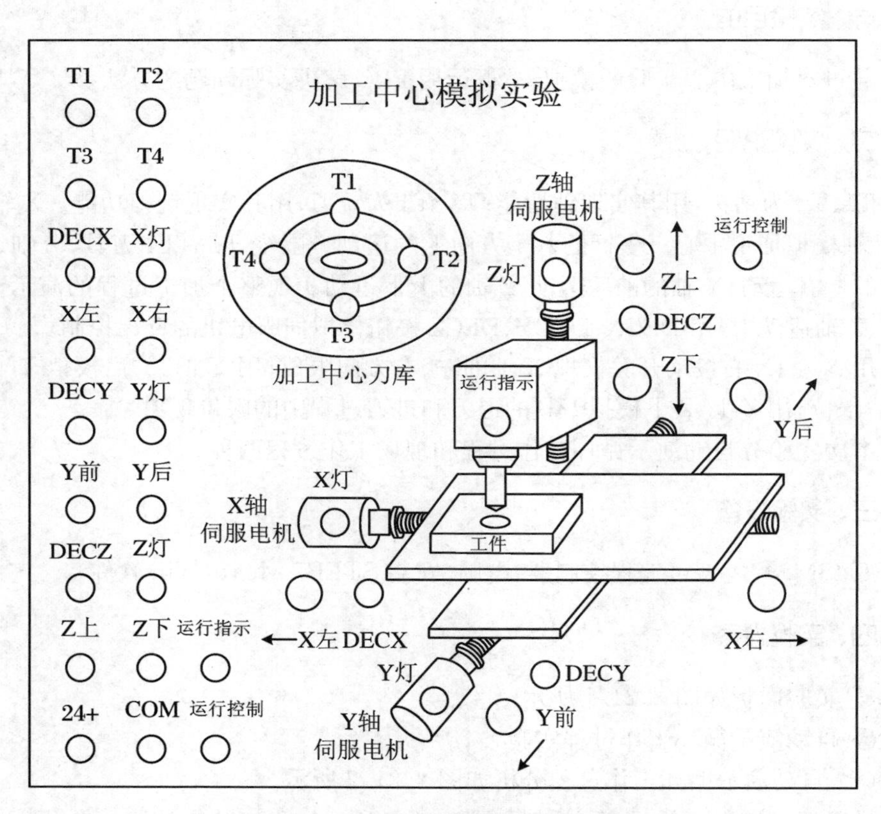

图 2.21.1 加工中心模拟控制实验面板

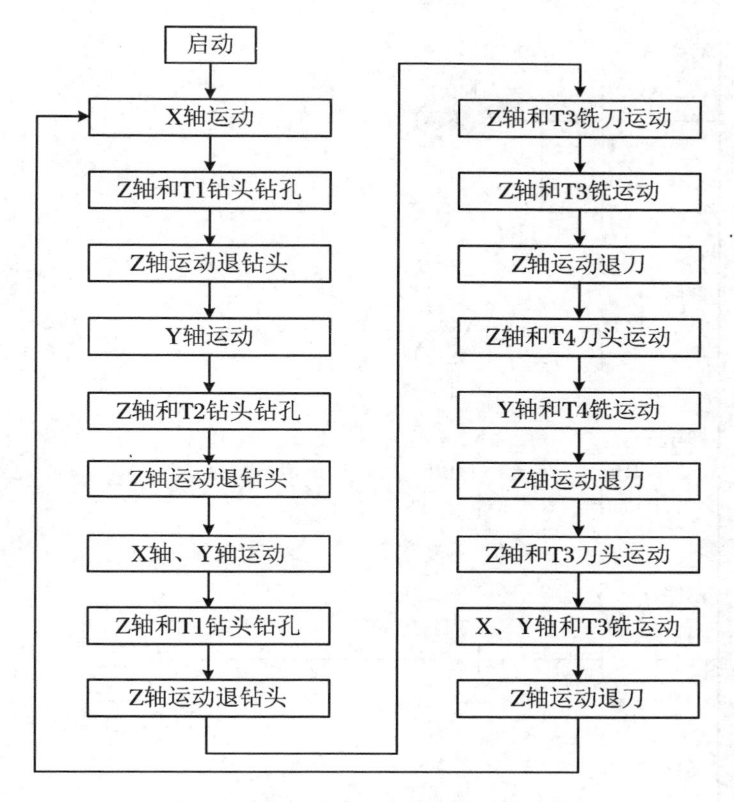

图 2.21.2 自动演示循环工作过程分析

(3) 梯形图参考程序如图 2.21.3 所示。

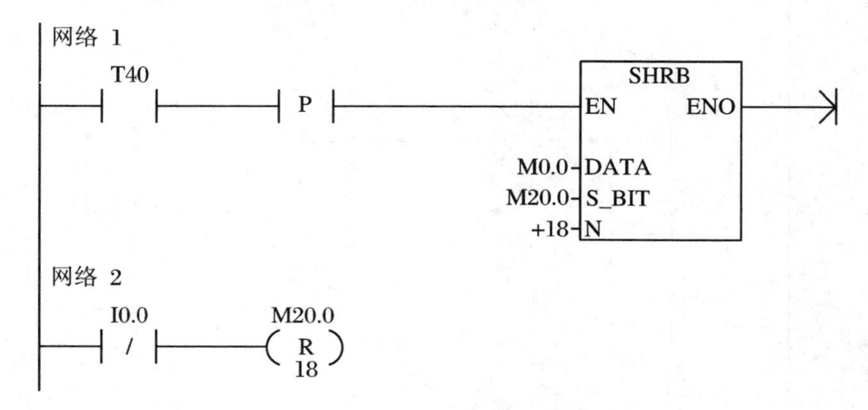

图 2.21.3 自动演示循环工作过程梯形图参考程序

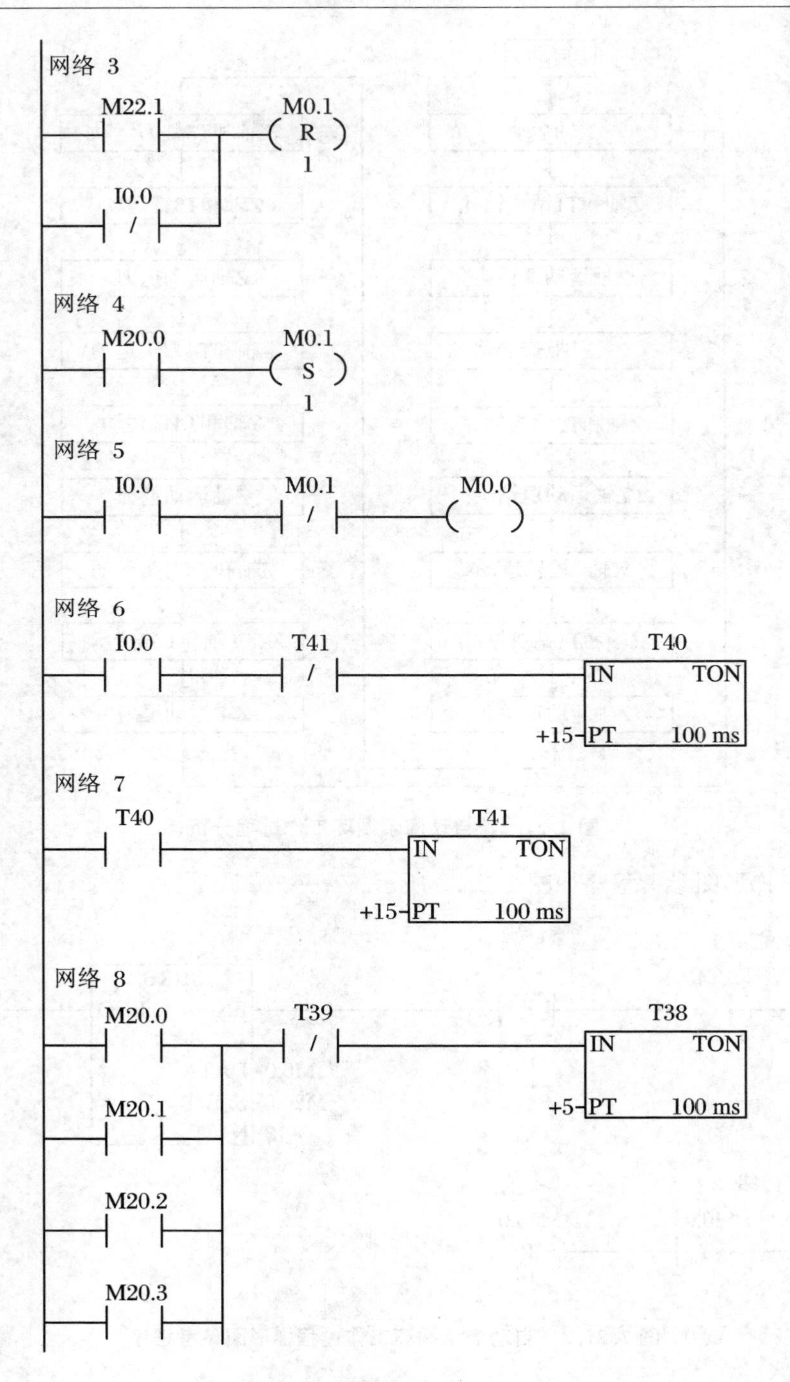
网络 3
M22.1
M0.1
R
1
I0.0
/
网络 4
M20.0
M0.1
S
1
网络 5
I0.0
M0.1
/
M0.0
网络 6
I0.0
T41
/
T40
IN TON
+15-PT 100 ms
网络 7
T40
T41
IN TON
+15-PT 100 ms
网络 8
M20.0
T39
/
T38
IN TON
+5-PT 100 ms
M20.1
M20.2
M20.3

续图 2.21.3

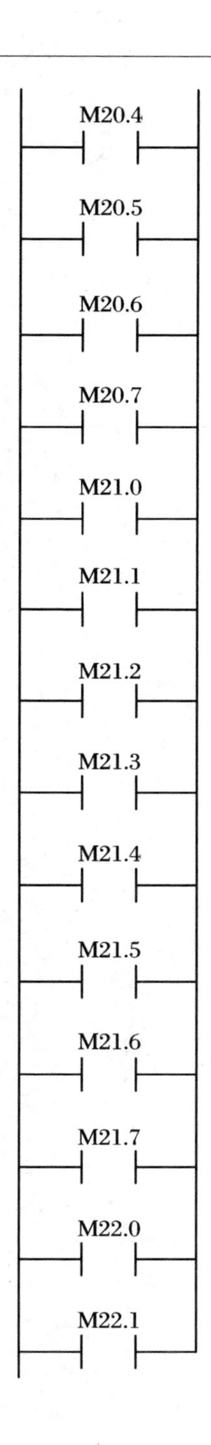
M20.4
M20.5
M20.6
M20.7
M21.0
M21.1
M21.2
M21.3
M21.4
M21.5
M21.6
M21.7
M22.0
M22.1

续图 2.21.3

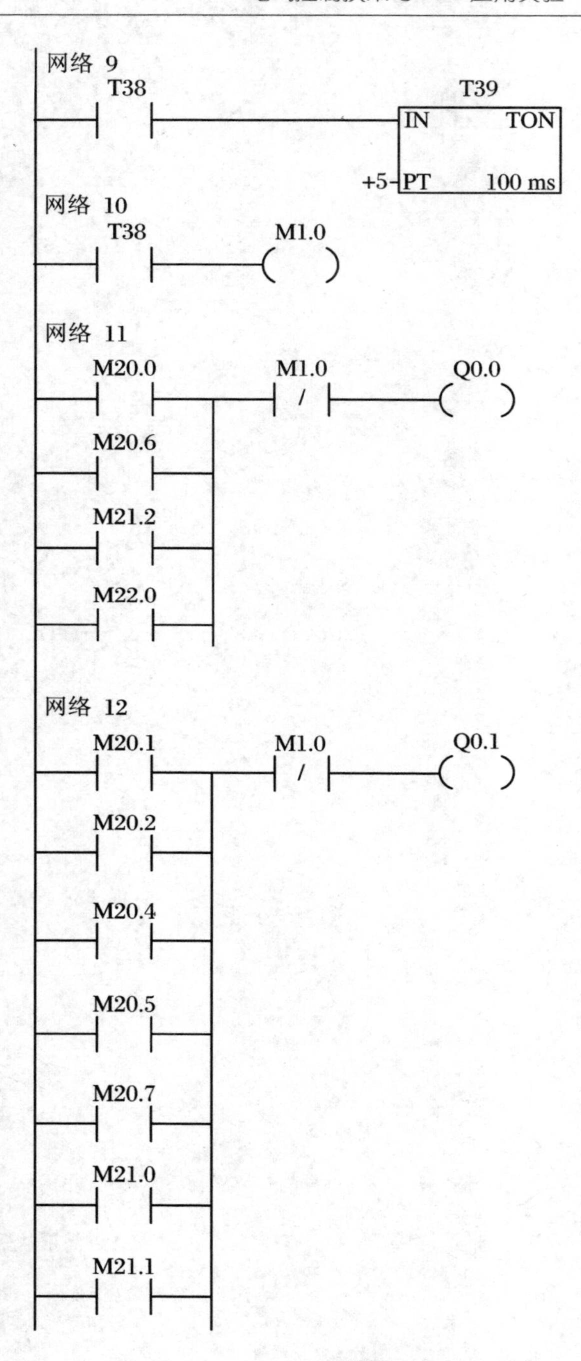
网络 9
T38
T39
IN
TON
+5
PT
100 ms
网络 10
T38
M1.0
网络 11
M20.0
M1.0
/
Q0.0
M20.6
M21.2
M22.0
网络 12
M20.1
M1.0
/
Q0.1
M20.2
M20.4
M20.5
M20.7
M21.0
M21.1

续图 2.21.3

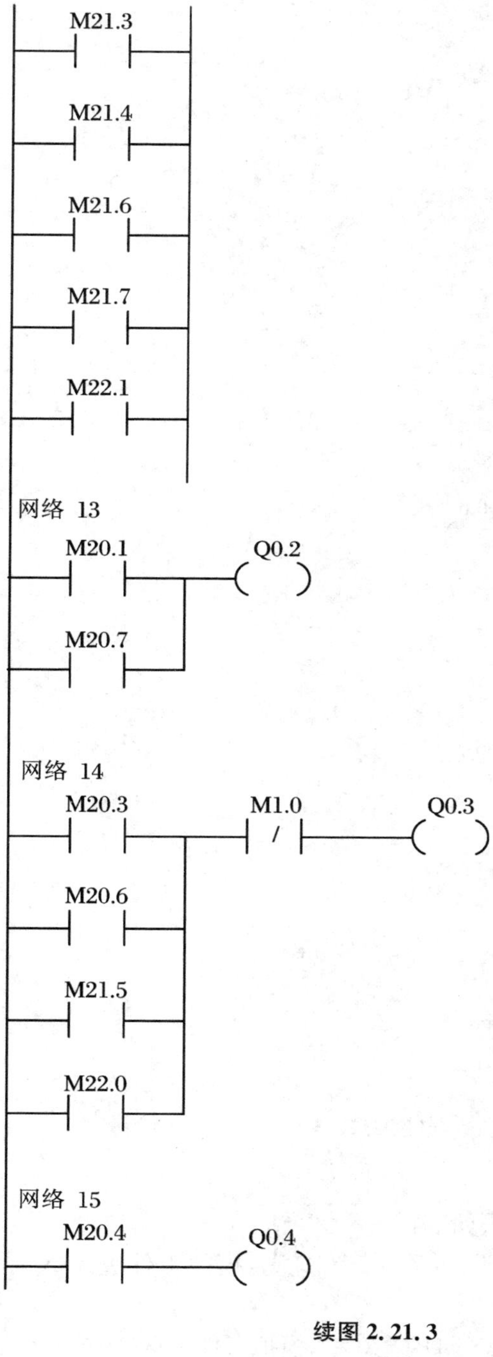

M21.3
M21.4
M21.6
M21.7
M22.1

网络 13

M20.1　Q0.2
M20.7

网络 14

M20.3　M1.0　Q0.3
M20.6
M21.5
M22.0

网络 15

M20.4　Q0.4

续图 2.21.3

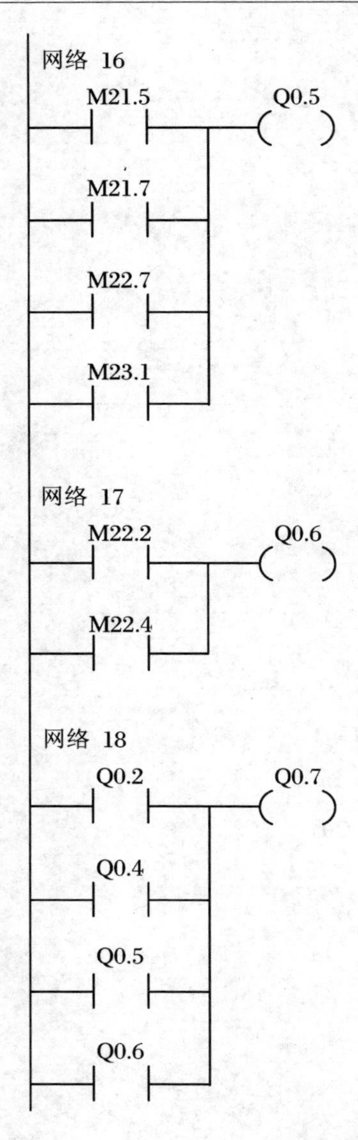

续图 2.21.3

● 现场模拟工作过程实验

(1) 现场模拟工作过程分析如下：

① 拨通"运行控制"开关，启动系统。X 灯亮，模拟工件进入 X 轴向左运行状态。

② 触动"DECX"按钮三次，X 灯闪亮 3 秒，模拟工件沿 X 轴向左运行三步。拨动"X 左"限位开关，模拟工件已到指定位置。此时 Z 灯、T2 灯亮，模拟选取 T2 钻

头，并开始沿 Z 轴向下运动。

③ 触动“DECZ”按钮三次，Z 灯闪亮 3 秒，模拟 T2 钻头沿 Z 轴向下运行三步，对工件进行钻孔。拨动“Z 下”限位开关，T2 灯灭，模拟钻头已对工件加工完毕。

④ 触动“DECZ”按钮三次，Z 灯闪亮 3 秒，模拟 T2 钻头沿 Z 轴向上返回刀库。拨动“Z 上”限位开关，模拟 T2 钻头已返回刀库。T4 灯亮，模拟选取 T4 铣刀，准备对工件进行铣加工。

⑤ 触动“DECZ”按钮三次，Z 灯闪亮 3 秒，模拟 T4 铣刀沿 Z 轴向下运行三步。拨动“Z 下”限位开关，模拟 T4 铣刀向下移动到位。Y 灯亮，模拟 T4 铣刀开始沿 Y 轴向前方向对工件铣加工。

⑥ 触动“DECY”按钮四次后，Y 灯闪亮 4 秒，模拟 T4 铣刀沿 Y 轴向前方向运行四步。拨动“Y 前”限位开关，T4 灯灭，Z 灯亮，模拟铣刀已对工件加工完毕，系统进入退刀状态。

⑦ 触动“DECZ”按钮三次，Z 灯闪亮 3 秒，模拟 T4 铣刀沿 Z 轴向上返回刀库。置位“Z 上”限位开关，模拟铣刀 T4 已回刀库。Y 灯亮，模拟 Y 轴进入向后返回状态。

⑧ 触动“DECY”按钮四次，Y 灯闪亮 4 秒，模拟工作台沿 Y 轴向后返回。拨动“Y 后”限位开关，模拟 Y 轴向后返回到位。X 灯亮，模拟 X 轴进入向后返回状态。

⑨ 触动“DECX”按钮三次，X 灯闪亮 3 秒，模拟工作台沿 X 轴向右返回，拨动“X 右”限位开关，模拟 X 轴返回到位。X 示灯亮，进入下一轮加工循环。

注：除“运行控制”开关之外，各位置开关动作之后都须复位，即接通后就断开。

(2) 现场工作过程的输入/输出分配件见表 2.21.2。

表 2.21.2

输入	运行控制	DECX	DECY	DECZ	X 左	X 右	Y 前	Y 后	Z 上	Z 下
	I0.0	I0.1	I0.2	I0.3	I0.4	I0.5	I0.6	I0.7	I1.0	I1.1
输出	运行指示	T2	T4	X 灯	Y 灯	Z 灯				
	Q0.0	Q0.2	Q0.4	Q0.5	Q0.6	Q0.7				

(3) 梯形图参考程序如图 2.21.4 所示。

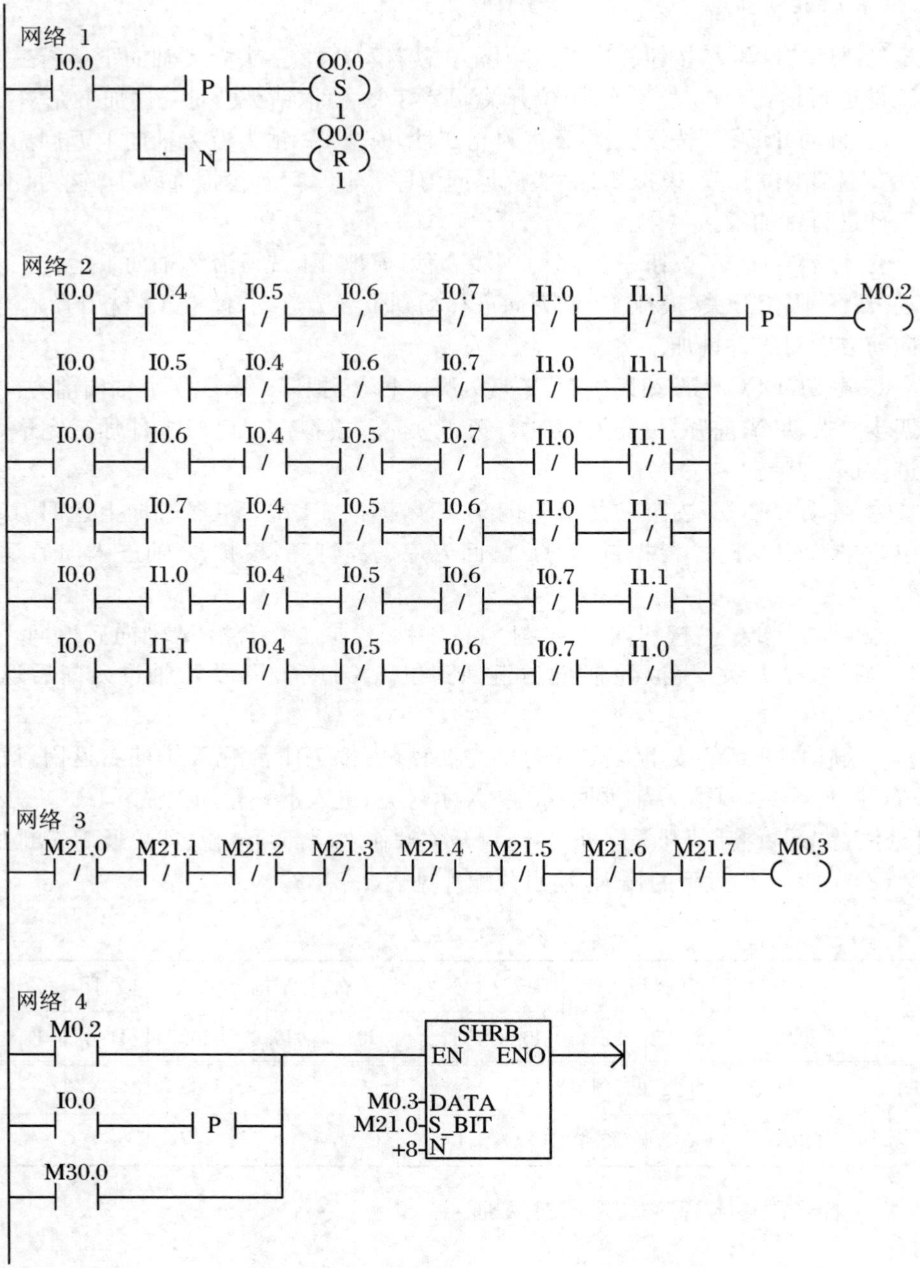

网络 1
I0.0
P
Q0.0
S
1
N
Q0.0
R
1

网络 2
I0.0 I0.4 I0.5 I0.6 I0.7 I1.0 I1.1 P M0.2
I0.0 I0.5 I0.4 I0.6 I0.7 I1.0 I1.1
I0.0 I0.6 I0.4 I0.5 I0.7 I1.0 I1.1
I0.0 I0.7 I0.4 I0.5 I0.6 I1.0 I1.1
I0.0 I1.0 I0.4 I0.5 I0.6 I0.7 I1.1
I0.0 I1.1 I0.4 I0.5 I0.6 I0.7 I1.0

网络 3
M21.0 M21.1 M21.2 M21.3 M21.4 M21.5 M21.6 M21.7 M0.3

网络 4
M0.2
I0.0
P
M30.0
SHRB
EN ENO
M0.3 DATA
M21.0 S_BIT
+8 N

图 2.21.4 现场模拟控制工作过程梯形图参考程序

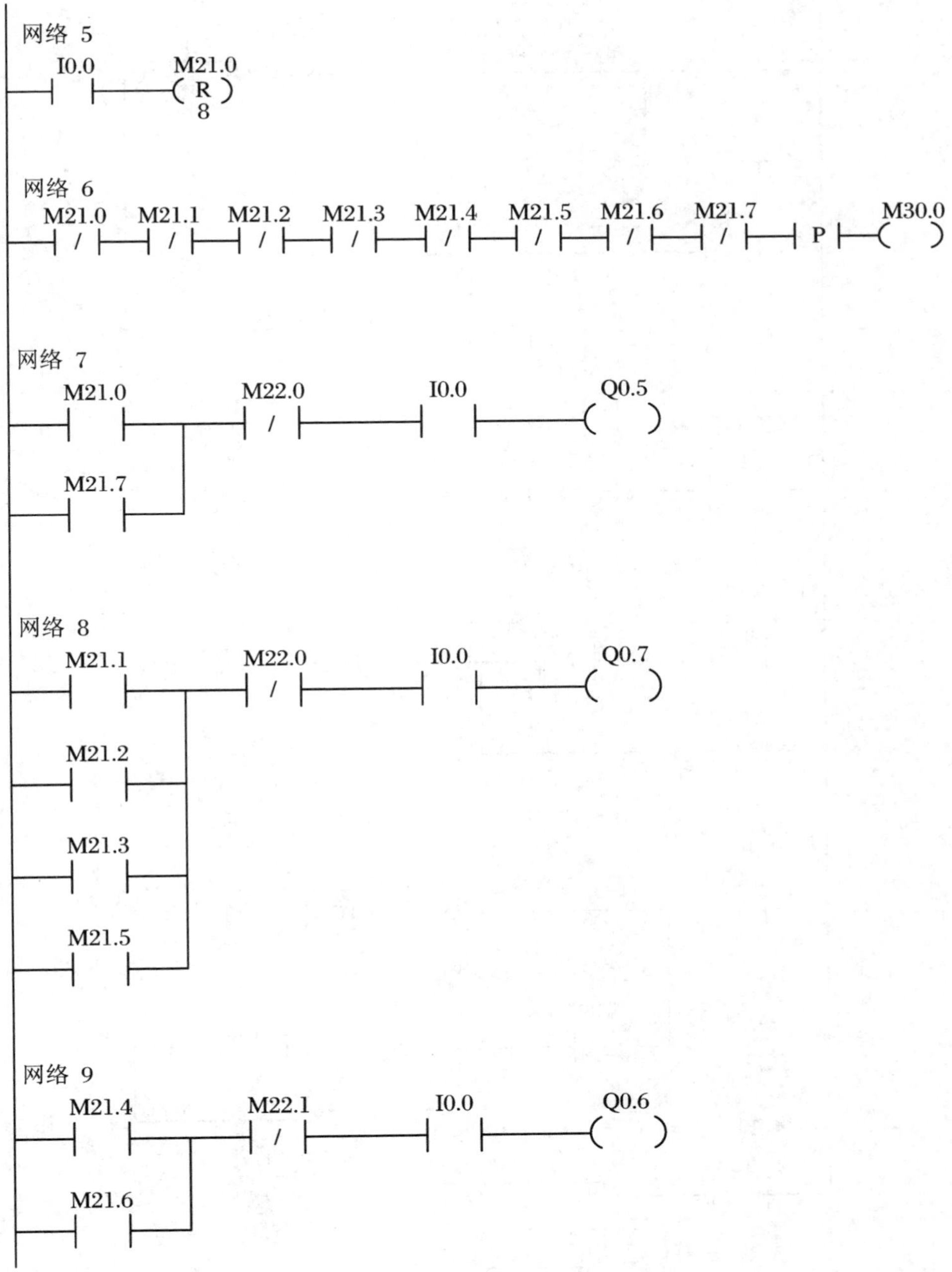

网络 5

I0.0　M21.0 (R 8)

网络 6

M21.0 / M21.1 / M21.2 / M21.3 / M21.4 / M21.5 / M21.6 / M21.7 / P M30.0 ( )

网络 7

M21.0 M21.7 M22.0 / I0.0 Q0.5 ( )

网络 8

M21.1 M21.2 M21.3 M21.5 M22.0 / I0.0 Q0.7 ( )

网络 9

M21.4 M21.6 M22.1 / I0.0 Q0.6 ( )

续图 2.21.4

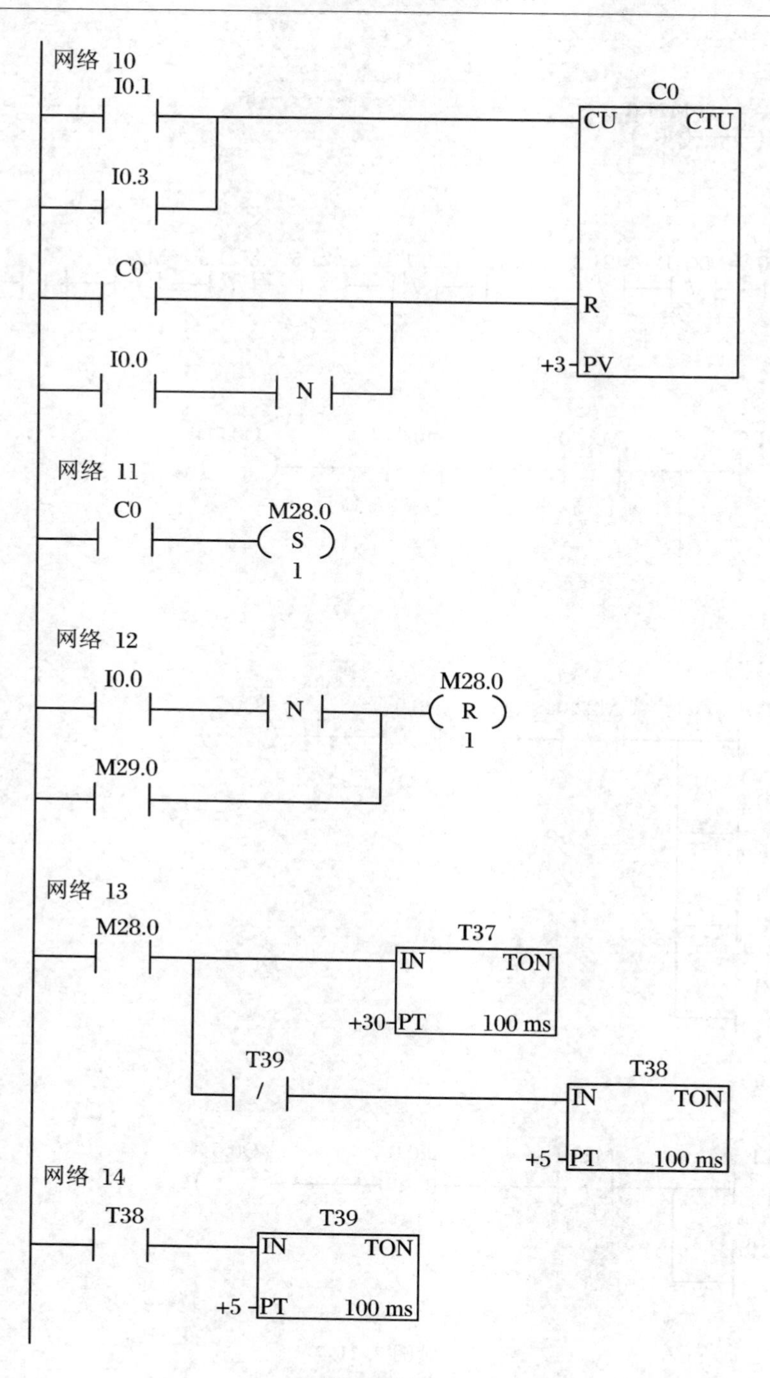

网络 10
I0.1
C0
CU CTU
I0.3
C0
R
I0.0
N
+3 PV
网络 11
C0
M28.0
S
1
网络 12
I0.0
N
M28.0
R
1
M29.0
网络 13
M28.0
T37
IN TON
+30 PT 100 ms
T39
/
T38
IN TON
+5 PT 100 ms
网络 14
T38
T39
IN TON
+5 PT 100 ms

续图 2.21.4

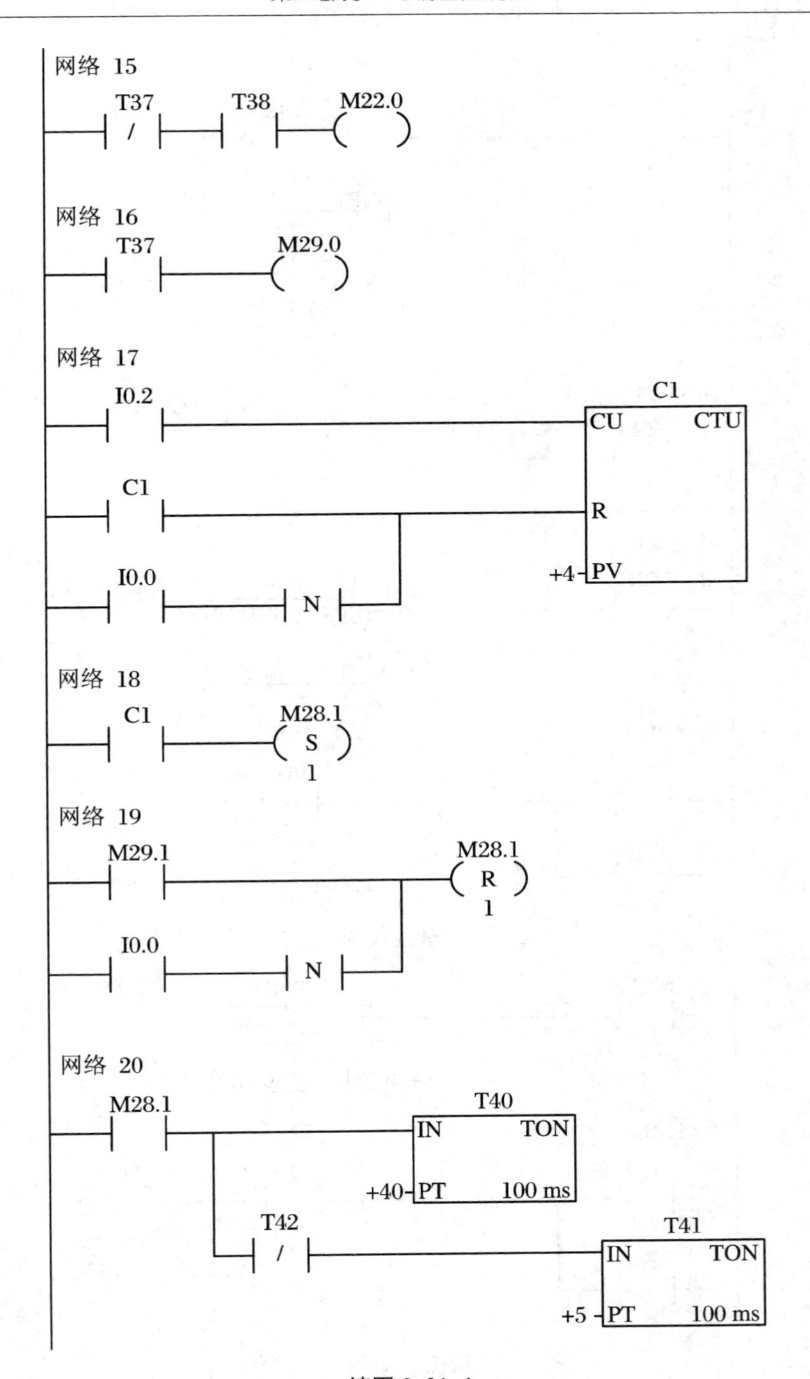

网络 15
T37
/
T38
M22.0
网络 16
T37
M29.0
网络 17
I0.2
C1
CU
CTU
C1
R
I0.0
N
+4
PV
网络 18
C1
M28.1
S
1
网络 19
M29.1
M28.1
R
1
I0.0
N
网络 20
M28.1
T40
IN
TON
+40
PT
100 ms
T42
/
T41
IN
TON
+5
PT
100 ms

续图 2.21.4

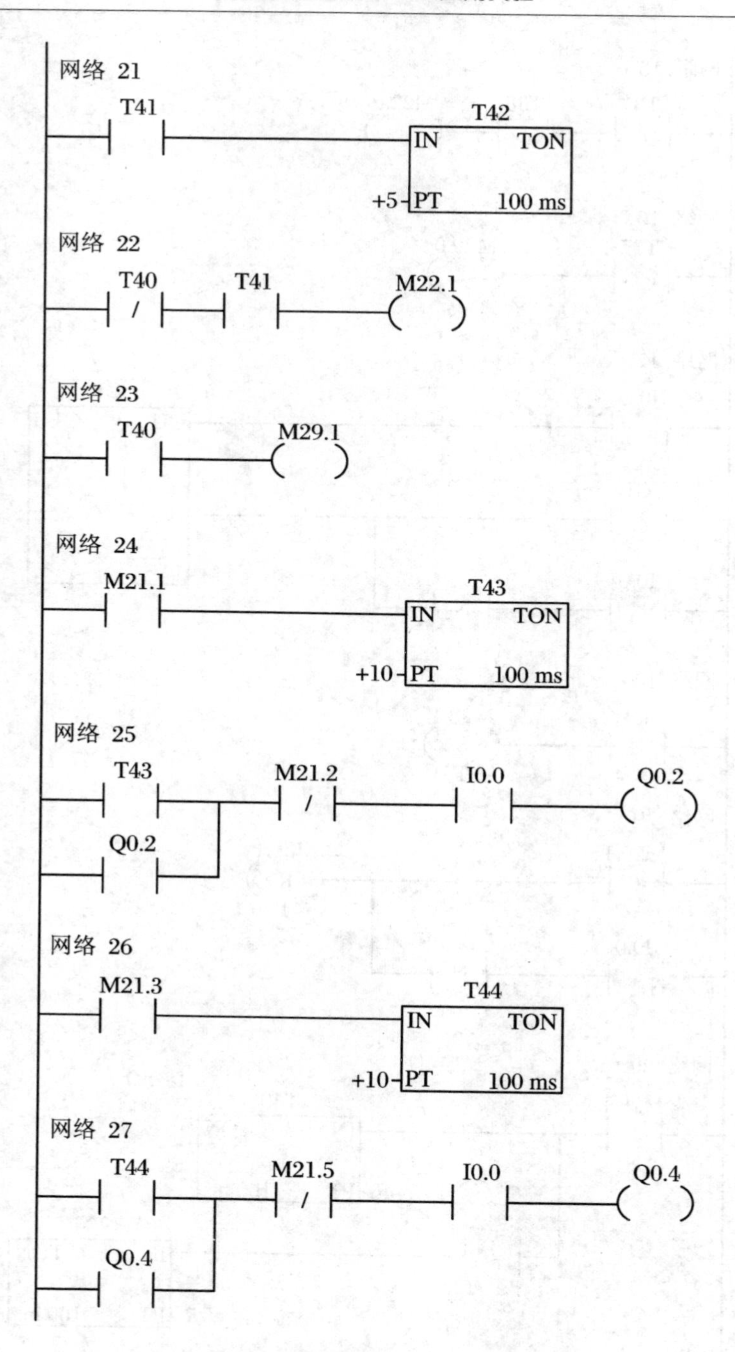
网络 21
T41
T42
IN
TON
+5
PT
100 ms
网络 22
T40
/
T41
M22.1
网络 23
T40
M29.1
网络 24
M21.1
T43
IN
TON
+10
PT
100 ms
网络 25
T43
M21.2
/
I0.0
Q0.2
Q0.2
网络 26
M21.3
T44
IN
TON
+10
PT
100 ms
网络 27
T44
M21.5
/
I0.0
Q0.4
Q0.4

续图 2.21.4

五、实验报告要求

1. 说明本次实验的控制要求，绘制实验所用的输入/输出分配表和梯形图程序。

2. 记录程序运行产生的实验现象。

3. 对比控制要求和实验现象，分析总结此次实验。

六、思考题

分析程序，解释程序是如何实现控制要求的。

附录　实验设备

一、THDK-1 型工厂电气控制(电力拖动)实验装置

“THDK-1 型工厂电气控制(电力拖动)实验装置”是浙江天煌科技实业有限公司根据“工厂电气控制(电力拖动)”实验教学大纲的要求,广泛吸收各高等院校及实验工作者的建议而设计的开放式实验台。该装置设计了三相可调交流电源和漏电保护、报警装置,并配备多个实验挂箱和三相异步交流电机,能对工厂电气控制(电力拖动)实验项目和课程设计进行实验操作,其性能安全可靠、操作方便,为师生提供一个既可作为教学实验、又可用于开发的工作平台。实验装置外观如图 F1 所示,电源仪器控制屏面板如图 F2 所示,实验挂箱面板如图 F3、图 F4、图 F5 所示。

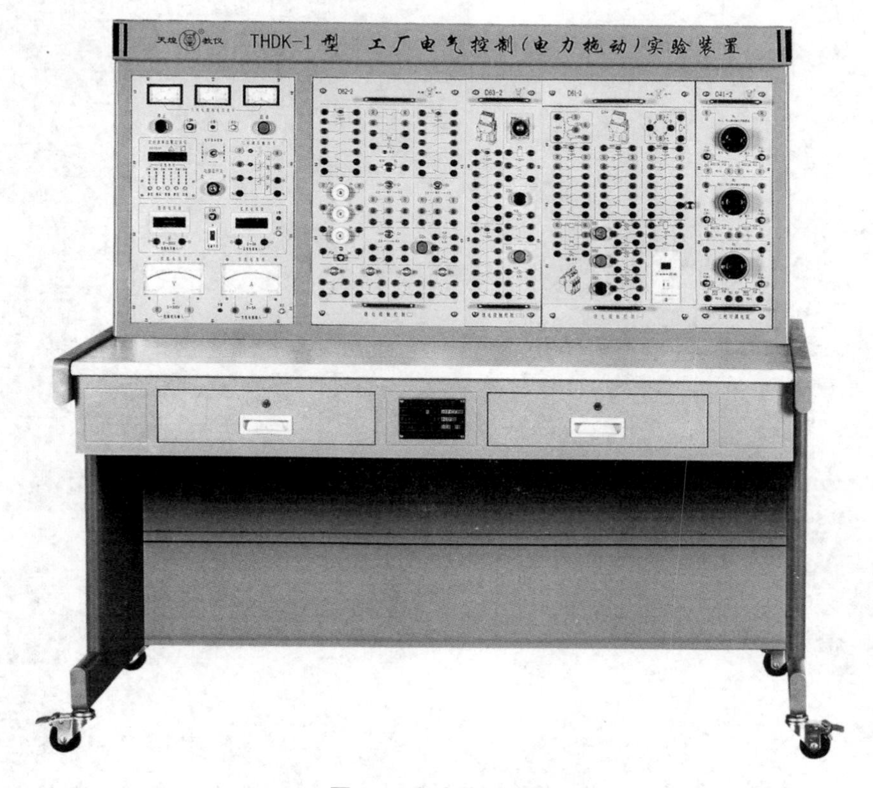

图 F1　实验装置外观

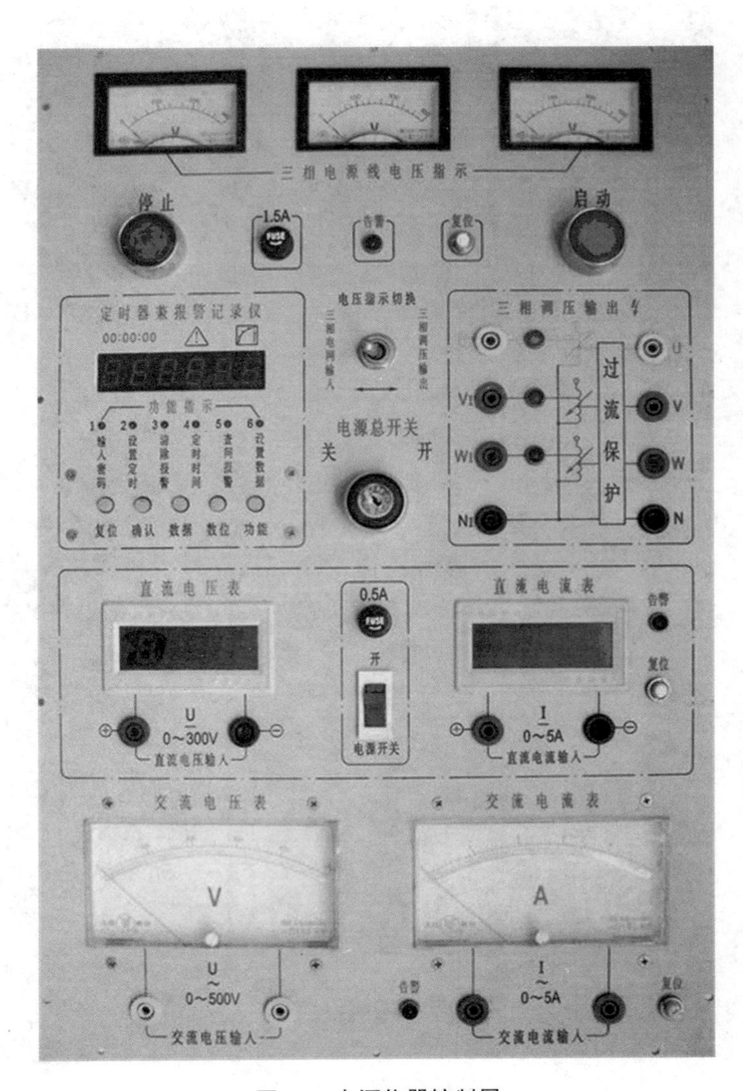
三相电源线电压指示
停止
1.5A
告警
复位
启动
定时器兼报警记录仪
00:00:00
功能指示
复位 确认 数据 数位 功能
电压指示切换
三相电网输入
三相调压输出
电源总开关
关
开
三相调压输出
U
V1
V
W1
W
N1
N
过流保护
直流电压表
0.5A
开
电源开关
直流电流表
告警
复位
U
0～300V
直流电压输入
I
0～5A
直流电流输入
交流电压表
交流电流表
V
A
U
0～500V
交流电压输入
告警
I
0～5A
交流电流输入
复位

图 F2　电源仪器控制屏

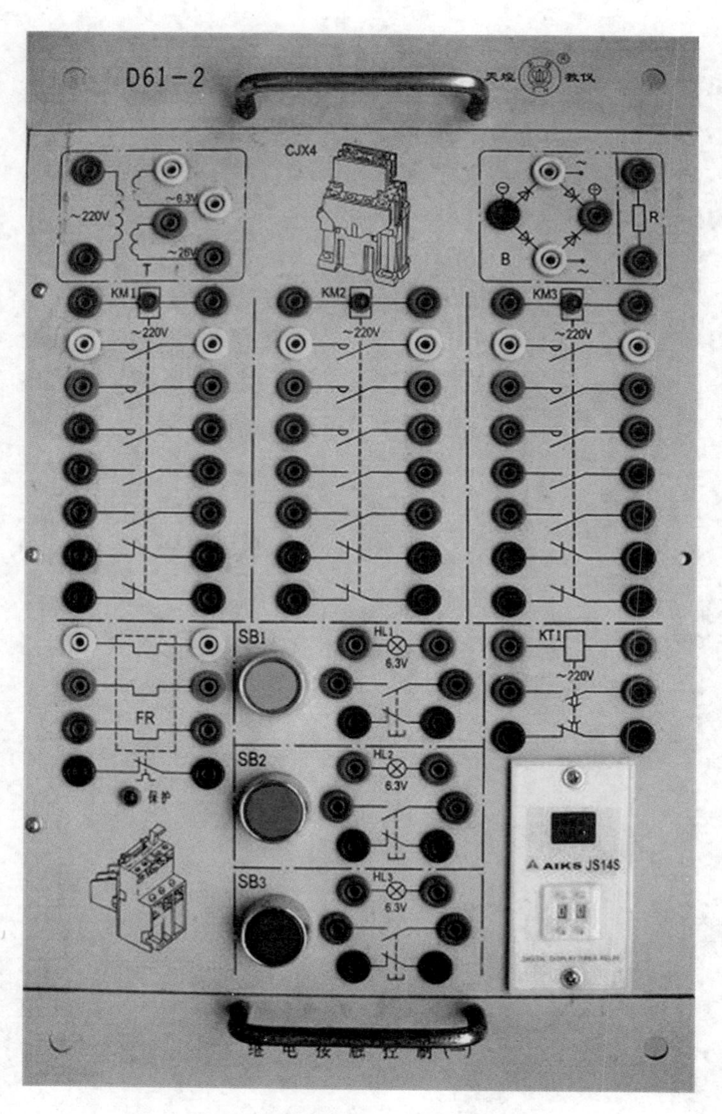

图 F3 实验挂箱 D61-2 面板

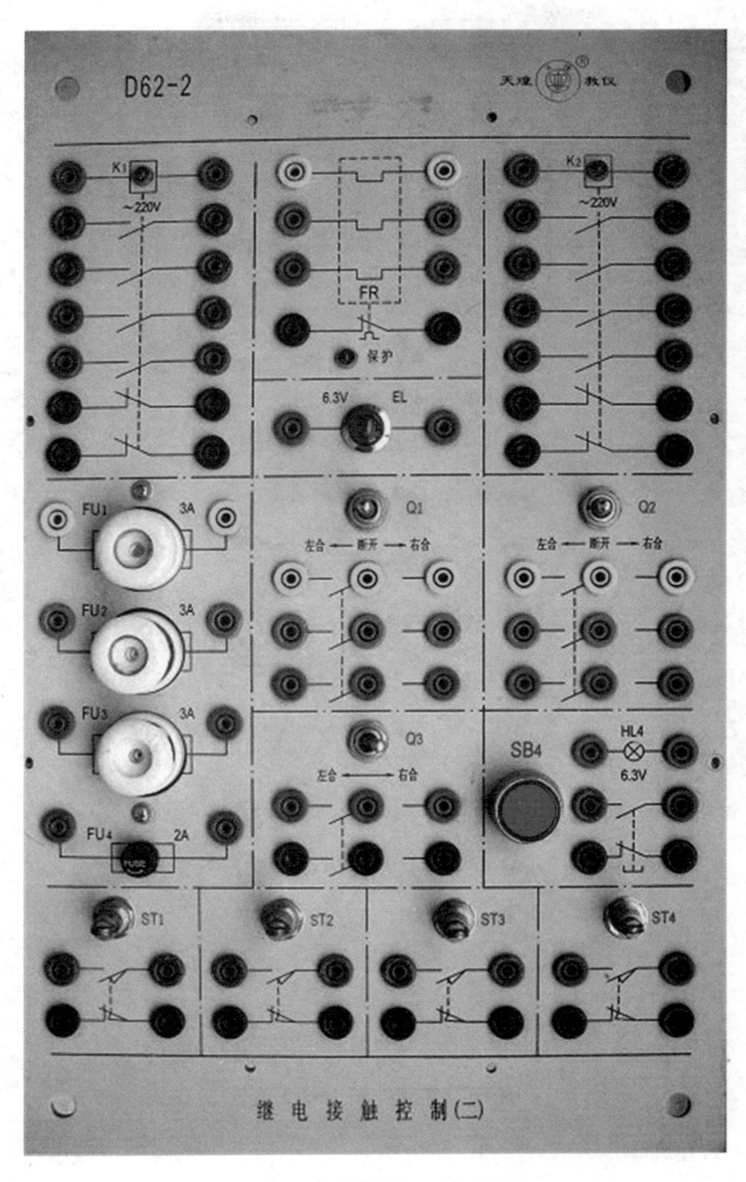

图 F4　实验挂箱 D62-2 面板

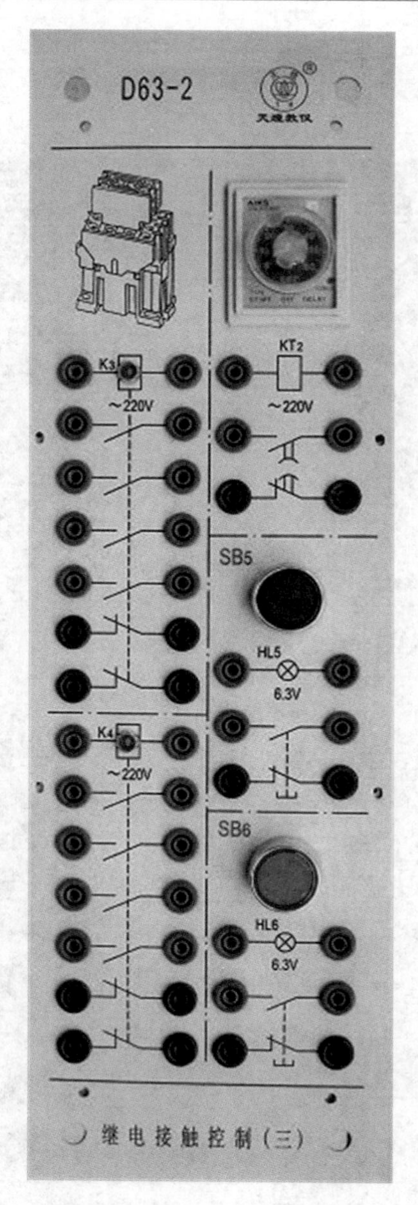

图 F5　实验挂箱 D63-2 面板

使用注意事项：

1. 使用前务必熟悉实验装置的组成和功能，尤其是电源仪器控制屏上三相交流电源的输出位置和调节方法。熟练掌握接通和断开实验用电的开关、按钮和过程。

2. 实验前先检查电源是否正常，是否符合实验线路要求。
3. 实验接线前必须先断开电源，严禁带电接线。
4. 接线完毕，检查无误后方能接通电源。
5. 实验完毕，及时关闭各电源开关，整理好实验连接线放入规定位置。

二、THSMS-A 型可编程控制器实验装置

“THSMS-A 型可编程控制实验装置”是浙江天煌科技实业有限公司根据“可编程控制器原理与应用”实验教学大纲的要求，广泛吸收各高等院校及实验工作者的建议而设计的开放式实验台。该装置以德国西门子公司小型 PLC S7-200 系列中的 CPU224CN 为控制器，设计了多个实验面板，能对可编程控制器实验项目和课程设计进行实验操作，其性能优良可靠、操作方便，为师生提供一个既可作为教学实验、又可用于开发的工作平台。实验装置外观如图 F6 所示，实验装置面板如图 F7、图 F8 所示。

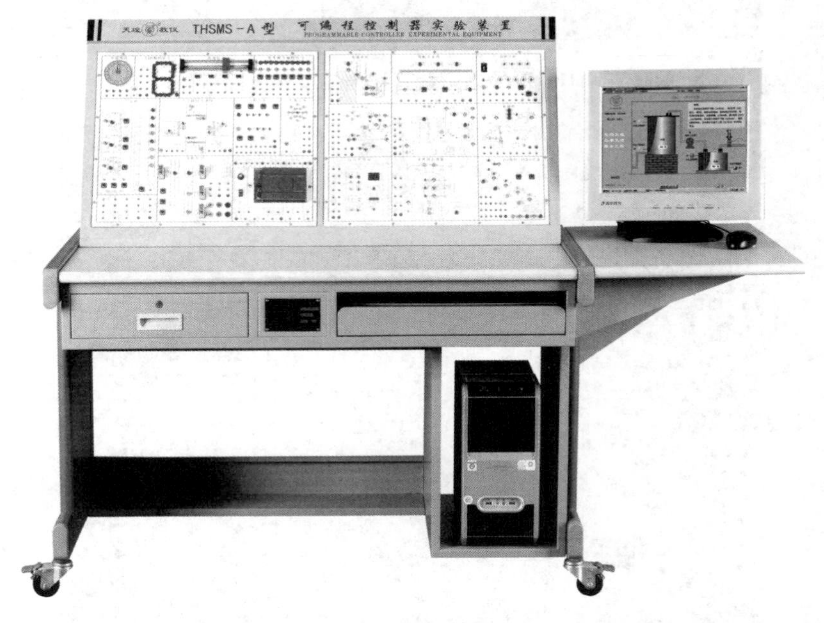

图 F6　THSMS-A 型可编程控制实验装置外观

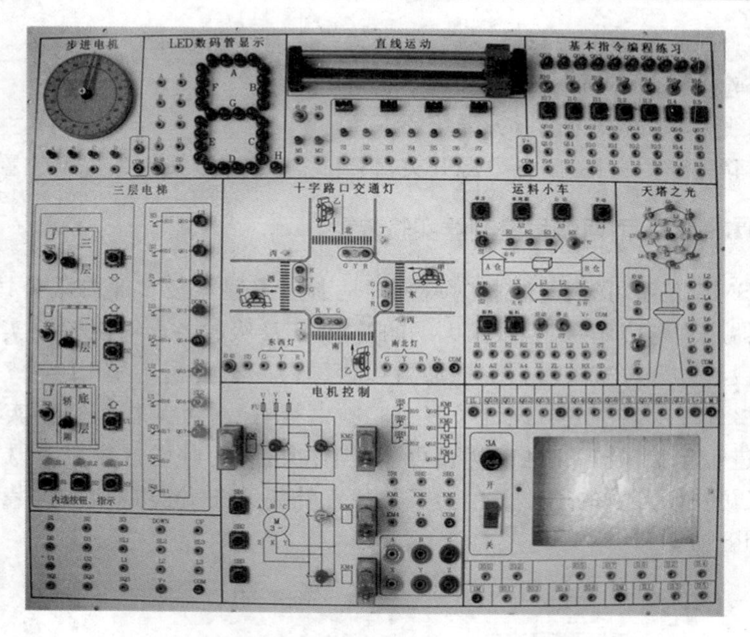

图 F7　THSMS-A 型可编程控制实验装置面板(一)

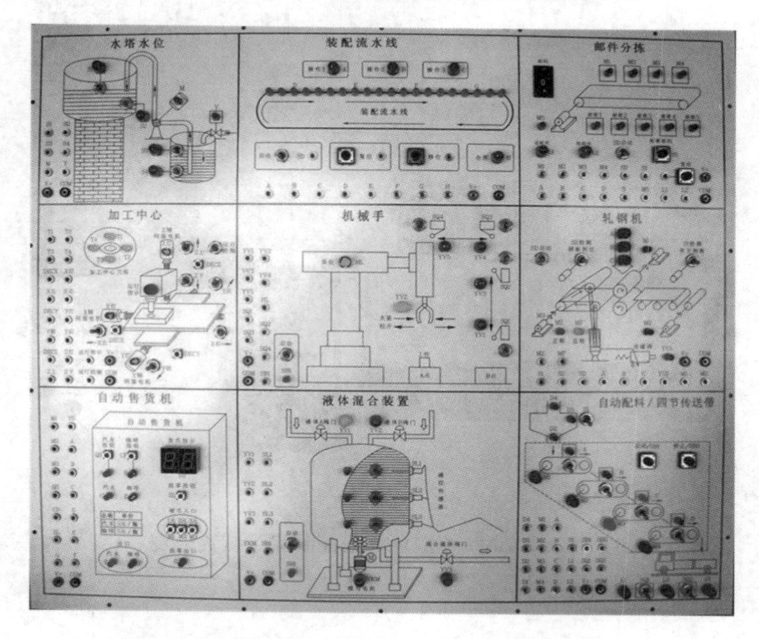

图 F8　THSMS-A 型可编程控制实验装置面板(二)

使用注意事项：

1. 使用前务必熟悉实验装置的组成和功能。
2. 实验接线前应先断开可编程控制器主机左侧的电源开关，严禁带电接线。
3. 接线完毕，检查无误后方能接通主机左侧的电源开关，进行实验。
4. 实验完毕，及时关闭各电源开关，整理好实验连接线放入规定位置。